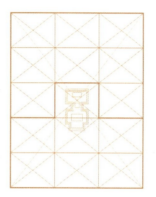

王军，1991年毕业于中国人民大学新闻系，1991—2016年供职于新华通讯社，2016年至今供职于故宫博物院，著有《城记》《采访本上的城市》《拾年》《尧风舜雨：元大都规划思想与古代中国》等。

天下文明

紫禁城规划思想与古代中国

王 军 著

Copyright © 2025 by SDX Joint Publishing Company.
All Rights Reserved.

本作品版权由生活·读书·新知三联书店所有。
未经许可，不得翻印。

图书在版编目（CIP）数据

天下文明：紫禁城规划思想与古代中国 / 王军著 .
北京：生活·读书·新知三联书店，2025.3
　　ISBN 978-7-108-07827-8

Ⅰ. ①天…　Ⅱ. ①王…　Ⅲ. ①紫禁城－建筑艺术－研究　Ⅳ. ① TU-092.2

中国国家版本馆 CIP 数据核字 (2024) 第 060332 号

责任编辑　刘蓉林
装帧设计　薛　宇
责任校对　陈　明
责任印制　宋　家
出版发行　生活·讀書·新知 三联书店
　　　　　（北京市东城区美术馆东街 22 号 100010）
网　　址　www.sdxjpc.com
经　　销　新华书店
印　　刷　天津裕同印刷有限公司
版　　次　2025 年 3 月北京第 1 版
　　　　　2025 年 3 月北京第 1 次印刷
开　　本　889 毫米 × 1194 毫米　1/16　印张 22.5
字　　数　220 千字　图 463 幅
印　　数　0,001－5,000 册
定　　价　228.00 元
（印装查询：01064002715；邮购查询：01084010542）

目 录

序：中国文化的体和用　003

致　谢　007

第一章　《周易》与紫禁城平面规划　1

一、乾坤经卦布局　5

二、九五模网与宫城卦象　17

三、地盘模数　24

四、明堂模数　55

五、阴阳法式　68

六、结　语　71

第二章　《周易》筮法与明北京城市设计　81

一、《周易》筮法　85

二、明堂比例与天命观　97

三、皇城与中轴线、祭坛布局　103

四、城门斗栱攒当数的筮法意义　113

五、结　语　121

第三章　紫禁城的时间与空间　125

　　一、汉语"中"字之义　127

　　二、基于天文观测的时空观　132

　　三、时空观与营造制度　160

　　四、结　语　192

第四章　琉璃与五行　199

　　一、琉璃考　202

　　二、五行考　239

　　三、结　语　263

　　附：重燃千年琉璃窑火　264

第五章　明堂探源　277

　　一、明堂探义　280

　　二、大地湾"原始殿堂"　284

　　三、凌家滩"元龟衔符"　295

　　四、良渚"神王之国"　322

　　五、古历探微　332

　　六、结　语　335

参考文献　340

序：中国文化的体和用

讨论中国文化，体和用是绕不过去的问题，写紫禁城尤其如此。

清朝末年，张之洞提出"旧学为体，新学为用"，激起过惊涛骇浪。写作此书，落笔"天下文明"，已准备接受这样的责问：难道你还想抱着那个"旧学为体"不放吗？都二十一世纪了，你还想搞出一个"家天下"吗？

上本书取名《尧风舜雨》，就被一位朋友当面这样责问。这样的书名，确实容易让人联想——这不是陈寅恪先生笔下的"文章唯是颂陶唐"吗？

不过，请放心，过去这一百多年，伴随着一场又一场的革命，那一个旧中国，那一个"文化的包袱"，早就回不去了。由此换来的，是"一张白纸，没有负担，好写最新最美的文字，好画最新最美的画图"。

可是，我们又为五千年文明而骄傲，这是一个矛盾——这个国家的过去，如果只是"吃人的礼教"和"封建专制"，又有什么可骄傲之处？这样的文明能够撑住五千年，到清朝末年还拥有四亿人口，在不少人的眼里，几乎是不符合逻辑的存在。

事实上，近代以来，拿着洋枪洋炮到中国杀人放火的侵略者就认为：这个"堕落"的民族，几不成国，就应该由我们这些"进化"的民族来殖民。中国就这样沦为了"半封建半殖民地"。一个思想上的怪圈就此形成——那个"半殖民地"是被那个"半封建"搞出来的，所以，必须把那个"半封建"彻底革掉。

于是，解构中国的历史与文化，在中国的内部，掀起巨浪狂潮。1912年，经学科被从大学教育里去除，同时，普通教育停讲经学。迄今已整整一百一十年了，国人对自己的文化已经陌生。

时至今日，《诗经》里的一句"定之方中"，还有多少人知道是在讲观象授时？看到这一句就以为这是愚昧的"自我中心论"者，比比皆是。

《礼记》里的一句"君子中庸"，还有多少人知道是在讲君子做正直之人终生不改？一看到"中庸"二字就以为这是说"好好先生"两头讨好的经营之道者，比比皆是。

《周易》所说的"龙",还有多少人知道它是在天上指示时间的东宫苍龙七宿?将中国的"龙"想当然地译为英文的dragon,而不知后者为西方故事里的英雄圣乔治所屠杀的恶兽者,比比皆是。

每每目睹这样的情况,总是觉得这是在跟风车作战,又会想起胡适先生写下的这番话语:"好像捉妖的道士,先造出狐狸精山魈木怪等等名目,然后画符念咒用桃木宝剑去捉妖。妖怪是收进葫芦去了,然而床上的病人仍旧在那儿呻吟痛苦。"

既然认为这一个旧中国对我们的苦难负有那么大的责任,我们是不是应该做一些探究,把问题搞得清楚一些呢?不至于连一部十三经也不去翻上几页吧?

为了进步,我们对不喜欢的"过去",也是要做一番"格物致知"的。在很大程度上,这个需要被严肃对待的"过去",是经学被斩断之前的过去。

绕不过去的问题,依然是那个体和用。张之洞在戊戌变法前夕上呈光绪皇帝的《劝学篇》里,写下那句话的时候,颇有为新学开路之意,因为在他看来,"今欲强中国,存中学,则不得不讲西学"。

在那个积弱的时代,英法联军拿着洋枪洋炮,如入无人之境,北京沦陷了。这之后,搞洋务运动,搞出了"同治中兴",洋枪洋炮造出来了,换来的却是甲午惨败、庚子国难,北京再度沦陷。

不变革只有死路一条,慈禧太后搞的那一套,与生产力的发展不能适应。她迷信义和团刀枪不入,逞一时之勇,图一时之快,抗拒改革,把大清朝葬送掉了。同时被葬送的,是"百代都行秦政法"。有人想借尸还魂,袁世凯称帝,溥仪复辟,都是身败名裂。

"旧学为体"背上了骂名,否定己身文化的浪潮掀起。梁思成如此感伤:"19世纪末叶及20世纪初年,中国文化屡次屈辱于西方坚船利炮之下以后,中国却忽然到了'凡是西方的都是好的'的段落","社会对于中国固有的建筑及其附艺多加以普遍的摧残。虽然对于新输入之西方工艺的鉴别还没有标准,对于本国的旧工艺,已怀鄙弃厌恶心理","纯中国式之秀美或壮伟的旧市容,或破坏无遗,或仅余大略,市民毫不觉可惜","这与在战争炮火下被毁者同样令人伤心,国人多熟视无睹"。

人们把近代以来中国所遭受的屈辱,以致国将不国,归结为一个抽象的敌人,即所谓"过于沉重"的"文化的包袱",卸包袱的大幕由此拉开。大家发现,基于这个"文化的包袱"做出的"必然性"解释,一下子让问题变得简单起来,答案顷刻浮现,经脉骤然全通,历史学家的"马后炮"能够十分方便地送上一串又一串的"连珠炮"。

这确实是近代史家的趣味,古代的史官却不会这样下笔,读一读二十四史吧,他们写的都是实实在在的事——这件事是谁做的；谁应该对此承担责任。历史有没有必然性？当然有。让多少人得以全活，定义了历史的必然性！

所以，《周易》高歌"天地之大德曰生"！如果这个文化是以革了多少人的命为快事，它怎么可能历数千年风霜雨雪，还一直存在着呢？！

"革命"二字，也不是近代人的发明，它同样出自《周易》，却是为了活命！

《周易》写道："天地革而四时成，汤武革命，顺乎天而应乎人，革之时大矣哉！"汤武革了桀纣的命，是因为桀纣让人不能活命。

所以，《尚书》说："惟命不于常"，"皇天无亲，惟德是辅"，"皇天上帝，改厥元子"。《诗经》说："天命靡常"，"靡不有初，鲜克有终"。《孟子》说："贼仁者谓之贼，贼义者谓之残，残贼之人，谓之一夫。闻诛一夫纣矣，未闻弑君也！"讲的都是堂堂正正的革命道理。

所以，闹革命，改朝换代，是中国历史的家常便饭。正是因为如此，中国才拥有那样一部二十四史，它讲述的是，活命是革命的理由，而不是革命的对象。如果把活命都给革掉了，用顾炎武的话来说，那就是"仁义充塞，而至于率兽食人，人将相食，谓之亡天下"。

活命是体，政权是用，政权是为活命来服务的，否则就会导致革命。对此，古人讲得清清楚楚。

一部十三经，讲的就是"天地之大德曰生"，讲的就是活命，被称为道统；一部二十四史，讲的就是帝王将相如何服从活命，否则就被革命，被称为治统。皇权也好，立宪也好，共和也好，说起来都是天大的事，但它们都是用。不合用，就会被换成另一个用。

所以，顺治皇帝说："自古帝王受天明命，继道统而新治统。"康熙皇帝说："万世道统之传，即万世治统之所系也"，"道统在是，治统亦在是矣"。乾隆皇帝说："夫治统原于道统。"他们很清楚，治统可以一新，道统必须一贯，这是为了活命。

孙中山终结了帝制，却笃定地认为，帝制可废，道统不可废。他说："中国有一个道统，自尧、舜、禹、汤、文、武、周公、孔子相继不绝。我的思想基础，就是这个道统。我的革命，就是继承这个正统思想，来发扬光大。"这也是为了活命。

所以，千万不要以为，我们今天还在研究"旧学"，就是脑子里还抱着那个皇帝不放。我们只是想知道，皇帝为什么是一个历史的存在；也希望讨论，皇帝不合用了，应该换来一个什么样的用。

也千万不要以为，这本书取名《天下文明》，就是要闹出一个"家天下"来。这四个字，出自《周易》乾卦《文言》："见龙在田，天下文明。"对此，《正义》已做解释："天下文明者，阳气在田，始生万物，故天下有文章而光明也。"说的是立春之后，东宫苍龙昏见东方，春回大地，耕作将始，大家又要为活命而忙碌了。

活命，始终是人类的大问题。古人是怎样解决这个问题的？请看本书。

这本书，我要献给青年，因为是他们，使中国依然存在！

王 军

2023年1月21日

致　谢

　　写完本书，看了看时间，第一章是在 2020 年 8 月完成的，是为紫禁城建成六百年而作。在这之前的 5 月，我被确诊患重症，6 月始住院治疗。时至今日，完成此书。

　　感谢上天对我的眷顾，假我以年，使我续写斯文。

　　我得到敬爱的师长和太多太多朋友的关心和帮助！此刻，我的心中充满对你们无限的感激！是你们使我的生命得到延续！请放心，我会更加努力、更加认真、更加健康地活着！

　　感谢爸爸妈妈、岳父岳母！身体发肤受之父母，修身洁行言传身教，我要珍惜、谨记。

　　感谢姐姐妹妹！你们又为我担心了，当你们看到这本书的时候，希望会开心。

　　感谢我的劼和宽宽！没有你们的陪伴，这个世界就不会存在。宽宽满十八岁了，已是一名青年！

　　我还要写下去。是以为报。

王　军
壬寅除夕

第一章

《周易》与紫禁城平面规划₁

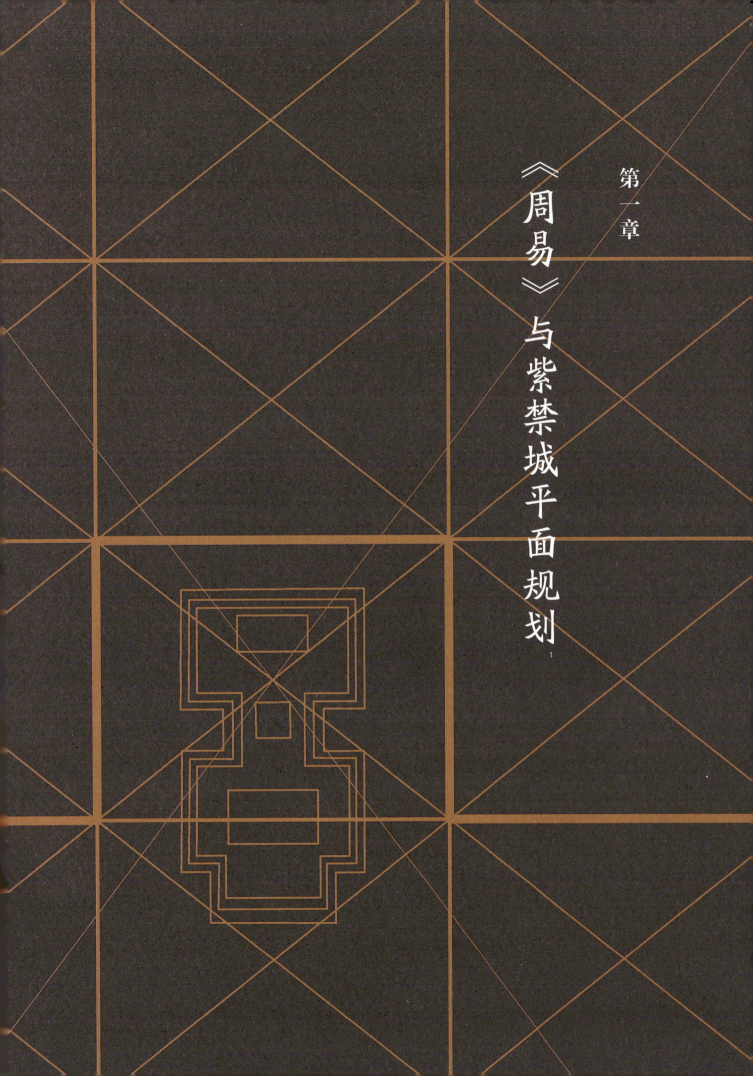

在中国古代儒家经典中，《周易》享有群经之首的地位。《周易》所记八个经卦、六十四个别卦，以及相传孔子所作的易传"十翼"（对《周易》经文的十篇解说），具有极为深厚的文化内涵，其所呈现的知识与思想体系，以中国古代固有之时空观和宇宙观为基石；其卦画部分，直通前文字时代以数记事之文化传统；其卦爻辞部分，成书于西周初期，[2] 包含了观象授时、历史传说等丰富的人文信息；易传"十翼"成书于东周时期，[3] 构筑了《周易》恢宏的哲学体系。古人据《周易》揲蓍求卦以断吉凶，感到无所不应，实则体现了《周易》对万事万物做出一般性哲学解释之魅力。唐人孔颖达称《周易》"六十四卦悉为修德防患之事"[4]，可谓一语中的。

《史记·天官书》："太上修德，其次修政，其次修救，其次修禳，正下无之。"[5] 修德被放在了首位。何为德？《周易·系辞下》："天地之大德曰生。"[6] 德是要让人活得下去的！这是超越了民族、宗教差异的最高原则，乃中国古代文化包容性与适应性之所在。

在紫禁城西北方大高玄殿牌楼之上，"大德曰生"四字被乾隆皇帝书写于石额阴面，石额阳面则书"乾元资始"，是为紫禁城乾位的标志（图1-1，图1-2）。与此相呼应，位于紫禁城平面几何中心西北方宫右乾位的皇帝起居之所——养心殿后殿明间正室，所悬之匾同样大书"乾元资始"，暗示《周易》经卦方位为紫禁城规划布局提供了基础性的时空范式。

以此为线索进一步分析可知，紫禁城的平面规划在建筑布局、模数体系、构图比例等方面，皆以《周易》经传为根本遵循，并对经传内容做出匠心独运的空间阐释。这使得紫禁城如同一部平铺在京华大地上的《周易》注疏，当之无愧地成为中华文明源远流长的伟大见证。

图1-1 大高玄殿轴线南端牌楼与紫禁城内金水河入水口一线相直,其北面石额上刻乾隆皇帝所书"大德曰生"。此牌楼1954年被拆除,2004年以钢筋混凝土技术复建。王军摄于2018年3月

图1-2 大高玄殿轴线南端牌楼南面石额上刻乾隆皇帝所书"乾元资始"。王军摄于2018年3月

一、乾坤经卦布局

（一）对经卦方位的认识

《周易》有八个经卦，分别是乾、坤、震、巽、坎、离、艮、兑（图1-3）。《说卦》记其方位，有谓：

> 帝出乎震，齐乎巽，相见乎离，致役乎坤，说言乎兑，战乎乾，劳乎坎，成言乎艮。万物出乎震，震东方也。齐乎巽，巽东南也，齐也者，言万物之絜齐也。离也者，明也，万物皆相见，南方之卦也，圣人南面而听天下，向明而治，盖取诸此也。坤也者，地也，万物皆致养焉，故曰致役乎坤。兑，正秋也，万物之所说也，故曰说言乎兑。战乎乾，乾，西北之卦也，言阴阳相薄也。坎者，水也，正北方之卦也，劳卦也，万物之所归也，故曰劳乎坎。艮，东北之卦也，万物之所成终，而所成始也，故曰成言乎艮。[7]

图1-3　宋人杨甲《六经图》刊印之《八卦相荡图》（下北上南）显示的《周易》经卦方位。（来源：《影印文渊阁四库全书》第183册，1986年）

所记八个经卦在四正四维的空间状态，实即初昏时北斗在这八个方位所指示的分至启闭八节（分即春分、秋分，至即冬至、夏至，启即立春、立夏，闭即立秋、立冬）的时间状态。[8]

因为地球的自转与公转，在每天的初昏观察，北斗的斗柄所指，在地平方位上渐次移行，一岁移行一周，即可据此授时，古人称"斗建"。

据《说卦》所记，初昏时，北斗指向正东方的震位，时为春分，万物冒地而出，此即"出乎震"；北斗指向东南方的巽位，时为立夏，万物新洁整齐地生长，此即"齐乎巽"；北斗指向正南方的离位，时为夏至，万物竞相生长，彼此相见，此即"相见乎离"；北斗指向西南方的坤位，时为立秋，阴气生成，万物得到土地的滋养，进入成熟阶段，此即"致役乎坤"；北斗指向正西方的兑位，时为秋分，万物生长成熟，悦于此时，此即"说（悦）言乎兑"；北斗指向西北方的乾位，时为立冬，阳气初始，阴阳二气相迫，此即"战乎乾"；北斗指向正北方的坎位，时为冬至，万物闭藏归隐，如水润下，不舍昼夜，坎卦有劳卦之谓，此即"劳乎坎"；北斗指向东北方的艮位，时为立春，值岁尾年初，冬去春来，万物结束上一轮生长，开启下一轮周期，成终成始，此即"成言乎艮"。

《说卦》认为，这样的生长循环，遵循了人格化的天——上帝（即天帝，亦称太一）的旨意。

《淮南子·天文训》记北斗初昏时在二十四个地平方位指示二十四节气，就包含了北斗在四正四维指示分至启闭八节——北斗移指北方子位（八卦坎位），时为冬至；移指东北报德之维（八卦艮位），时为立春；移指东方卯位（八卦震位），时为春分；移指东南常羊之维（八卦巽位），时为立夏；移指南方午位（八卦离位），时为夏至；移指西南背阳之维（八卦坤位），时为立秋；移指西方酉位（八卦兑位），时为秋分；移指西北蹄通之维（八卦乾位），时为立冬。如此周而复始。[9]（图5-14）

《周易》以八个经卦标识斗建分至启闭八节的授时方位，事关指导农业生产的二十四节气的规划。对此，《五行大义》引《易通卦验》，言之甚明：

> 艮，东北，主立春；震，东方，主春分；巽，东南，主立夏；离，南方，主夏至；坤，西南，主立秋；兑，西方，主秋分；乾，西北，主立冬；坎，北方，主冬至。[10]

《周易乾凿度》郑玄《注》：

> 八卦生物，谓其岁之八节，每一卦生三气，则各得十五日。[11]

即言经卦之一爻表示一节气十五天，一卦三爻即三节气四十五天，为八节之一节。

《周易乾凿度》进而将八卦与十二月相配，有谓：

> 天地有春秋冬夏之节，故生四时；四时各有阴阳刚柔之分，故生八卦；八卦成列，天地之道立，雷风水火山泽之象定矣。其布散用事也，震生物于东方，位在二月；巽散之于东南，位在四月；离长之于南方，位在五月；坤养之于西南方，位在六月；兑收之于西方，位在八月；乾制之于西北方，位在十月；坎藏之于北方，位在十一月；艮终始之于东北方，位在十二月。八卦之气终，则四正四维之分明，生长收藏之道备，阴阳之体定，神明之德通，而万物各以其类成矣，皆易之所苞也。至矣哉，易之德也！孔子曰：岁三百六十日而天气周，

八卦用事，各四十五日，方备岁焉。故艮渐正月，巽渐三月，坤渐七月，乾渐九月，而各以卦之所言为月也。[12]

即以艮配十二月、正月，震配二月，巽配三月、四月，离配五月，坤配六月、七月，兑配八月，乾配九月、十月，坎配十一月，所据皆斗建授时方位。

可见《周易》经卦是极为朴素的时空标识之法，与纪历明时相关。兹将其所配的时间与空间制表如下：

表1-1 《周易》经卦时空表

八卦	八节	夏历月	十二辰	四时
坎	冬至	十一月	子	仲冬
艮	立春	十二月	丑	季冬
		正月	寅	孟春
震	春分	二月	卯	仲春
巽	立夏	三月	辰	季春
		四月	巳	孟夏
离	夏至	五月	午	仲夏
坤	立秋	六月	未	季夏
		七月	申	孟秋
兑	秋分	八月	酉	仲秋
乾	立冬	九月	戌	季秋
		十月	亥	孟冬

其中，乾居西北之戌亥，坤居西南之未申，分别代表了天地。对此，《五行大义》有如下解释：

乾居西北者，乾卦，纯阳之象，生万物者，莫过乎天，乾为生物之首，阳气起子，乾是阳气之本，故先子之位。[13]

坤居西南者，坤卦，纯阴之象，能养万物，莫过于地也，阴体卑顺，不敢当首，阴动于午，至未始著，故坤后午之位。地体积阴，坤既纯阴象地，《礼》以中央土在未，[14]地即土也，故在西南，以配土也。[15]

就是说，乾是纯阳之象、天的象征，能生万物的莫过于天。乾所配的西北方，是九月和十月的斗建授时方位，子位是十一月冬至的斗建授时方位，冬至之后白日渐长，阳气生发，是为冬至一阳生。乾位先于子位，为"生物之首""阳气之本"，时为阳气的初始。

坤是纯阴之象、地的象征，能养万物的莫过于地，坤所配的西南方，是六月和七月的斗建授时方位，其前的午位是五月夏至的斗建授时方位，夏至之后黑夜渐长，阴气生发，是为夏至一阴生。坤位后于午位，是阴气生成之时，能养万物。

《周易乾凿度》又记：

> 孔子曰：乾坤，阴阳之主也。阳始于亥，形于丑，乾位在西北，阳祖微据始也。阴始于巳，形于未，据正立位，故坤位在西南阴之正也。[16]

郑玄《注》：

> 阳气始于亥，生于子，形于丑，故乾位在西北也。
> 阴气始于巳，生于午，形于未，阴道卑顺，不敢据始以敌，故立于正形之位。[17]

就是说，阴阳二气皆须经历初始、萌生、成形三个阶段，北方的亥、子、丑三个方位所对应的十月、十一月、十二月，分别是阳气初始、萌生、成形的三个时段；南方的巳、午、未三个方位所对应的四月、五月、六月，分别是阴气初始、萌生、成形的三个时段。乾是阳气之主，所以居阳气初始之亥位，位在西北，对应十月；坤是阴气之主，但阴道卑顺，坤不敢居阴气初始之巳位，因为巳位与乾位相冲，所以，坤居阴气成形之未位，位在西南，对应六月。

这就形成《周易·系辞上》所记"乾知大始，坤作成物"[18]的经卦格局（图1-4）。

图1-4 宋人杨甲《六经图》刊印之《乾知大始》图和《坤作成物》图。（来源：《影印文渊阁四库全书》第183册，1986年）

图1-5 位于大高玄殿轴线北端的乾元阁。王军摄于2019年4月

所谓"大始"即万物生养之始，也就是长养万物的阳气之始。冬至一阳生，十一月冬至与子位相配，乾居西北，位在十月，在子位之先，主管阳气之始，这就是"乾知大始"；万物生成须阴阳用事，夏至一阴生，五月夏至与午位相配，坤居西南，位在六月，在午位之后，居阴气成形之位，年谷于此时顺成，这就是"坤作成物"。

《周易》以经卦之乾坤标识了一岁之中阳气初始、阴气成形的时段，这两个时段对于万物生养皆具有极为重要的意义。乾坤是阴阳之主，《周易·系辞上》记"一阴一阳之谓道"[19]，这意味着表现了乾坤也就表现了万物的本源——道。

（二）"乾元资始"与宫城布局

大高玄殿牌楼石额所镌"乾元资始"，语出《周易》乾卦《彖》辞："大哉乾元！万物资始，乃统天。"[20] 乾居阳气初始之位，乃万物生机所系，故有"资始"之义。石额另一面所镌"大德曰生"，就是对"资始"之义的阐释。

大高玄殿的中轴线北端立有乾元阁（图1-5），轴线南端直对紫禁城内金水河入水口（图1-1）。此入水口在紫禁城平面规划中具有重要的坐标意义，将其与紫禁城平面几何中心画线连接，养心殿、太极殿、中正殿的平面几何中心均在此线上（图1-6，图1-7），这三处建筑就被赋予了"乾元资始"的意义。

《春秋繁露·立元神》："君人者，国之元，发言动作，万物之枢机，枢机之发，荣辱之端也。"[21]《春秋繁露·深察名号》："君者，元也"，"君意不比于元，则动而

第一章 《周易》与紫禁城平面规划

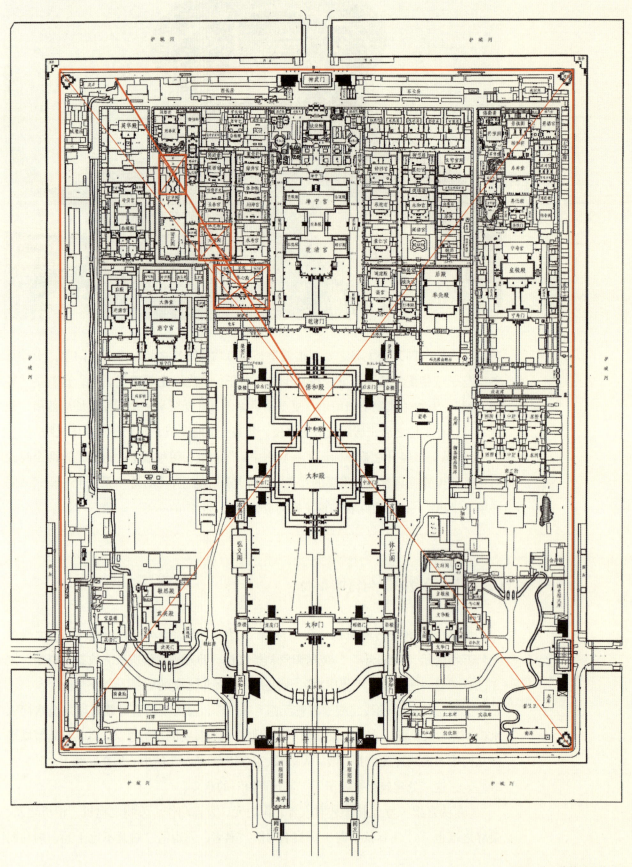

图 1-6 紫禁城乾位分析图之一。王军绘

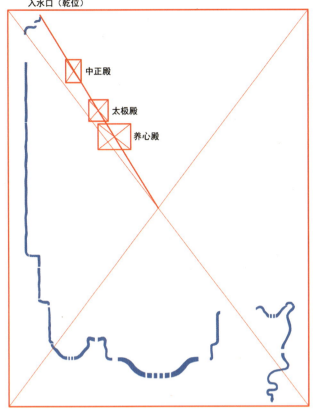
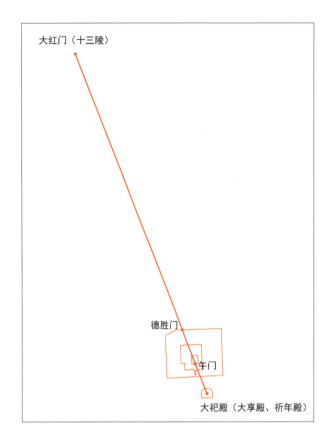

图1-7 紫禁城乾位分析图之二。王军绘

图1-8 明帝陵(十三陵)大红门至永乐天地坛大祀殿(嘉靖天坛大享殿、乾隆天坛祈年殿)连线分析图。王军绘

失本；动而失本，则所为不立"。[22] 养心殿是皇帝起居并处理日常事务之所，其居宫右乾位，正是对"君人者，国之元""君者，元也"的表现，彰显天子之职重在养民，失此职守，必"动而失本""所为不立"。所以，为人君者，须大始正本、修德防患。

明清帝王极为重视对紫禁城及京师西北乾隅的经营。明永乐帝选定的帝陵园址，就遥居京城西北乾位，将陵区总大门——大红门——与永乐天地坛大祀殿（今天坛祈年殿位置）画线连接，掠德胜门区域，紫禁城午门在此线上（图1-8）。可见，紫禁城、天地坛、明帝陵是统一规划建造的。

乾卦卦辞："元亨利贞。"[23] 明帝陵居京师西北乾位，即元之所在；大祀殿乃天子合祀天地大享之所，即亨之所在。鼎卦《象》曰："圣人亨，以享上帝。"[24] 亨与享通，意为祭祀飨献。大红门、紫禁城午门与大祀殿一线相直，就表现了"元亨利贞"。

《周易·文言》称"元亨利贞"为君子四德，即"元者，善之长也；亨者，嘉之会也；利者，义之和也；贞者，事之干也"。[25] 这是引申义。究其本义，皆关乎祭祀大享。

关于"元亨利贞"，李镜池释曰："元，大也。亨，通也。利贞，利于贞问，即吉。"[26] 劳思光释曰："在始祭时占之则利。"[27] 冯时明指其言大祀与吉占二事，"乾卦爻辞明言观乎天文，自也敬天祭天之谓。此三才之首，况祭祀自天始，且需应天时而行，故以大祀利贞充为卦辞，与乾卦内容契合"[28]，甚逮真义。明帝陵大红门与紫禁城午门、大祀殿三点一线，对此加以演绎，堪称一注。

及至明嘉靖朝，嘉靖帝又于紫禁城乾位悉心经营，对乾卦易理又做发挥，计有四项举措，一是建大高玄殿，二是建玄极宝殿（位于今中正殿区域），三是建养心殿，四是将未央宫（今太极殿）更名为启祥宫。其中意义，分析如下：

1. 德胜门、大高玄殿、太庙三点一线，是对乾卦卦辞的表现

画线连接德胜门与太庙平面几何中心，大高玄殿轴线南端在此线上（图1-33）。德胜门居京城西北乾位，即元之所在；太庙乃天子祭祖大享之所，即亨之所在。两者与位于宫城乾位的大高玄殿相通，又表现了"元亨利贞"。

矗立于大高玄殿轴线北端的乾元阁，旧名无上阁。[29]《河图括地象》："天不足西北，地不足东南。西北为天门，东南为地户。天门无上，地户无下。"[30]《五行大义》："乾为天门。"[31]"无上"与"乾元"意义相通，皆对应古人所理解的天门。

乾元阁上圆下方，状若《大戴礼记》所记之明堂，[32] 上额书"乾元阁"，下额书"坤贞宇"，寓意天圆地方。《周易·系辞上》："易无体"，"易有太极，是生两仪，两仪生四象，四象生八卦，八卦定吉凶，吉凶生大业"。[33] 即言"易"为"无"，也就是《老子》所说的"道"；"易有太极"即无中生有，也就是《老子》所说的"道生一"；"太极"与"一"同义，是源于"无"也就是"道"的混沌元气，两仪即天地，四象即四时，八卦即八节，它们依次相生。乾元阁以上圆下方的建筑造型，表现混沌元气造分天地，正是对"易有太极，是生两仪"的形象阐释。

2. 玄极宝殿供奉三清上帝诸神，合于乾元资始、万物生化之义

嘉靖帝于今中正殿区域建造的玄极宝殿是供奉三清上帝诸神的道教场所。[34]《说文》释"神"："天神，引出万物者也。"[35] 万物蕃息凭借阳气，天神乃阳气的化身，供奉三清上帝诸神的玄极宝殿居宫右乾位阳始之地，理义通达。

明人刘若愚《明宫史》记玄极宝殿"隆庆元年夏更曰隆德殿"，"万历时，每遇八月中旬，神庙万寿圣节，番经厂虽在英华殿做好事，然地方狭隘，须于隆德殿大门之内跳步叱"。[36]

跳步叱即跳步扎，是藏传佛教的一种法会仪式，俗称"撵鬼""打鬼"。明隆庆元年（1567年），玄极宝殿更名为隆德殿。至万历朝，万历皇帝生日时，宫内喇嘛在藏传佛教殿宇——英华殿（位于今中正殿西侧）——举行法会，由于此处空间有限，须到隆德殿大门内跳步扎。[37] 这表明《周易》经卦乾位，不但是中国古代时空观的重要标志，还内蕴超越宗教差异的精神境界，具有强大的包容力。

明崇祯六年（1633年），隆德殿更名为中正殿。[38]及至清代，中正殿之区变身为宫廷藏传佛教的中枢，佛道至尊，仍统属于乾，表明儒家思想乃不易之纲常。

3. 养心殿取义清静无为，与"易无体""易有太极"意义相通

养心殿名出《孟子·尽心下》"养心莫善于寡欲"[39]，显有清静无为之义。《老子》："道常无为而无不为。"[40]《周易·系辞上》："易无思也，无为也。"[41]《文子》："古之善为天下者，无为而无不为也。"[42]道家之"道"与儒家之"易"相通，养心殿居宫右乾位，取义清静无为，体现了无为而治的为政理念，又与"易无体""易有太极"意义相合。

4. 将未央宫更名为启祥宫，既是对嘉靖帝生父"发祥之所"的纪念，又合于乾元之义

据《明宫史》记载，位于西六宫西南隅的未央宫于嘉靖十四年（1535年）夏更名为启祥宫，"此宫乃献皇帝发祥之所"[43]。查《明世宗实录》，嘉靖十三年（1534年）七月庚辰条记："启祥宫等处大工兼管军士。"[44]知嘉靖十三年已有启祥宫之名，未央宫改称启祥宫至迟始于此年。《明世宗实录》嘉靖十四年十月丙午条又记："修建启祥等宫成"，"启祥宫，皇考诞生故宫也"。[45]知彼时启祥宫经历了建设，于嘉靖十四年竣工。

未央宫建于明永乐十八年（1420年），因其居西六宫西南之未位而得名。嘉靖帝将其改称启祥宫，是因为其父献皇帝诞生于此，遂视其为"发祥之所"。而据易理觇之，此宫居阳气初启之乾位，亦合启祥之义。

清末，启祥宫更名为太极殿。[46]这处建筑位于宫右乾位，又居西六宫西南坤隅，兼具乾天坤地之义，以造分天地之"太极"名之，显然是对"易有太极，是生两仪"的体现。

清乾隆七年（1742年），乾隆帝增筑建福宫，径拆乾西四、五所修建花园，又于宫右乾位大兴土木。乾隆八年（1743年）拆英华殿东跨院，将建福宫花园西墙西移，使原南北相直的西筒子通道向西北曲折（图1-9、图1-10），[47]与紫禁城内金水河入水口相贴，形成由乾元定位的风水格局。

前文已记，内金水河入水口在紫禁城规划中具有"乾元资始"的坐标意义。内金水河于紫禁城乾位的标志点入宫，西折沿宫城西墙东侧南下，折而向东，在太和门庭院呈"金城环抱"[48]之势；改建后的西筒子通道与乾位相邻，导气南下，空间渐次开敞，通往三大殿区域（图1-11），与内金水河形成阴阳冲和之势，正如《葬书》所言：

第一章　《周易》与紫禁城平面规划

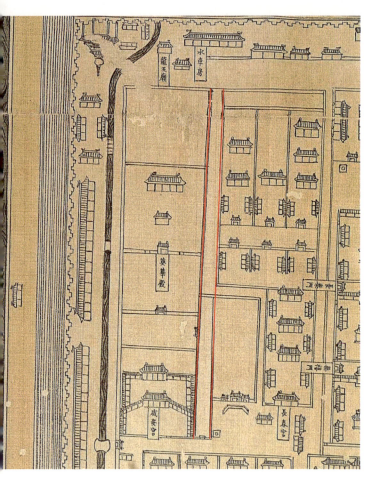

图 1-9 清康熙《皇城宫殿衙署图》显示的西筒子情况,红线为王军标示。〔底图来源:王其亨、张凤梧,《康熙〈皇城宫殿衙署图〉解读》(上),《建筑史学刊》2020 年第 1 卷第 1 期〕

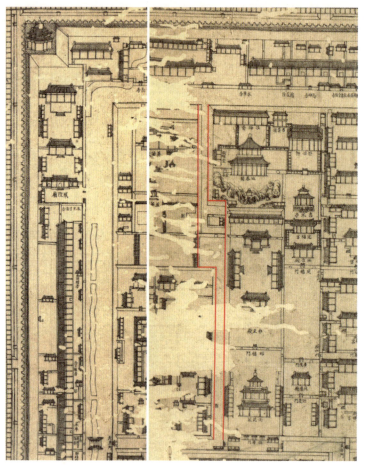

图 1-10 清乾隆《京城全图》显示的西筒子改建后的情况,红线为王军标示。(底图来源:中国第一历史档案馆、故宫博物院编,《清乾隆内府绘制京城全图》,2009 年)

图 1-11 故宫西筒子夹道。王军摄于 2019 年 4 月

经曰:"气乘风则散,界水则止。古人聚之使不散,行之使有止,故谓之风水。风水之法,得水为上,藏风次之。……来积止聚,冲阳和阴。"[49]

这就通过建筑空间的营造诠释了太和的理念,赋予三大殿区域"万物负阴而抱阳,冲气以为和"[50]的哲学意义。

乾隆十一年(1746年),复修大高玄殿,乾隆帝御笔题写其南牌楼石额,外曰"乾元资始",内曰"大德曰生";[51]后又将无上阁更名为乾元阁,更加凸显了乾元之位的精神意义。

(三)宫城经卦方位

与大高玄殿遥相呼应,位于宫城外西南方的社稷坛是紫禁城坤位的标志。前引《五行大义》:"地体积阴,坤既纯阴象地,《礼》以中央土在未,地即土也,故在西南,以配土也。"社稷坛敷五色土,乃国之大社,其位于宫城西南之未位,正是对"坤既纯阴象地""中央土在未"的经典表现。

大高玄殿与社稷坛分居宫城乾坤之位,这就形成紫禁城"乾知大始,坤作成物"的经卦布局(图1-12)。在社稷坛之北、紫禁城之内的西南坤隅,立有南薰殿。《明宫史》记:"凡遇徽号册封大典,阁臣率领中书篆写金宝金册在此。"[52]后妃属坤,其上徽号之宝册于南薰殿书写,合于坤义。清乾隆十四年(1749年),改南薰殿为历代帝王像尊藏之所。[53]历代帝王乃天帝之臣,其居宫城坤土之位,即有顺天承命之义,恰如《周易》坤卦《彖》辞所言:"至哉坤元!万物资生,乃顺承天。"[54]

紫禁城建筑取义经卦方位,还有多种表现。比如,紫禁城御花园内的堆秀山,位于东北艮位,即与《周易·说卦》"艮为山"相合;[55]宁寿宫之区,明代为后妃养老之处,清康熙年间因旧重修,改称宁寿宫,为皇太后所居。乾隆皇帝后来又将其改建为自己的太上皇宫殿。此区居宫左东北艮位,是立春的斗建方位,取义《周易·说卦》:"艮,东北之卦也,万物之所成终,而所成始也,故曰成言乎艮。"[56]以冬去春来、岁年交替、终始相成,寄托颐养天年的吉祥心愿;钦安殿居宫城正北,供奉真武大帝,其南为天一门,寓意"天一生水",即与《周易·说卦》"坎为水"相合。[57]

紫禁城东建南三所,西建慈宁宫。前者居春时斗建方位,为皇子所居,寓意阳气生发;后者居秋时斗建方位,为皇太后所居,寓意阴气收成。《周易》以东震、西兑表示春分、秋分,与之同义。

紫禁城内金水河出水口在东南巽位,合于《周易》蒙卦《象》所记"顺以巽

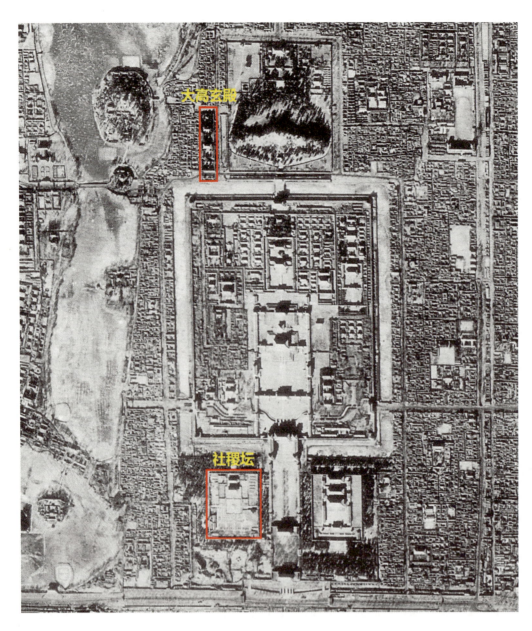

图1-12 大高玄殿、社稷坛位置图。王军绘

也"[58]；太和门庭院在宫城正南，被内金水河一分为二，其南侧御道铺十八块石板，其北侧御道铺三十六块石板，皆以《易》卦阳爻之数九为基数，其所夹内金水河属性为阴，这就可画出两阳含一阴的离卦之象☲，寓意夏至一阴生，合于其所居夏至斗建方位。

可见，《周易》经卦方位是宫廷制度的根本遵循，在紫禁城的规划布局中发挥着极为基础性的定位作用。经卦标识了紫禁城的空间，也就标识了不同空间所对应的时间，进而赋予不同空间不同的人文意义。

二、九五模网与宫城卦象

（一）"律历之数，天地之道"

实测数据[59]显示，紫禁城东墙长964.59米，西墙长964.78米，平均值为964.69米；北墙长753.06米，南墙长754.96米，平均值为754.01米。以平均值计算，紫禁城总平面的深广比为964.69/754.01≈1.279，约合整数比9/7（≈1.286，吻合度99.5%。笔者按：本书表示数字比例，据行文之便，或写为某数/某数，或写为某数:某数。下文依此）。

《大明会典》记："紫禁城起午门，历东华、西华、玄武三门，南北各二百三十六丈二尺，东西各三百二丈九尺五寸。"[60] 即紫禁城南北深302.95丈，东西广236.2丈，深广比为302.95/236.2≈1.286，与9/7比例完全一致。

9/7比例见载于《周礼·考工记》《大戴礼记·明堂》，两书皆记周人明堂以筵席为度，"东西九筵，南北七筵"[61]，这是明堂建筑整体中，居南之明堂（与整体建筑同名）的平面尺度（明堂建筑整体中，居东之青阳、居西之总章、居北之玄堂的平面尺度应与之相同，详见本书第五章第一节），其以九筵之广与七筵之深形成的9/7比例，堪称"明堂比例"。

明堂是天子布政之宫，[62]紫禁城的建筑性质与之相符。《南村辍耕录·宫阙制度》记元大都宫城"东西四百八十步，南北六百十五步"，[63]深广比为615/480≈1.281，与9/7比例高度一致（吻合度99.6%）。紫禁城在元大内的基础上加以改建，继承了这一比例。可见，9/7明堂比例是紫禁城总平面规划的设计依据。

以明早期1尺=0.3173米[64]计算（后文之明早期尺皆取此数值），《大明会典》所记紫禁城广深数据可折算为东西广749.46米，南北深961.26米。与紫禁城广深实测数据的平均值比较，广减4.55米，深减3.43米。

考虑到《大明会典》是万历刊本，其使用的或是明中后期尺度，遂再以故宫博物院藏嘉靖牙尺（营造尺）1尺=0.32米[65]计算，则东西广755.84米，南北深969.44米。与紫禁城广深实测数据的平均值比较，广增1.83米，深增4.75米。

以上折算数据，较之实测数据，东西之广进退于-4.55米至+1.83米之间，南北之深进退于-3.43米至+4.75米之间。

考虑到实际建设与设计意图可能存在微差，笔者取实测数据南北之深的平均值964.69米作9/7比例总平面，则紫禁城深广比为964.69/750.31（本章作图皆取此数值），其中东西之广为750.31米，比实测数据平均值略少3.7米，二者的吻合度为99.5%，其中的微差可视为建筑施工与设计意图的差距，属于可以接受的范围。

以此作图分析可知，紫禁城宫右乾位的坐标点——内金水河入水口，与宫城西墙外皮的距离（实测数据为82.77米），恰为宫城东西之广（750.31米）的1/9（吻合度99.3%）；坤宁宫南金柱东西一线（标识了坤宁宫主体建筑的位置），与宫城北墙外皮的距离（实测数据为192.88米），恰为宫城南北之深（964.69米）的1/5（吻合度99.97%）。

将宫城东西之广九等分，南北之深五等分，即可划分出四十五个取义乾（内金

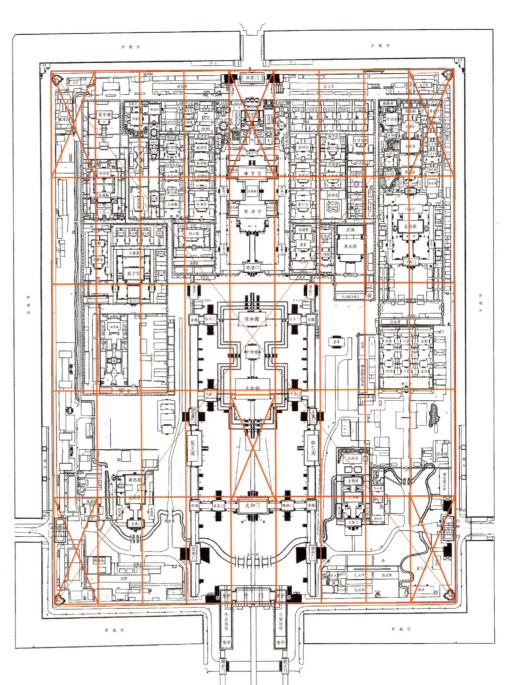

图1-13 紫禁城总平面9/5模数网格分析图之一。王军绘

水河入水口）坤（坤宁宫）的模块单元（下称模块A）。以紫禁城9/7深广比数据964.69米、750.31米计算，模块A广为750.31/9≈83.37（米），深为964.69/5≈192.94（米）。将其东西横列为九，南北纵列为五，即以九五四十五之数组成宫城总平面。（图1-13，图1-14）

在中国古代文化中，九五之数具有神圣意义。《周易》六十四别卦（以经卦相重而得）以爻序为五、属性为阳的九五爻为中正之位，称"九五之尊"。乾卦九五爻辞"飞龙在天，利见大人"[66]即记二十八宿之东宫苍龙昏中天（初昏时行至南中天位置），行至天的最高处，也就是最尊处，这是四千年前立夏之后的天象。[67]

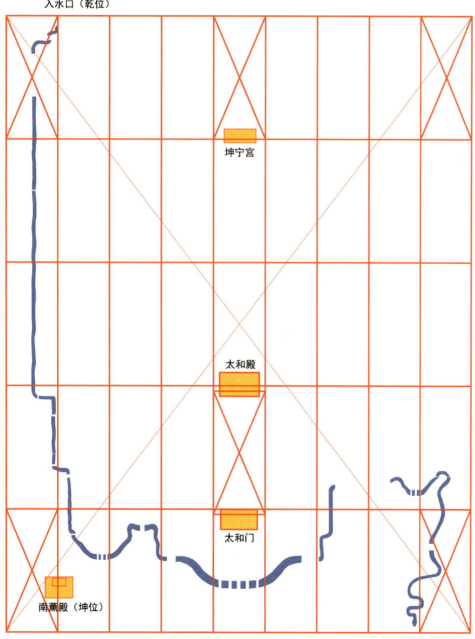

图1-14 紫禁城总平面9/5模数网格分析图之二。王军绘

乾卦记录了东宫苍龙在初昏之时周行于天的六个位置，对应了六个时段。[68] 东宫苍龙的观测者——"终日乾乾，夕惕若厉"[69] 的君子，因此成为龙的化身，遂有"真龙天子"之谓。乾卦九五爻辞所记"飞龙在天"，即"九五之尊"，也就成为天子之位的代称。

可见，模块 A 以九五之数积为宫城总平面，是对"九五之尊"、天子之位的表现。

此外，模块 A 总数为四十五，又是《洛书》九宫之数的总和。《五行大义》引《黄帝九宫经》："戴九履一，左三右七，二四为肩，六八为足，五居中宫，总御得失。"[70] 即以《周易》所记十个天地数中的一至九配伍九宫。此种配法又见《大戴礼记·明堂》："二九四、七五三、六一八"[71]，即以这三组数字标识明堂九室，取义《洛书》九宫。（图1-15）

《洛书》九宫之数，纵横斜三宫相加皆为十五。《五行大义》释之曰："三宫相对，止十五者，为一气之数，成二十四气也。"[72]《洛书》九宫一至九数字相加，和为四十五，又是分至启闭一节三气之数。二十四节气是农业生产必须遵循的阳历系统，其重要性不言而喻。

对二十四节气的表示，又见诸《周易》。据《周易》筮法推演所得六、七、八、九这四个数字，老阳九与老阴六相加，少阳七与少阴八相加，皆为十五，为一气之数。《周易》八个经卦对应分至启闭，即"八卦用事，各四十五日，方备岁焉"[73]，每个经卦为一节三气之数，八个经卦记录了二十四节气，皆关乎天文历法。

可见，《周易》与《洛书》相通，"律历之数，天地之道"[74] 是其真髓，紫禁城规划依此设定模数体系，亦承载了农耕文化最为核心的知识与思想体系。

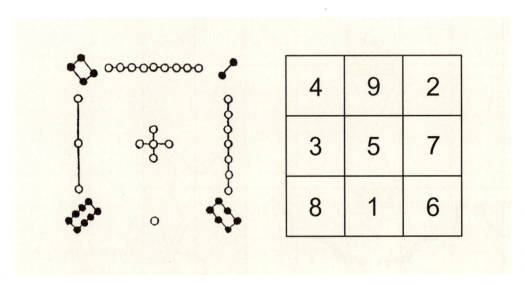

图1-15 九宫配数图。（左图来源：朱熹，《周易本义》，2009年；右图来源：王军绘）

（二）未济而既济

结合故宫实测数据，细察由模块 A 组成的九五模网，有以下发现：

1. 外朝与内廷中路、东路、西路的分界线，均与模块 A 自南向北或自北向南 3/2 比例位置贴近，体现了"参天两地而倚数"的易学理念。[75] 太和殿位于宫城自北向南 3/2 比例处，即取此义。

2. 模块 A 之深，与太和殿庭院的进深——太和门两侧庑房台基北皮至太和殿东西卡墙的间距——193.77 米几乎密合（吻合度 99.6%）。模块 A 取义乾坤，又与太和殿庭院进深相合，这就以乾天坤地之义，阐释了"天地之和"——太和殿庭院的空间意义。

3. 模块 A 之广，与午门东西雁翅楼的间距 82.02 米约略相等（吻合度 98.4%）。

4. 以内金水河入水口为基点画线直下，宫城西南隅的南薰殿在此线上。再将此线与宫城南墙的交会点，与宫城平面几何中心画线连接，武英殿中轴线南端跨内金水河三桥的居中之桥在此线上。（图 1-16，图 1-17）实测数据显示，武英殿中轴线与文华殿中轴线相距 405.51 米，是太和殿庭院东西间距 201.47 米的两倍（吻合度 99.4%），[76] 显然具有"一生二"的象征意义。紫禁城外朝之左文（文华殿）右武（武英殿）格局由此设定。

5. 据九五模网可大致划分出宫城外朝凸形平面与内廷凹形平面的区域范围，显示外朝凸形平面的中央由九个模块 A 组成，其两翼各由六个模块 A 组成，呈现六、九、六的数理关系；内廷凹形平面的中央由六个模块 A 组成，其两翼各由九个模块 A 组成，呈现九、六、九的数理关系。（图 1-18）

据此可画出外朝六、九、六的坎卦之象☵，内廷九、六、九的离卦之象☲。中国古代以南为正向，南为前，北为后。《周易》六爻以下为先，上为后。下先上后，合于南前北后。上述紫禁城外朝之坎卦在南，内廷之离卦在北，即坎下离上，就叠成了未济卦䷿。

未济卦六爻皆由九、六之数推得，须予全变，这就变出了离下坎上的既济卦䷾。在这里，未济卦是"本卦"，亦称"遇卦"，既济卦是由其变出的"之卦"。[77]

《周易·既济》记云：

> 既济：亨小，利贞，初吉终乱。
>
> 初九，曳其轮，濡其尾，无咎。
>
> 六二，妇丧其茀，勿逐，七日得。
>
> 九三，高宗伐鬼方，三年克之，小人勿用。

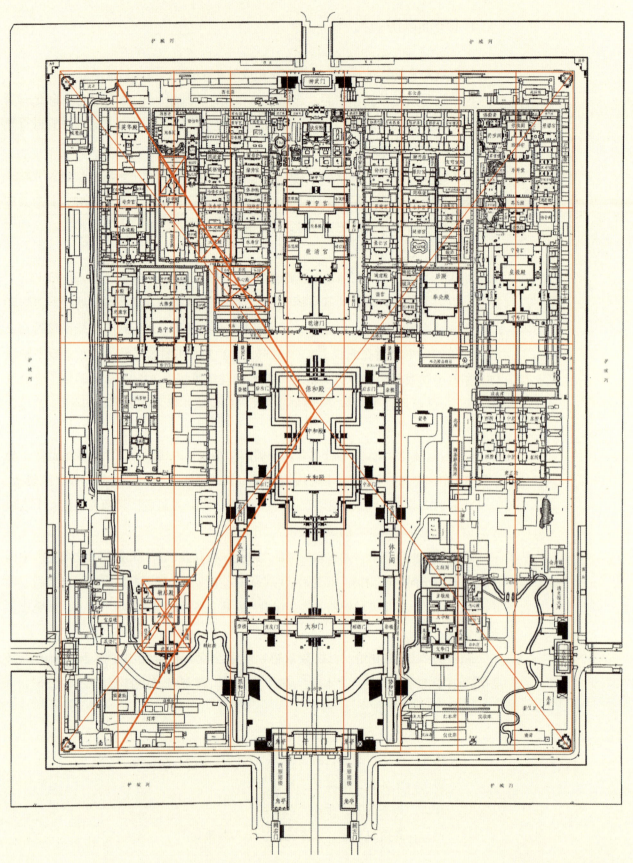

图 1-16 武英殿位置分析图之一。王军绘

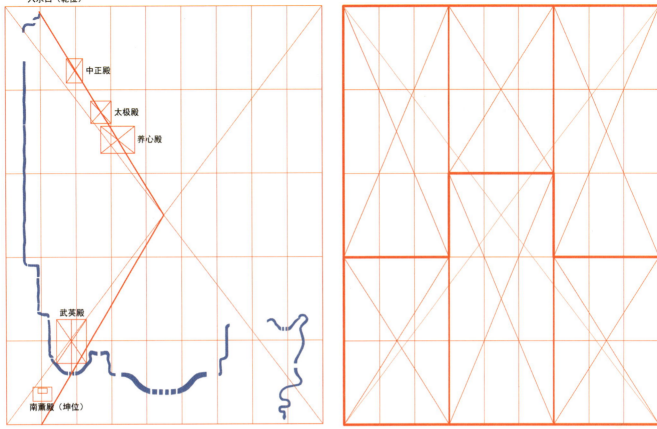

图 1-17 武英殿位置分析图之二。王军绘（左）

图 1-18 紫禁城外朝、内廷凸凹平面数理分析图。王军绘（右）

六四，繻有衣袽，终日戒。

九五，东邻杀牛，不如西邻之禴祭，实受其福。

上六，濡其首，厉。[78]

所记乃商代"初吉终乱"的经验教训。商汤为"初吉"，商纣为"终乱"。[79]一代明君高宗武丁伐鬼方，三年乃克。《象》曰："三年克之，惫也。"[80] 治国之艰辛可知。

商纣为"东邻"，文王为"西邻"。[81] 商纣失德，文王修德。商纣以杀牛之盛祭天，也不如文王以禴祭之薄礼天，这是因为"祭祀之盛，莫盛修德"。[82]

"曳其轮，濡其尾""濡其首""繻有衣袽，终日戒"，讲述了渡河之艰辛；"妇丧其茀，勿逐，七日得"，是说居中履正，有物遗失，无须追寻，也能自得，这是执守中道之故。

《左传·成公十三年》："国之大事，在祀与戎。"[83] 既济卦所记，皆国之大事。《象》曰："水在火上，既济。君子以思患而豫防之。"[84] 既济上卦为坎，五行属水，下卦为离，五行属火，离下坎上即"水在火上"。孔颖达《正义》："水在火上，炊爨之象，饮食以之而成，性命以之而济，故曰'水在火上，既济'也。但既济之道，初吉终乱,故君子思其后患而豫防之。"[85] 其中饱蘸忧患治国的为政理念。

按照朱熹的说法:"六爻变,则乾坤占二用,余卦占之卦象辞。"[86] 未济卦六爻全变,变为既济卦的这种情况,须占既济卦的《象》辞。

既济卦《象》曰:

> 既济亨,小者亨也。利贞,刚柔正而位当也。初吉,柔得中也。终止则乱,其道穷也。[87]

这是对既济卦一卦之义的阐释。王弼《注》:"既济者,以皆济为义者也。小者不遗,乃为皆济,故举小者,以明既济也","以既济为安者,道极无进,终唯有乱,故曰:'初吉终乱。'终乱不为自乱,由止故乱,故曰'终止则乱'也"。[88] 阐明的正是居安思危、忧患治国的理念。

《周易》乾卦《象》曰:"大哉乾元!万物资始,乃统天。云行雨施,品物流形。"虞翻曰:"已成既济,上坎为云,下坎为雨,故'云行雨施'。乾以云雨流坤之形,万物化成,故曰'品物流形'也。"[89] 所言上坎即既济之上卦,下坎即既济二至四爻,坎为水,其上下交互就表示了"云行雨施";既济六爻皆当位(奇数之位俱为阳爻,偶数之位俱为阴爻),又呈现乾坤交错之象,就表示了"乾以云雨流坤之形,万物化成",也就是"品物流形"。

《周易》六十四卦以乾、坤为始,既济、未济为终。孔颖达《正义》释之曰:"乾、坤者,阴阳之本始,万物之祖宗,故为上篇之始而尊之也","既济、未济为最终者,所以明戒慎而全王道也。"[90] 紫禁城九五模网,取义乾坤,以九五之数推得未济、既济,就体现了尊阴阳之本始,"明戒慎而全王道也"。

既济以"云行雨施,品物流形"之象,诠释"大哉乾元""万物化成",又是对天地之大德的礼赞。其对殷商"初吉终乱"的省思,浸透了居安思危的治国理念。紫禁城规划布局之思想精神由此呈现。

三、地盘模数

(一)模块 A 的比例及文化意义

以紫禁城 9/7 深广比数据 964.69 米、750.31 米计算,九五模网之模块 A,深为

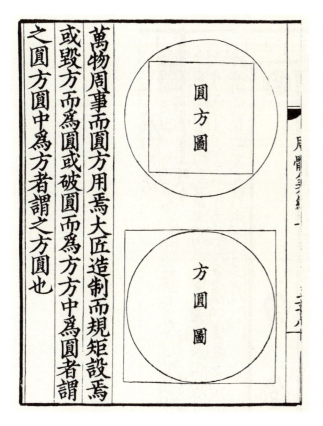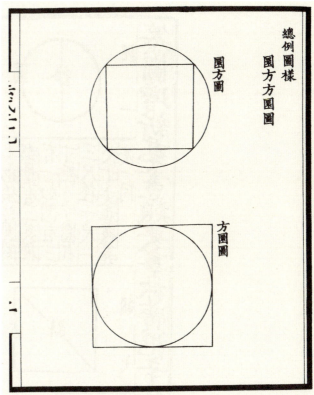

图1-19 《圜方方圜图》。左：宋嘉定六年本《周髀算经》刊印之《圆方图》《方圆图》。（来源：《宋刻算经六种》，1981年）右：宋人李诫《营造法式》刊印之《圜方方圜图》。（来源：李诫，《营造法式》，2006年）

964.69/5≈192.94（米），广为750.31/9≈83.37（米），深广比为192.94/83.37≈2.31，近似整数比7/3（≈2.33，吻合度99.1%）。

整数比7/3之七、三相加为十，这一比例内蕴7/10的数理关系，匠人名之为"方七斜十"，其与"方五斜七"同为天圆地方比例的表示。

宋《营造法式》以《周髀算经》"圜方方圜图"为首图（图1-19），记之为："方一百，其斜一百四十有一"，"圜径内取方，一百中得七十有一"。[91]意为外接圆的直径（等于内接方对角线的长度即"斜长"）与内接方边长之比、外接方斜长与内接圆直径之比，皆为141/100=1.41或100/71≈1.408，约等于7/5（=1.4）即"方五斜七"（图1-20），或10/7（≈1.429）即"方七斜十"。

准确地说，外接圆直径与内接方边长的比值、外接方斜长与内接圆直径的比值，皆应为$\sqrt{2}$（≈1.414），这与"方五斜七""方七斜十"的比值存在微差，所以，匠人有云："周三径一不径一，方五斜七不斜七，里外让个大概齐。"[92]在梁思成整理的清代匠人抄本《营造算例》中，屡见"用一四一四加斜""用一四一四斜"的法式，已将这一比例精确到1.414∶1。[93]

王贵祥于1980年发现唐宋建筑的设计存在$\sqrt{2}$比例关系（图1-21），[94]并在后续研究中明确指出，方圆关系涉及中国古代天圆地方宇宙观念，具有相当的广延性；[95]王

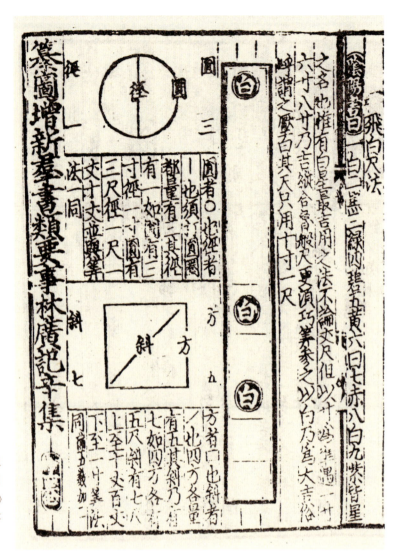

图 1-20 宋人陈元靓《事林广记》刊印之《周三径一》图和《方五斜七》图。(来源：陈元靓,《事林广记》,1999 年)

南 2018 年在《规矩方圆，天地之和——中国古代都城、建筑群与单体建筑之构图比例研究》(下称《比例研究》)一书中，对中国五千年时间跨度的四百五十九个城市与建筑实例做了研究，发现基于规矩方圆作图的 $\sqrt{2}$ 比例，在中国古代都城规划、建筑群布局以及单体建筑的设计中得到极为普遍的运用，堪称"天地之和比"。(图 1-22)

关于"圜方方圜图"，《周髀算经》有谓："万物周事而圆方用焉，大匠造制而规矩设焉。"[96] 古人以周天历度测天、计里画方测地，遂以圆象天，以方象地，是为天圆地方。圆方合即天地合、阴阳和，这就引申出哲学意义。

可见，紫禁城九五模网之模块 A，以其所蕴含的"方七斜十"数理关系，表达了"天地之和"的理念，这恰是其取义乾坤并与太和殿庭院进深相合的匠心所在。

以模块 A 深广比 7/3 析分，可划分出三七二十一个基本模块(下称模块 a)。

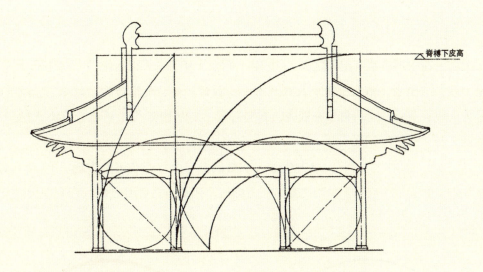

图 1-21 1980 年王贵祥硕士论文《福州华林寺大殿》，载《华林寺大殿比例分析图》。（来源：王贵祥，《当代中国建筑史家十书·王贵祥中国建筑史论选集》，2013 年）

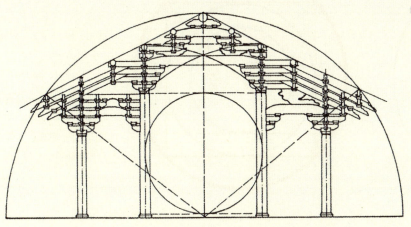

图 1-22 王南绘五台山佛光寺东大殿设计理念分析图。（来源：王南，《规矩方圆，天地之和——中国古代都城、建筑群与单体建筑之构图比例研究》，2018 年）

三七之七在中国古代有纪天之义。《左传·昭公十年》："天以七纪。"[97]《五行大义·论七政》："七者，数有七也。凡有三解：一云日、月、五星合为七政；二云北斗七星为七政；三云二十八宿布在四方，方别七宿，共为七政。"[98]可见，模块 A 之三七数列，与"三天"同义。

"三天"又称"三圆"，是古代盖天家对二至二分日行轨道的表现。[99]（图 1-23，图 1-24）七又是《周易》少阳之数，三七即三个阳爻，乃乾卦之象，皆有纪天之义。

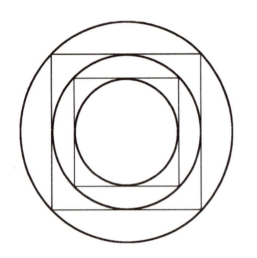
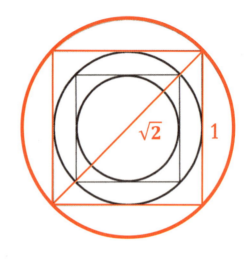

图 1-23　冯时绘红山文化圜丘三重圆坛（三天）图形分析。（来源：冯时，《中国古代的天文与人文》修订版，2006 年）

图 1-24　红山文化圜丘三重圆坛（三天）构成 √2 比例示意图。王军据冯时论述增绘

（二）27/35 模网的文化内涵

将模块 a 铺满宫城，就形成了东西三九二十七、南北五七三十五之 27/35 模数网格。（图 1-25，图 1-26）其中，三九为乾卦之数，五七又具有"方五斜七"、天地之和的寓意。以紫禁城 9/7 深广比数据 964.69 米、750.31 米计算，模块 a 深为 964.69/35≈27.56（米），广为 750.31/27≈27.79（米），两数极为接近，平均值为 27.69 米，遂可视其为边长 27.69 米的正方形。

模块 a 边长以明早期尺折算，27.69 米 ≈87.27 尺。如取宫城东西之广 750.31 米之二十七等分值 27.79 米计算，则为 87.58 尺；以宫城东西之广实测数据平均值 754.01 米之二十七等分值 27.93 米计算，则为 88.02 尺。皆约合八丈八尺，或包含了八八六十四卦之寓意。[100]

结合故宫实测数据，细察 27/35 模网，有以下发现：

1. 御花园顺贞门内东西二门——延和门西皮与集福门东皮——相距 27.75 米，与

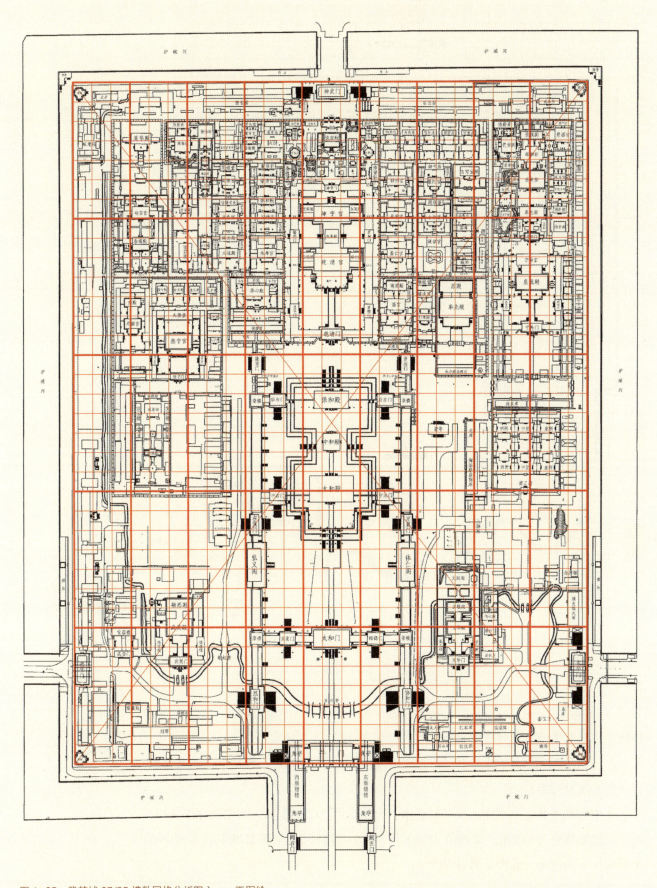

图 1-25 紫禁城 27/35 模数网格分析图之一。王军绘

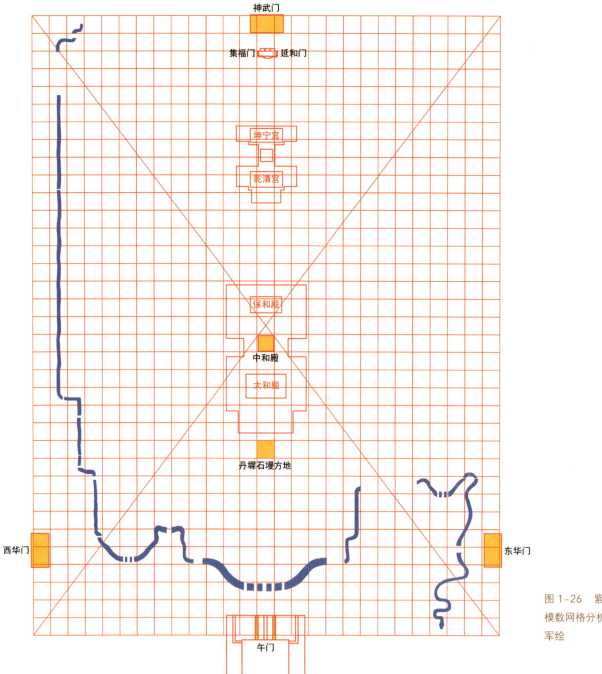

图 1-26　紫禁城 27/35 模数网格分析图之二。王军绘

模块 a 边长几乎密合（吻合度 99.8%）。

2. 午门东门洞南北中线与西门洞南北中线相距约 27.51 米，与模块 a 边长几乎密合（吻合度 99.3%）。

3. 中和殿平面（东皮南北深 24.50 米、南皮东西广 24.33 米、西皮南北深 24.15 米、北皮东西广 24.21 米，平均值 24.30 米）略小于模块 a，居紫禁城平面几何中心南侧模块 a 的中央，显然是据后者定位。

以中和殿广深平均值 24.30 米计算，其与模块 a 的伸缩比例为 27.69/24.30≈1.140，与整数比 8/7（≈1.143）几乎密合（吻合度 99.7%），显然是取义《周易》之少阴八与少阳七，内蕴 8+7=15 的数理关系，表示了一节气十五天。[101] 中和殿至太和殿的中央御道与之呼应，铺十五块石板，同样表示了一气十五之数。

4. 西华门城台东北角距宫城西墙外皮 28.11 米，东南角距宫城西墙外皮 28.26 米，平均值 28.19 米；东华门城台西北角距宫城东墙外皮 27.81 米，西南角距宫城东墙外皮 27.76 米，平均值 27.79 米；神武门西南角距宫城北墙外皮 27.83 米，东南角距宫城北墙外皮 28.19 米，平均值 28.01，均接近模块 a 的边长。

5. 内金水河在外朝区域，多处河段与模网相贴，表明 27/35 模网对河道的规划设计具有定位作用。

6. 三大殿高台南侧丹墀石墁方地与模块 a 几乎完全重合，几可被视为一个模块 a 单位。此块方地南北深 27.13 米（北以三大殿高台南侧东西陛阶南皮为界），东西广 26.08 米，其南北之深与模块 a 边长十分接近（吻合度 98%）。

这块石墁方地居太和殿庭院北端高台之前的显要位置，以古代堪舆术觇之，其具有重要的象征意义：北京城中轴线"龙脉"自北向南直贯而下，于这块方地处隐入太和殿庭院，此块方地就成为"真龙入首""龙穴"的标志，蕴含丰富的文化理念。（图 1-27）

图 1-27　三大殿高台南侧丹墀石墁方地近影。王军摄于 2020 年 8 月

古代堪舆家为建筑选址必先考察山脉走势，此即"格龙"，亦称"寻龙"。称山为龙，是因为山脉蜿蜒起伏似龙。以山脉走向确定建筑基址及其朝向，是为了求得最稳定的地质条件。所选定的建筑基址称"龙穴"或"真龙入首之地"，包含了古人对自然地质环境的朴素认识。

旧题刘秉忠述《平砂玉尺经》记："水交砂会之方，乃见真龙入首之地。"《解》云："水交于局前，砂会于左右，此见龙势歇泊之处。而寻龙必须先看其局前后左右之势何如，然后详其体制之美恶方可，以得其情状吉凶休咎之迹也。"[102]

山体没入平原之处即"真龙入首之地"，其前有水，其后有山，左右环山，才是理想的建设地点。其中要义，见郭璞《葬书》：

> 经曰："地贵平夷，土贵有支。"支龙贵平坦夷旷，为得支之正体，而土中复有支之纹理，平缓恬软，不急不燥，则表里相应。[103]

支即支龙，山之余脉也，其隐入平原延伸为"龙脉"，城郭舍室筑于其上才固若金汤，所以，"土贵有支"。建筑轴线与山梁相顺，才能最充分利用此种地质条件。因此，轴线方向循山脉而定，是营城筑室的重要原则。

《葬书》又云：

> 经曰："势止形昂，前涧后冈，龙首之藏。"势欲止聚，形欲轩昂，前有拦截之水，后有乐托之山，形局既就，则真龙藏蓄于此矣。[104]

紫禁城中轴线暨北京城中轴线，北越小汤山，抵燕山山脉，逆时针微旋二度有余，与山梁相顺（图1-28，图1-29）；中轴线向南延伸至北京城，经景山而至紫禁城后二宫高台，再起伏至三大殿高台，隐入太和殿庭院，就于此营造了"前有拦截之水"（内金水河）、后有"乐托之山"（三大殿高台）的建筑意境。三大殿前丹墀石墁方地，就因势成为"龙脉"隐没、"真龙入首"的标志，这就赋予了太和殿庭院"真龙藏蓄于此"的意义。

明清北京城距北部燕山三十余公里，实难想象经此距离，北山余脉仍在地下延伸直贯而来。显然，这条轴线的规划，观念重于实际。

在古代堪舆家看来，与山势相顺，就与昆仑建立了联系。昆仑乃群山之祖、元气所出，顺应山势，方可顺天行气。

《春秋命历序》："天地开辟，万物浑浑，无知无识，阴阳所凭。天体始于北极之野，地形起于昆仑之墟。"宋均《注》："北极，为天之枢。昆仑，为地之柄。"[105]

图 1-28 明清北京城中轴线经小汤山北抵燕山分析图。王军绘。（底图来源：Google Earth）

图 1-29 明清北京城中轴线北抵燕山分析图。王军绘。（底图来源：Google Earth）

《河图括地象》："昆仑山为天柱，气上通天。"[106] 即言北极为混沌元气最早生出的天，昆仑为混沌元气最早生出的地，昆仑与北极相对，为天旋地转之轴。昆仑气上通天，也就是元气所出。群山与昆仑相连，山脉即为气脉。

所以，《葬书》有谓：

> 经曰："丘垄之骨，冈阜之支，气之所随。"……夫气行乎地中。其行也，因地之势；其聚也，因势之止。[107]

第一章 《周易》与紫禁城平面规划

可见，三大殿前石墁方地又具有元气通达、因势止聚的象征意义。这与其所表示的"真龙入首"表里相应。

这块石墁方地，被太和殿庭院的中央御道（即北京城中轴线）一分为二，御道铺五十五块石板，合于《周易》所记十个天地数（一至十）相加之总数，这就表现了"天地之和"。

石墁方地被御道中分之东西两幅，每幅南北向各铺石七列；以御道北端两侧太和殿东西陛阶南皮为北界，石墁方地每列铺石取十九之数，其中两列铺石十八块，遂各将一石板刻线一分为二，以求得十九之数。（图1-30，图1-31）

十九之数在中国古代天文历法中具有重要意义。《汉书·律历志》记云：

> 故《易》曰："天一，地二，天三，地四，天五，地六，天七，地八，天九，地十。天数五，地数五，五位相得而各有合。天数二十有五，地数三十，凡天地之数五十有五，此所以成变化而行鬼神也。"并终数为十九，《易》穷则变，故为闰法。[108]

又谓：

> 闰法十九，因为章岁。合天地终数，得闰法。[109]……三岁一闰，六岁二闰，

图1-30 石墁方地西幅刻线之石（西向东第五列，南向北第三石）。王军摄于2020年8月（左）

图1-31 石墁方地东幅刻线之石（西向东第四列，南第一石）。王军摄于2020年8月（右）

九岁三闰，十一岁四闰，十四岁五闰，十七岁六闰，十九岁七闰。[110]

孟康曰：

天终数九，地终数十。穷，终也。言闰亦日之穷余，故取二终之数以为义。[111]

古以十九岁为一章，称章岁，以十九岁七闰为闰法，称"闰法十九"。在十个天地数中，九是最大的天数，称"天终数"；十是最大的地数，称"地终数"；九加十等于十九，十九即"天地终数"。"闰法十九"取义"天地终数"，通过十九岁七闰，使阴历、阳历周期相合，阴阳二历得以协调，十九就具有了天地终始、阴阳合和的意义。

三大殿前石墁方地之东西两幅，各以十九、七这两个数字铺石，显然是取义十九岁七闰、"闰法十九"。这就以阴阳合历之义，烘托了太和殿庭院的宏大主题——"天地之和"。

石墁方地以东西两幅取义闰法，又与《周易》筮法意义相通，显有"分而为二以象两"，"归奇于扐以象闰，五岁再闰"之义（关于《周易》筮法，详见本书第二章）。虽然其石板数所表示的"闰法十九"不同于"五岁再闰"（即五岁二闰），前者密于后者，后者更为古朴，但以闰法求"天地之和"意义相通。

可见三大殿高台之前的石墁方地，不仅象征了"真龙入首"、元气通达，还承载了中国古代天文历法的核心要义。

（三）太和殿庭院的坐标意义

作为京师"龙穴"所在、"真龙入首之地"，太和殿庭院在北京城的规划布局中，发挥着坐标原点般的支撑作用。在1943年北京城航拍图上分析可知：

1. 日坛平面几何中心与月坛平面几何中心的连接线与北京城中轴线交会于太和殿庭院，由此形成子午卯酉时空格局，彰显太和殿庭院乃"中"之所在。（图1-32）

在这一格局中，日坛居京城之东，春分祭日；月坛居京城之西，秋分祭月；中轴线北端子位，是冬至授时方位；中轴线南端午位，是夏至授时方位；太和殿庭院居中，与天中对应，这就形成表示"天地四时"的时空体系。

《周礼》六篇分为《天官》《地官》《春官》《夏官》《秋官》《冬官》，即以天地四时为纲。对此，郑玄解释道：

古《周礼》六篇者，天子所专秉以治天下，诸侯不得用焉。六官之记可见者，尧育重黎之后，羲和及其仲叔四子，掌天地四时。[112]

就是说，《周礼》天地四时六篇是天子垄断的治理天下的根本大法，《尧典》所记重黎之后——羲和及其仲叔四子，就是掌管天地四时的六官。那时，基于天地四时的人文制度已经具备。可见此种制度极为古老，紫禁城位于北京城子午卯酉时空格局的中央，"天子所专秉以治天下"之义明矣。

2. 德胜门至大高玄殿轴线南端再至太庙平面几何中心的连接线，与社稷坛平面几何中心至地坛平面几何中心的连接线，交会于太和殿庭院，并与日、月坛连接线与中轴线的交会点重合，这就演绎了乾坤二卦。（图1-33）

前文已记，德胜门居京城西北乾位，即元之所在；太庙乃天子祭祖大享之所，乃亨之所在。德胜门、大高玄殿与太庙相通，就表现了乾卦卦辞"元亨利贞"。

坤卦卦辞："西南得朋，东北丧朋，安贞吉。"[113]即言坤居西南，其周围的巽、离、兑皆为阴卦，为其朋类，但阴与阴不能成事，所以，坤须以阴诣阳，反至东北，与震、艮、坎三个阳卦为伍，虽然丧朋，但阴阳用事终获吉占。社稷坛、地坛皆坤土的象征，前者居宫城西南"得朋"之位，后者居京城东北"丧朋"之位，二者相连，就表现了坤卦卦辞。

这两条建筑连线取义乾坤，并在太和殿庭院交午，呈乾坤交泰之势，这就阐释了"乾坤成列，而易立乎其中矣"[114]，赋予太和殿庭院"易有太极""道生一"的哲学意义。

3. 日坛平面几何中心与月坛平面几何中心的连接线与北京城中轴线、德胜门至天坛祈年殿的连接线、天坛祈年殿至地坛平面几何中心的连接线等长，皆为7.8公里，这是对天地四时、宇宙生成的表示。（图1-34）

前文已述，日坛至月坛的连接线与中轴线于太和殿庭院相交，是对"天地四时"的表现，其中的"天地"是"天中"与"地中"的对应；天坛祈年殿至地坛的连接线，也是对天地的表现，是以天南地北的布局，取义天地造分；德胜门与祈年殿的连接线，前文已述，是对乾卦卦辞"元亨利贞"的表现。

这四条建筑连线皆为7.8公里，以明早期1尺=0.3173米，明1步=5尺[115]计算，7.8公里合4916步，以故宫博物院藏嘉靖牙尺（营造尺）1尺=0.32米计算，7.8公里合4875步，进退于4900步，应是以4900步为设计意图，取义"大衍之数五十，其用四十有九"[116]，以表示《周易》筮法推卦之始（将五十策取出一策表示无为之"道"，其余四十九策表示有用之"一"），这就赋予这四条建筑连线"道生一"、宇宙生成的

图1-32 明清北京城子午卯酉时空格局分析图。王军绘。（底图来源：美国第18航空队航拍图，1943年。美国纽约大都会艺术博物馆藏。傅熹年先生获赠电子版后惠赐笔者使用。后同）

图1-33 明清北京城子午卯酉与乾坤交泰分析图。
王军绘

图1-34 明永乐、嘉靖时期形成的四条等长的建筑连线。王军绘

图 1-35 明清北京城天门地户分析图。王军绘

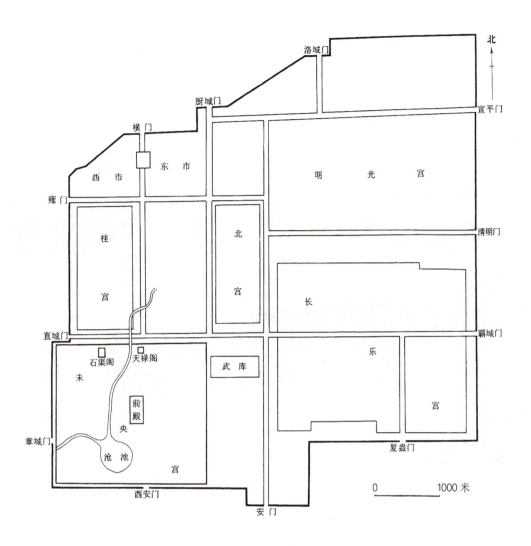

图1-36 汉长安城平面图。（来源：中国社会科学院考古研究所，《汉长安城未央宫：1980～1989年考古发掘报告》，1996年）

哲学意义。

4. 卫星图测距显示，以上建筑连线在太和殿庭院的交会点（下称太和殿交会点），与天坛皇穹宇（上帝神版奉安处）、地坛平面几何中心、西直门等距，均为4.3公里。以明早期1尺=0.3173米计算，4.3公里合2710步，以故宫博物院藏嘉靖牙尺（营造尺）1尺=0.32米计算，4.3公里合2688步，进退于2700步，应是以2700步为设计意图，取义三九二十七，以三九表示乾天，彰显太和殿交会点与"天中"对应所具有的"天地之中"的意义。

以太和殿交会点为圆心、4.3公里为半径画圆，皇穹宇、地坛、西直门同在一圆的线上，圆线与内城城墙西北抹角墙段相交，将此交点与太和殿交会点画线连接并向东南延伸，即穿过外城城墙东南抹角墙段，这就形成"天门"与"地户"相对的格局。（图1-35）

古人认为日月星辰西行，于西北方没入地平线，江河东流，于东南方入海，是因为天倾西北、地不满东南。[117]所以称西北为"天门"、东南为"地户"。汉长安城西北与东南皆为缺角（图1-36），就是对"天门"与"地户"的表现，班固《两都赋》

第一章 《周易》与紫禁城平面规划

图 1-37 紫禁城护城河西北岸为抹角造型。王军摄于 2021 年 1 月

图 1-38 中国营造学社拍摄的北京西直门,可见其圆券门制。(来源:清华大学建筑学院资料室)

图 1-39 1969 年准备拆除的安定门，可见其加方框结构的门制，德胜门、东直门、朝阳门、阜成门与之相同。罗哲文摄

称之为"体象乎天地"[118]；明北京城内城西北墙段与外城东南墙段皆为抹角，紫禁城护城河西北岸也为抹角（图 1-37），皆是对"天门"或"地户"的表现。西直门紧临内城西北城墙抹角，与皇穹宇、地坛平面几何中心同为一圆，其门道与内城前三门（正阳门、崇文门、宣武门）形制相同，皆为不加方框结构的券洞，取纯阳之义，就是对"天门"的表示。（图 1-38 至图 1-40）

图 1-40 今存北京正阳门可见其圆券门制，崇文门、宣武门、西直门与之相同。王军摄于 2002 年 10 月

第一章 《周易》与紫禁城平面规划

经此规划，太和殿庭院就成为"天地之中"的象征，也就是天子受命于天的标志性场所。紫禁城模块a以太和殿庭院北端象征"真龙入首"的石墁方地为基本单位，形成覆盖宫城的27/35模数网格，以为建筑规划的依据，这就将天子受命于天的信息注入紫禁城的每一个角落。

（四）宫城地盘分配

考察27/35模网，宫城地盘分配的模数体系跃然眼前：

1. 以隆宗门、景运门北皮东西一线为界，其南侧区域，体仁阁、弘义阁外皮之间的地带，为9×21个模块a组成的区块，将此区块东西横列为三，即为宫城东西之广，并呈现东西向9+9+9之三九数理关系；隆宗门、景运门北皮东西一线之北，宫城西墙外皮至寿安宫东墙地带为5×14个模块a，寿安宫东墙至西六宫东墙地带为6×14个模块a，西六宫东墙至东六宫西墙地带为5×14个模块a，东六宫西墙至宁寿宫西墙地带为6×14个模块a，宁寿宫西墙至宫城东墙外皮地带为5×14个模块a。这五个区块东西横列，即为宫城东西之广，并呈现东西向5+6+5+6+5之数理关系。（图1-41，图1-42）

试将上述区块规划的人文意义分析如下：

（1）体仁阁、弘义阁外皮之间的三大殿区域，东西为九个模块a；西六宫东墙与东六宫西墙之间的后二宫区域，东西为五个模块a。二者形成9/5的数理关系，体现了"九五之尊"。

（2）隆宗门、景运门北皮东西一线以南，东西横列三个区块，形成9+9+9即三九二十七个模块a的数列，呈现三九之数；南北之深为二十一个模块a，内蕴三七二十一的数列，呈现三七之数。三九、三七皆为经卦乾之策数；三七之数又表现了上文已经讨论的"方七斜十""天地之和"等理念（即三七之七与三七之和，构成"方七斜十"$\sqrt{2}$天地之和比例）。

（3）隆宗门、景运门北皮东西一线以北，五个区块形成的东西向5+6+5+6+5之数列，是对"天六地五""天地之中合"的表现。

《国语·周语下》："天六地五，数之常也。经之以天，纬之以地。经纬不爽，文之象也。"韦昭《注》："天有六气，谓阴、阳、风、雨、晦、明也。地有五行，金、木、水、火、土也。"[119]

《左传·昭公元年》："天有六气，降生五味。"杜预注"天有六气"："谓阴、阳、风、雨、晦、明也。"又注"降生五味"："谓金味辛、木味酸、水味咸、火味苦、土

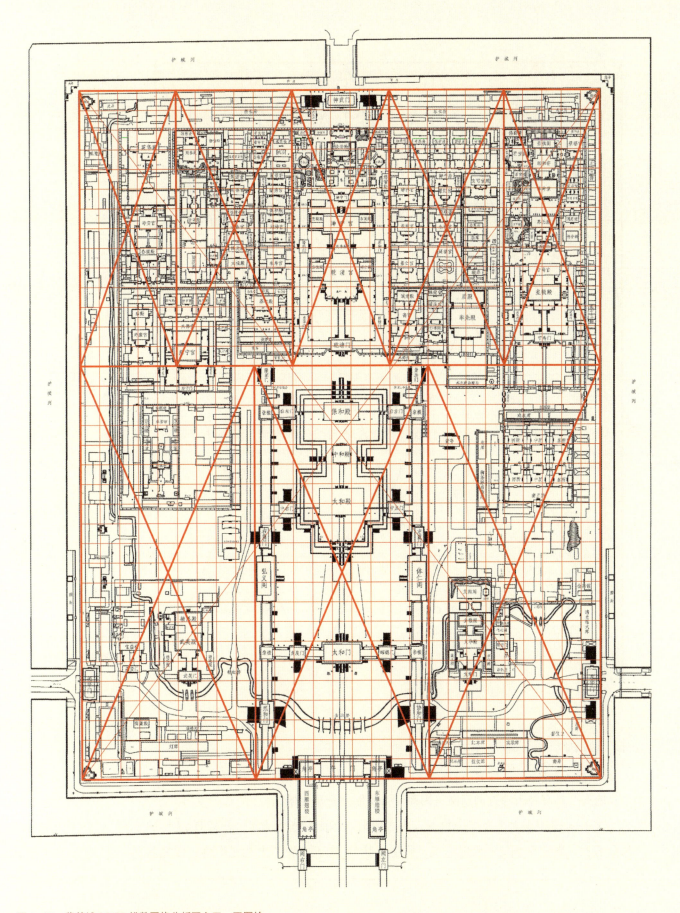

图 1-41 紫禁城 27/35 模数网格分析图之三。王军绘

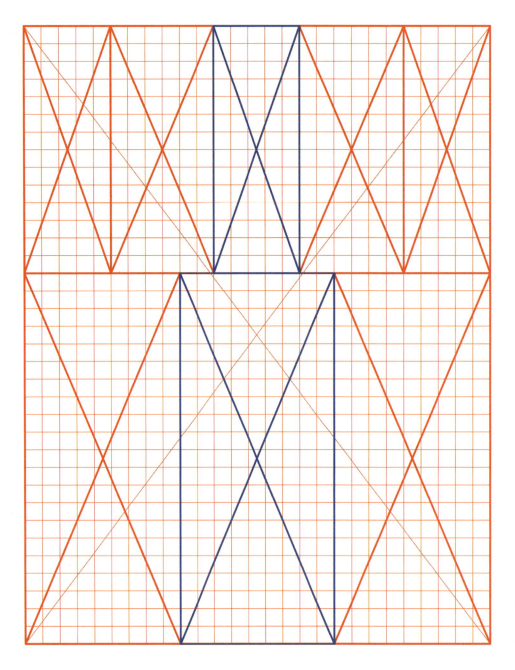

图 1-42 紫禁城 27/35 模数网格分析图之四。王军绘

味甘,皆由阴、阳、风、雨而生。"[120]

就是说,天有六气,地有五行,五行之味由阴、阳、风、雨而生,体现了天地之道。"天六地五"具有经天纬地的意义,因而对人文制度造成影响。

《汉书·律历志》:"天之中数五,地之中数六,而二者为合。"[121] 又谓:"传曰'天六地五,数之常也','天有六气,降生五味'。夫五六者,天地之中合,而民所受以生也。故曰有六甲，辰有五子，十一而天地之道毕，言终而复始。"[122]

孟康云："天阳数奇，一三五七九，五在其中。地阴数耦，二四六八十，六在其中。故曰天地之中合。"[123]

就是说，在《周易》所记一至十这十个天地数中，五是天数一、三、五、七、九的中位数，即"天之中数"；六是地数二、四、六、八、十的中位数，即"地之中数"；五加六等于十一，十一即"天地之中合"。六十甲子之六甲与五子，是天干地支循环之数，称"天六地五"，二者相加数亦为十一，又体现了天地之道终而复始，也就是"十一而天地之道毕"。

紫禁城太和殿面阔十一间，显然是取义 5+6=11 即"天地之中合"；内廷乾东西五所合为十所，东西六宫合为十二宫，显然是取义十天干、十二地支，寓意"日有六甲，辰有五子，十一而天地之道毕"，皆是对"天六地五""天地之中合"的表现。

值得注意的是，在上述五个区块形成的东西向 5+6+5+6+5 的数列中，有两个六、三个五，其中的两个六分别与东西六宫对应，即二六一十二，为十二月之数；其余的三个五，则以三五一十五表示了二十四节气一气之数。十二月为阴历，二十四节气为阳历，二者互交，就表示阴阳合历。五个区块取此义在宫城北区交错，彰显"阴阳交接，乃能成和"[124]，亦即太和之义。

（4）内廷区域的五个区块，南北之深为十四个模块 a，内蕴 9+5=14 的数理关系，这是对"九五之尊"的表现。

以十四之数表现"九五之尊"，在保和殿与中和殿之间的丹陛露台即有呈现。此处露台是紫禁城平面几何中心所在。王南指出，紫禁城平面几何中心位于内城南北墙之间九五之比的位置，或许包含了"九五之尊"的象征意义。（图 1-43）[125] 查此处露台中央御道铺有十四块石板，呈现 9+5=14 的数理关系，这显然是对"九五之尊"的表示，并标识了该区域居内城南北墙之间 9/5 比例的位置。

此种数术之法，在北京天坛也能看到。天坛成贞门至南砖门丹陛桥的中央神路，铺有一百九十四块石板，内蕴 1+9+4=14 的数理关系，与 9+5=14 相合，同样表示了"九五之尊"。古人运用数术，极为看重数字相加或相乘所得之数的意义。数术之于建筑营造的重要性，由此可见。

2. 宫城内北红墙至宫城北墙外皮、宫城内西红墙至宫城西墙外皮，皆为两个模块 a，表明 27/35 模网是划定宫城红墙的重要依据。

3. 三大殿上层平台南皮、中和殿南皮、文华门南皮、武英门南皮、慈宁宫花园北红墙、西六宫太极殿南皮、西六宫永寿宫南皮、东六宫景仁宫南皮、顺贞门东西红墙一线，皆与各自区域模块 A 自下而上或自上而下第五个模块 a 与第六个模块 a 的分界线相贴，呈现在模块 A 南北向的七个模块 a 之中，以第五个模块 a 定位的

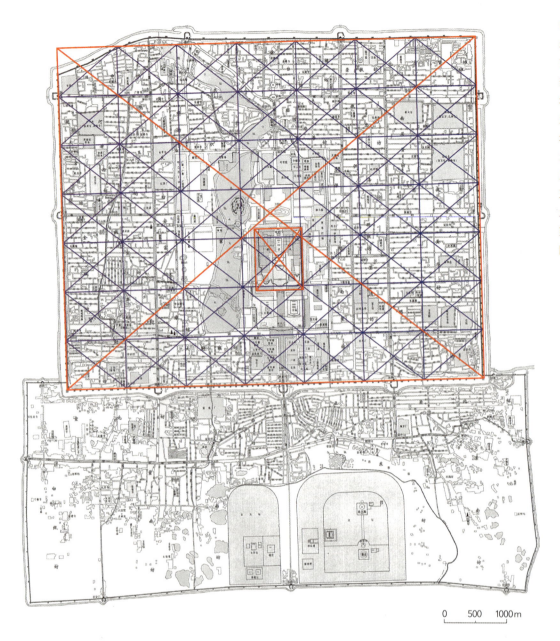

图 1-43 王南绘北京内城分析图，显示内城总平面约为七七四十九个紫禁城平面，紫禁城位于内城南北墙之间 4.5/2.5 位置，亦即 9/5 位置；内城与紫禁城为相似形（皆为 9/7 比例矩形），互相呈 90°旋转布局。（来源：王南，《规矩方圆，天地之和——中国古代都城、建筑群与单体建筑之构图比例研究》，2018 年）

7/5 数理关系，这显然是取义"方五斜七""天地之和"。

其中，文华门、武英门南皮又各居外朝东路与西路由两个模块 A 南北叠加的空间之中 9/5 的位置（两个模块 A 南北向共叠十四个模块 a，以文华门、武英门南皮为界，南为五个模块 a，北为九个模块 a），这又是对外朝之左文（文华殿区域）右武（武英殿区域）位于"九五之尊"的表现。

4. 三大殿前丹墀石墁方地南皮、中和殿北皮、养心殿正殿南皮、慈宁宫北红墙至奉先殿北红墙东西一线、东华门与西华门城台南皮，皆与各自区域模块 A 自下而上或自上而下第三个模块 a 与第四个模块 a 的分界线相贴，呈现在模块 A 南北向的七个模块 a 之中，以 3/4 比例定位的关系。显然，这是取义三四一十二，即一年十二月"天之大数"。[126]

5. 太和门南沿东西一线、午门北石栏、神武门城台南皮、慈宁宫北皮、隆宗门与景运门南皮至慈宁门北皮东西一线，皆与各自区域模块 A 自下而上或自上而下第六个模块 a 与第七个模块 a 的分界线相贴，呈现在模块 A 南北向的七个模块 a 之中，以第六个模块 a 定位的 7/6 数理关系。

在中国古代数术中，7/6 具有"天地之中"的寓意。[127] 前文已述，七有纪天之义。《国语》韦昭《注》："六者，天地之中。天有六气，降生五味。天有六母，地有五子。十一而天地毕矣，而六为中。"[128] 即言六是十一的中位数，十一又是"天六地五"相加之数，所以，六表示了"天地之中"。

又据前引《汉书·律历志》，五是天数一、三、五、七、九的中位数，六是地数二、四、六、八、十的中位数，五加六等于十一，十一乃"天地之中合"，由此得出十一的中位数六，也表示了"天地之中"。

在紫禁城平面几何中心南侧，中和殿斗栱攒当（攒当即相邻两攒斗栱中线的空当）明间为七，次间为六，即以 7/6 的斗栱攒当数表示紫禁城的平面几何中心乃"天地之中"。上述紫禁城建筑居各自区域模块 A 的 7/6 位置，与之同义。

王南在《比例研究》中指出，内含等边三角形的矩形边长所呈现的 $2/\sqrt{3}$ 比例，接近于整数比 7/6 或 8/7，与 $\sqrt{2}$ 比例同为中国古代建筑与城市规划设计的经典比例，在紫禁城的平面规划与建筑设计中得到大量运用，尤以太和殿及其庭院的设计为代表。（图 1-44）

7/6 比例见载于清代匠人抄本《营造算例》关于檐高与明间面阔的比例规定，[129] 具有法式意义。这一比例的矩形能

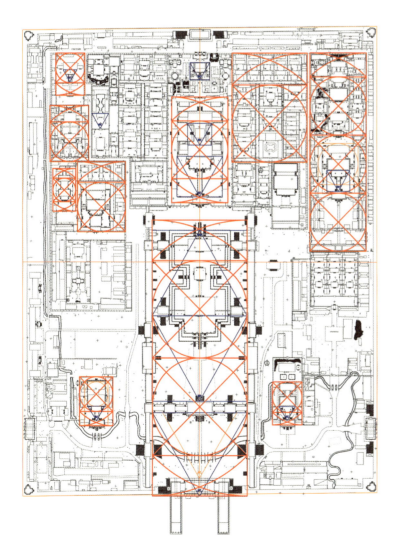

图 1-44 王南绘紫禁城总平面分析图。（来源：王南，《规矩方圆，天地之和——中国古代都城、建筑群与单体建筑之构图比例研究》，2018 年）

第一章 《周易》与紫禁城平面规划

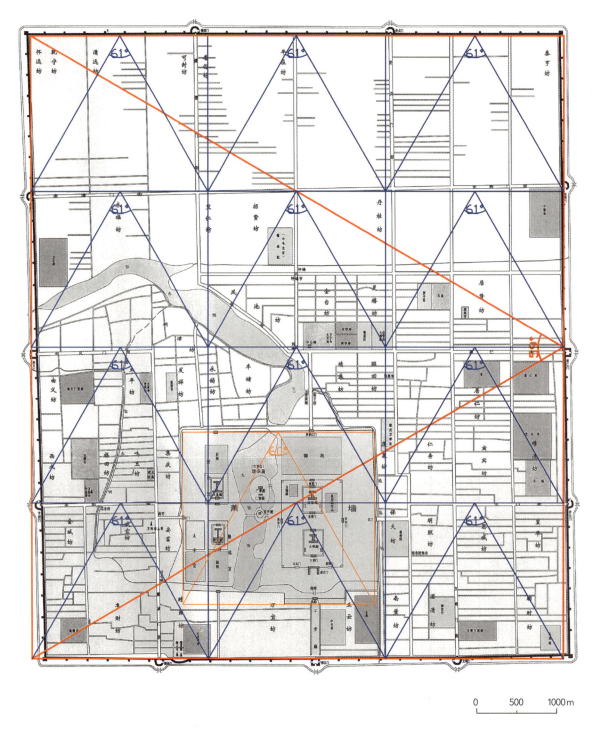

图1-45 王南绘元大都总平面分析图，显示7/6矩形之内包含十二个同比例矩形。（来源：王南，《规矩方圆，天地之和——中国古代都城、建筑群与单体建筑之构图比例研究》，2018年）

图 1-46 7/6 矩形之内包含十五√2 个矩形。王军绘

够包含十二个 8/7 矩形（与 7/6 矩形极为近似）。十二是一年十二个朔望月之数，为阴历；8+7=15，十五是一节气十五天之数，为阳历。这就表现了阴阳合历、阴阳合和。7/6 矩形还包含十五个"方七斜十"√2 矩形（边长比为 10/7，近似√2），十五是一节气十五天之数，√2 具有天地之和、阴阳合和的意义。这正是"天地之中"的固有之义。[130]（图 1-45，图 1-46）

6. 27/35 模网定义了紫禁城各个区域的地盘分配，其用数（以模块 a 为单位）皆取天文、律历、《周易》之数（图 1-47，图 1-48），详见下表：

第一章 《周易》与紫禁城平面规划　　51

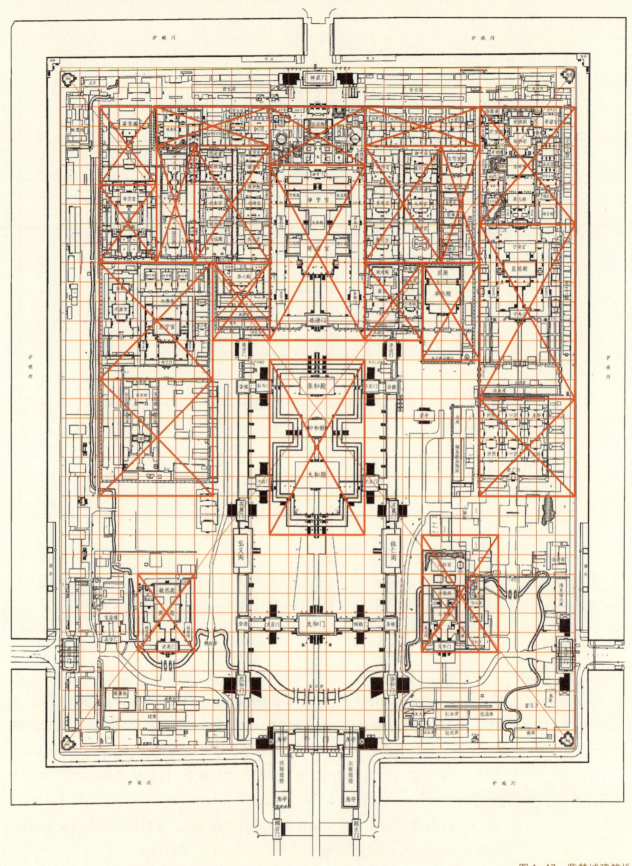

图 1-47 紫禁城建筑地盘分析图之一。王军绘

图1-48 紫禁城建筑地盘分析图之二。王军绘

表1-2 紫禁城地盘模数表

模块a总数	建筑地盘	人文意义
九五四十五	三大殿区域、后二宫区域、宁寿宫前朝区域	九五之尊、八节、《洛书》九宫之数
三五一十五	御花园区域、奉先殿区域	二十四节气一气之数
三四一十二	文华殿区域、武英殿区域、斋宫+毓庆宫区域、养心殿+御膳房+南库+军机处区域、寿安宫区域、英华殿区域	一年十二月"天之大数"
二六一十二	北五所（乾东五所）区域、建福宫+重华宫+漱芳斋区域（原乾西五所）、中正殿+雨花阁区域、玄穹宝殿+茶库+缎库区域	一年十二月"天之大数"
六六三十六	慈宁宫+寿康宫区域、慈宁宫花园区域	坤元用六、《周易》老阴之数、一岁三十六旬之数
五五二十五	南三所区域	《周易》一三五七九天数之和
五六三十	宁寿宫后寝区域	《周易》二四六八十地数之和
九九八十一	养心殿区域	黄钟之数
四六二十四	东六宫、西六宫、文华殿+文渊阁+传心殿区域	二十四节气之数

根据上表，可得出以下认识：

1. 三大殿、后二宫乃天子之位的标志，遂以九五之数表示"九五之尊"；宁寿宫是乾隆皇帝为自己修建的太上皇宫殿，其前朝区域取九五之数，与之同义。

2. 养心殿为皇帝起居并处理日常事务之所，其取义黄钟之数，体现了"制礼作乐，颁度量，而天下大服"的意义。[131]

3. 宁寿宫南侧的南三所以《周易》天数之和布局，宁寿宫北部后寝区域以《周易》地数之和布局，是对南阳北阴、天南地北的表现。[132]

4. 慈宁宫+寿康宫区域、慈宁宫花园区域，取义坤元用六、《周易》老阴之数，符合这一区域为皇太后所居的性质，寓意阴气收成，并以六六三十六的模块总数，表示一岁三十六旬；与之相对的宫城东部的南三所，以《周易》天数之和布局，符合这一区域为皇子所居的性质，寓意阳气生发。

5. 宫城其他区域的模块用数，分别为三四一十二、二六一十二、三五一十五、四六二十四，皆取天之历数。其中，取义十二月的东西六宫，各以四六二十四的模数布局，以表示二十四节气，又象征了阴阳合历，表达了"天地之和"的理念。

以上用数，承载了与农耕文化密切相关的知识与思想体系，表明紫禁城建筑空间乃中国古代思想精神的重要载体。

图1-49 孙大章绘天安门至景山、太庙、社稷坛平面分析图。（来源：孙大章，《承德普宁寺——清代佛教建筑之杰作》，2008年）

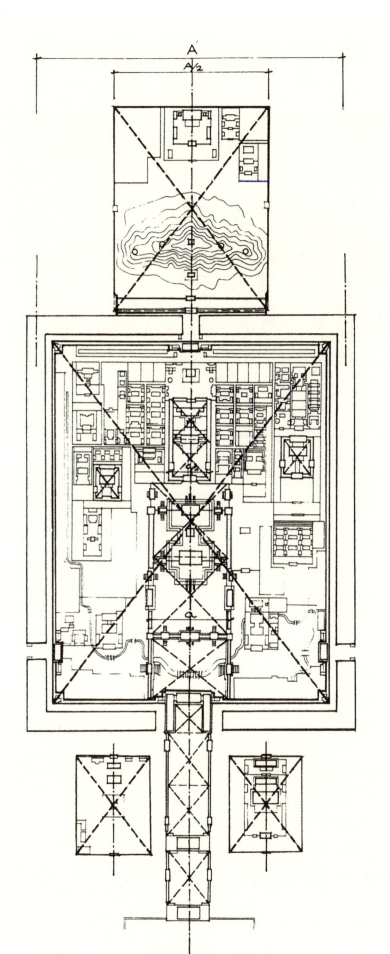

四、明堂模数

（一）紫禁城与北京城对 9/7 比例的运用

前文已记，紫禁城总平面规划是以 9/7 明堂比例为设计理念。关于这一比例，孙大章在《承德普宁寺——清代佛教建筑之杰作》一书中做了开创性研究。他指出，紫禁城的平面基础图形为 9/7 矩形，景山也是这种矩形，其长、宽各减宫城之半，即占地为宫城的四分之一。宫城前方的太庙与社稷坛用地也是这种矩形。此外，天安门与端门之间的院落为 9/7 矩形，端门至午门南端的狭长院落是两个 9/7 矩形。午门以内，自城墙至太和门及左右协和门、熙和门之间的广场也为一横向的 9/7 矩形。宁寿宫、慈宁宫两组重要的建筑用地也是 9/7 矩形。很明显这种相似的用地比例是设计人有意识的设计结果。（图 1-49）

孙大章进而指出，运用相似形的目的在于取得和谐的构图效果。在矩形体系中，相含或相邻的相似形的边皆相互平行或垂直，其对角线也呈平行和垂直关系。因此整体线条呈现一种有规律的、和谐的感觉，让人视觉上会产生美感。在工程设计中千变万化的线条里，若能掌握运用相似形规律，不但简化了图形，而且有助于获得完美的建筑艺术形象。相似形的运用在施工中也有积极的意义。

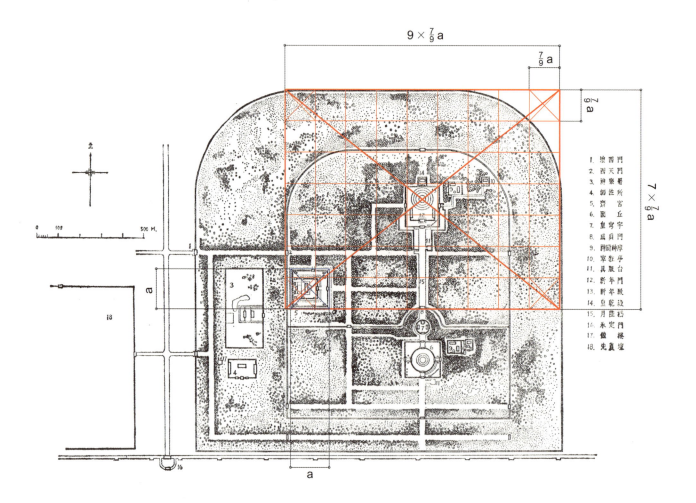

图 1-50 明永乐天地坛旧址平面分析图。以斋宫平面的 7/9 为基本模数，广深比为 9/7。王军绘。（底图来源：刘敦桢，《中国古代建筑史》，1980 年）

古代建筑总体布局虽然也有草图，但施工时大部分工作是由现场的匠师口传手示指挥安排的。假如有一个相同的比例，就可保证用地形状的准确性。[133]

孙大章对 9/7 设计比例的揭示，让我们看到相似形的运用给建筑设计与施工带来的诸多便利，以及对建筑艺术的积极影响。

笔者在近期的研究中发现，明永乐北京天地坛以及明嘉靖扩建的天坛核心区（内坛西墙以东、外坛南北墙之间区域），皆采用 9/7 平面比例（图 1-50，图 1-51）；王南指出，明北京内城与紫禁城为相似形，互相呈 90° 旋转布局。（图 1-43）[134] 就是说，明北京内城与紫禁城一样，也是 9/7 比例矩形。

《大明会典》载，明北京内城"南一面长二千二百九十五丈九尺三寸（按：原文误写为一千二百九十五丈九尺三寸，径改），北二千二百三十二丈四尺五寸，东一千七百八十六丈九尺三寸，西一千五百六十四丈五尺二寸"。[135] 即记内城南城墙广 2295.93 丈，北城墙广 2232.45 丈，东城墙深 1786.93 丈，西城墙深 1564.52 丈。以南城墙、东城墙的长度计算内城平面广深比例，则 2295.93/1786.93≈1.285，与 9/7 比例几乎密合（吻合度 99.9%）。（图 1-52）

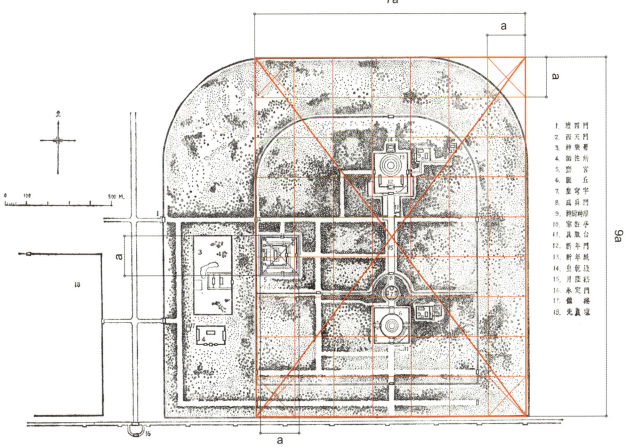

图1-51 明嘉靖扩建天坛核心区平面分析图。以斋宫平面为基本模数，深广比为9/7。王军绘。（底图来源：刘敦桢主编，《中国古代建筑史》，1980年）

明嘉靖扩建北京外城，设七个城门，与内城的九个城门，形成9/7数理关系，遂有"里九外七"之谓，也是取明堂之数。

可见，紫禁城与北京城的规划设计十分重视对9/7明堂之数的运用，诚如孙大章所言，这是设计人有意识的设计结果。其中的人文意义，需要进一步深入研究。

（二）9/7比例的文化意义

前文已述，9/7平面比例见载于《周礼·考工记》与《大戴礼记·明堂》。

《周礼·考工记》："周人明堂，度九尺之筵，东西九筵，南北七筵，堂崇一筵，五室，凡室二筵。"[136]《大戴礼记·明堂》："堂高三尺，东西九筵，南北七筵，上圆下方。"[137] 皆记"东西九筵，南北七筵"为明堂的平面比例（实为明堂五个建筑单元中居南之明堂、居东之青阳、居西之总章、居北之玄堂的平面比例，详见本书第五章第一节）。

在中国古代数术中，九与七是标识西方与南方的五行方位数。《尚书·洪范》：

第一章 《周易》与紫禁城平面规划

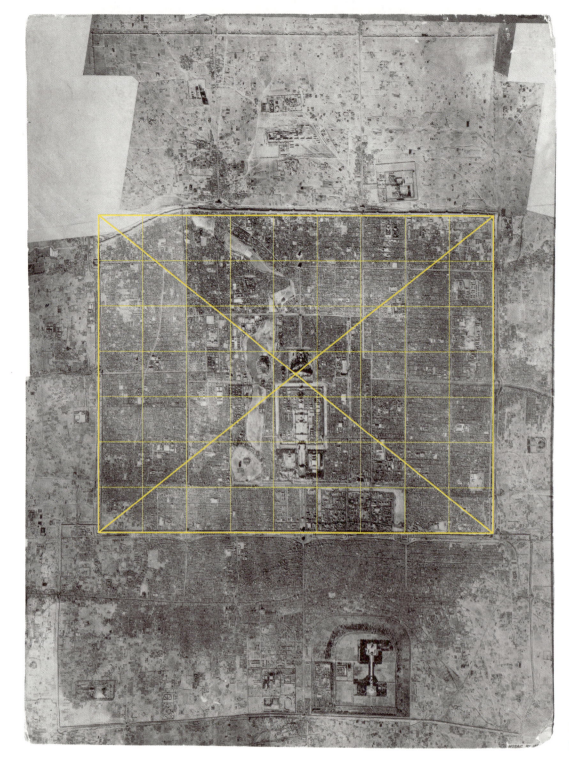

图 1-52 北京内城 9/7 比例分析图。王军绘

"五行:一曰水,二曰火,三曰木,四曰金,五曰土。"[138] 即以一、二、三、四、五配北、南、东、西、中;《礼记·月令》记春月"其数八"、夏月"其数七"、中央土"其数五"、秋月"其数九"、冬月"其数六",[139] 即以六、七、八、九、五配北、南、东、西、中。

《礼记·月令》孔颖达《疏》引郑玄注《易系辞》：

> 天一生水于北，地二生火于南，天三生木于东，地四生金于西，天五生土于中。阳无耦，阴无配，未得相成。地六成水于北，与天一并；天七成火于南，与地二并；地八成木于东，与天三并；天九成金于西，与地四并；地十成土于中，与天五并也。[140]

扬雄《太玄·玄数》亦记："三八为木，为东方，为春"，"四九为金，为西方，为秋"，"二七为火，为南方，为夏"，"一六为水，为北方，为冬"，"五五为土，为中央，为四维"。[141]

即以生数一、二、三、四、五和成数六、七、八、九、十标识五位。其中，一、六配北方为水，二、七配南方为火，三、八配东方为木，四、九配西方为金，五、十配中央为土，土配四维。每个方位所配之数皆有阴有阳，即如《易象义》所记："天一生水，地六成之；地二生火，天七成之；天三生木，地八成之；地四生金，天九成之；天五生土，地十成之。"[142]（图1-53）

紫禁城北部钦安殿设天一门，天一门两侧琉璃影壁分别饰有六只仙鹤，钦安殿御路石刻有六龙，即取义"天一生水，地六成之"；紫禁城的南大门——午门，城台出东西两观，有四座阙楼与正楼，合称五凤楼，其两观之数与五凤楼之数，合而为七，与两观对应，即取义"地二生火，天七成之"；紫禁城东有三座门、南三所，文华门御路石刻三朵团科祥云，东华门门钉设九路八颗，即取义"天三生木，地八成之"；紫禁城外朝西部，武英门御路石刻有四龙，其南跨内金水河的三座石桥，每侧桥栏

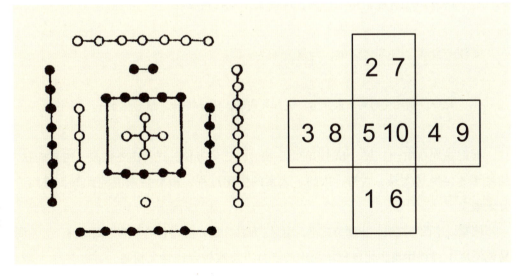

图1-53 五行方位图。朱熹称之为《河图》，冯时考证其应是《洛书》之五位图。（左图来源：朱熹，《周易本义》，2009年；右图来源：王军绘）

均安九个栏板，即取义"地四生金，天九成之"；太和殿居前朝中央，其上下檐脊端各安十个走兽，即取义"天五生土，地十成之"。

《周易乾凿度》基于五行方位数，描述了元气生成、宇宙化生。其中对九、七之数做出特别强调，有谓：

> 昔者圣人因阴阳定消息，立乾坤以统天地也。夫有形生于无形，乾坤安从生？故曰：有太易，有太初，有太始，有太素也。太易者，未见气也；太初者，气之始也；太始者，形之始也；太素者，质之始也。气形质具而未离，故曰浑沦。浑沦者，言万物相浑成而未相离。视之不见，听之不闻，循之不得，故曰易也。易无形畔。易变而为一，一变而为七，七变而为九。九者，气变之究也，乃复变而为一。一者，形变之始，清轻者上为天，浊重者下为地。[143]

郑玄注"易变而为一"：

> 一主北方，气渐生之始，此则太初气之所生也。

又注"一变而为七"：

> 七主南方，阳气壮盛之始也，万物皆形见焉，此则太始气之所生者也。

又注"七变而为九"：

> 西方阳气所终，究之始也，此则太素气之所生也。

又注"九者，气变之究也，乃复变而为一"：

> 此一，则元气形见而未分者。夫阳气内动，周流终始，然后化生一之形气也。[144]

即记易周行由一、七、九标识的北、南、西三个方位，犹若由冬而夏，由夏而秋，往复于冬，经过太易、太初、太始、太素的生化过程，最后生成混沌元气，进而造分天地。

明堂以主西方之九、主南方之七，定义"东西九筵，南北七筵"的平面比例，与《周易乾凿度》描述宇宙生化过程所采用的五行方位数相合，意义相通。

明堂以九、七之数表示元气生成、天地开辟，就对应了"道生一""易有太极"。明堂乃天子布政之宫，其与"道生一"建立联系，也就表示了天子受天明命。此乃 9/7 明堂比例的真义所在。

（三）九七模网与 28/36 模网

观察紫禁城 27/35 模网可知，三个模块 A 即组成一个由 9×7 个模块 a 拼成的扩大模块，这也形成广深比 9/7 的数理关系，紫禁城总平面即由十五个这样的扩大模块组成。（图1-54）

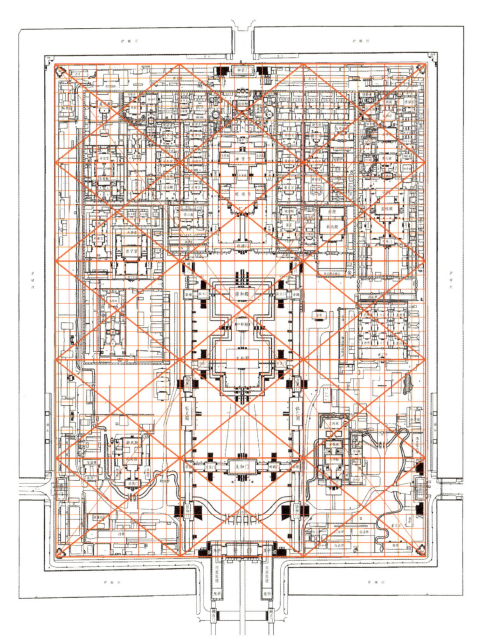

图 1-54 紫禁城十五个扩大模块分析图之一。王军绘

在紫禁城9/7矩形之内，由三个模块组成的扩大模块的广深比为7/3：9/5≈1.296，与整数比9/7高度一致（吻合度99.2%）。

这意味着，在一个9/7矩形之内，可析分出十五个同整数比矩形，这显然是对二十四节气一节气十五天的表现，与《洛书》九宫纵横斜三宫之数相加皆为十五同义，记录了阳历周期，意义非同寻常。这正是明堂用数的精妙所在。

前文已记，据《周易》筮法推得的老阳九与老阴六相加、少阳七与少阴八相加，均和为十五，也是对二十四节气的表示。

上述十五个9/7扩大模块，在外朝凸形平面布有七块，在内廷凹形平面布有八块，就形成外朝为少阳七、内廷为少阴八的南阳北阴、天南地北格局，并呈现内廷凹形平面环抱外朝凸形平面的"负阴抱阳"之势，三大殿居内廷与外朝凹凸平面交错的中央之区，就演绎了《老子》所记：

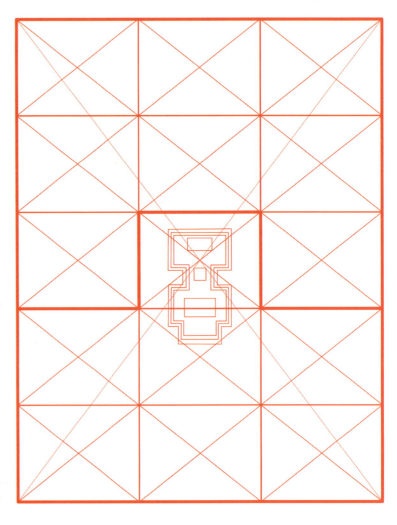

图1-55 紫禁城十五个扩大模块分析图之二。王军绘

"道生一，一生二，二生三，三生万物。万物负阴而抱阳，冲气以为和。"[145]（图1-55）

三大殿以"太和""中和""保和"之名，为这一规划布局写下注脚。同时，前文所记中和殿与其所在的模块a形成的8/7伸缩比例，亦以少阴八、少阳七呼应了内廷、外朝凹凸平面的数理关系。

以9/7比例划分，紫禁城总平面又可析分为九七六十三个正方形模数单位（下称模块B，图1-56，图1-57）。以紫禁城9/7深广比数据964.69米、750.31米计算，模块B的边长为107.19米，约合明早期尺337.82尺，约68步，紫禁城周长为2×（68×9+68×7）=2176（步）；再以明1里=180丈=360步[146]计算，2176步即六里一十六步（2176=6×360+16），与《明史·地理志》所载"宫城周六里一十六步"[147]完全吻合。

结合故宫实测数据，细察由模块B组成的紫禁城九七模网，有以下发现：

1. 御花园万春亭南北中线至千秋亭南北中线，东西相距107.56米；天一门东西

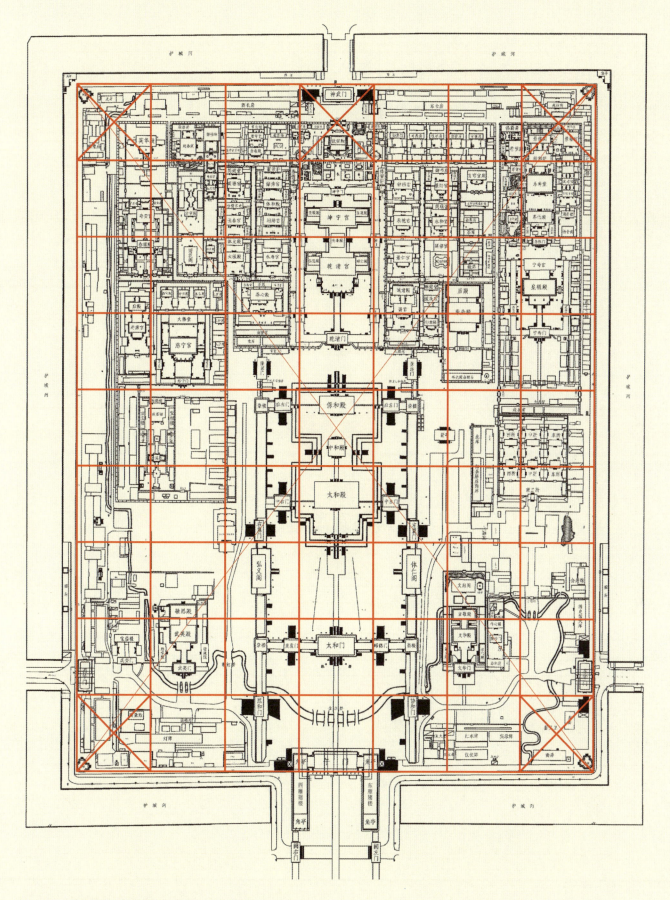

图 1-56　紫禁城 9/7 模数网格分析图之一。王军绘

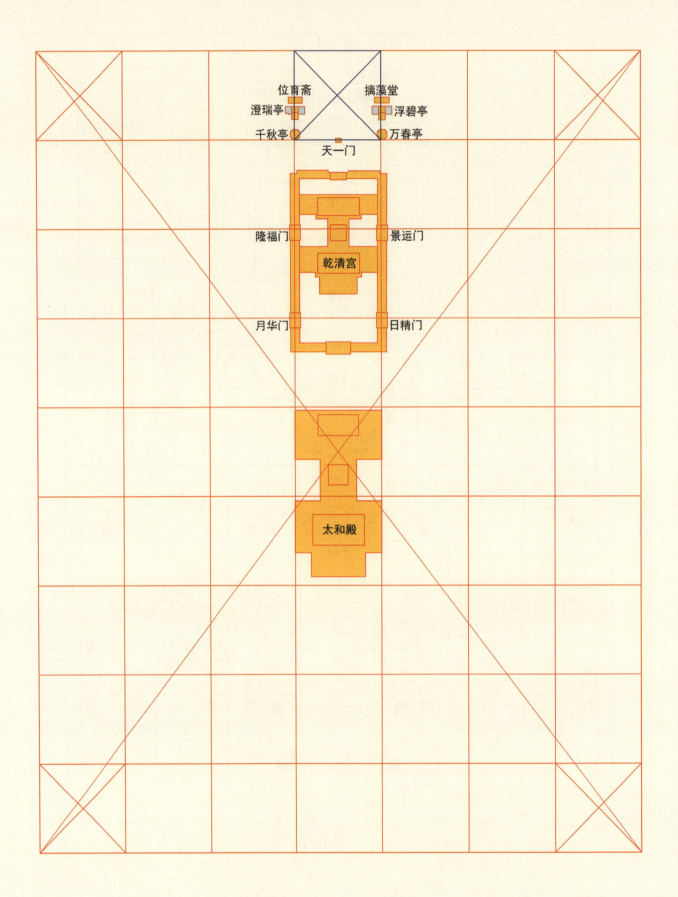

图 1-57 紫禁城 9/7 模数网格分析图之二。王军绘

一线红墙南皮至宫城北墙外皮，南北相距107.64米。两数极为接近，平均值107.60米，与模块B边长几乎密合（吻合度99.6%）。其所围合的方形地块，即为一个模块B的标准单位，堪称"天一模块"。

2. 太和殿上层平台西南角至东南角107.50米，西北角至东北角107.23米，平均值107.37米，与模块B边长几乎密合（吻合度99.8%）；保和殿上层平台西南角至东南角106.79米，西北角至东北角106.76米，平均值106.78米，亦与模块B边长几乎密合（吻合度99.4%）。可见，三大殿上层平台东西之广即模块B边长的模数单位。三大殿乃天子布政之宫，模块B源出明堂比例，二者意义相通，亦于此可见。

3. 后二宫日精门至景和门的东庑中线，与月华门至隆福门的西庑中线，相距约107.83米，与模块B边长几乎密合（吻合度99.4%）。可见，后二宫东西两庑的间距也是模块B边长的模数单位。

再将模块B等分为四四一十六个基本模块（下称模块b），将之铺满宫城，就形成东西四七二十八、南北四九三十六的28/36模数网格（图1-58至图1-60），二十八为二十八宿之数，三十六为一岁三十六旬之数，皆关乎天文历法。细察此模网，有几下发现：

1. 乾清门陛阶以南，三大殿东西两庑南北中线与模网相贴，其所围合的外朝区域以 $8 \times 22 = 176$ 的模数布局。176之1、7、6三数相加，即1+7+6=14，合于9+5=14，体现了"九五之尊"。

2. 乾清门陛阶以北，御花园南沿以南，后二宫东西两庑南北中线与模网相贴，其所围合的内廷区域，以 $4 \times 9 = 36$ 的模数布局。

前文已记，三十六是一岁三十六旬之数。《旧唐书·礼仪志》记明堂制度："外面周回三十六柱。按《汉书》，一期三十六旬，故法之以置三十六柱。"[148]《汉书·律历志》："终地之数，得六十，以地中数六乘之，为三百六十分，当期之日，林钟之实。"[149]《周易·系辞上》："乾之策二百一十有六，坤之策百四十有四，凡三百有六十，当期之日。"[150]《淮南子·天文训》："一律而生五音，十二律而为六十音，因而六之，六六三十六，故三百六十音以当一岁之日。故律历之数，天地之道也。"[151]皆以"一期三十六旬"，即三十六旬共三百六十日当一岁之数。

古人以三百六十日当一岁之数，是因为三百六十日能够被一节气十五日整除，并与六个甲子的周期相合。紫禁城后二宫以 $4 \times 9 = 36$ 的模数布局，显然是取义"律历之数，天地之道"。

3. 紫禁城中轴线、宁寿宫中轴线、文华殿中轴线均与模网贴合，表明28/36模网对于紫禁城建筑规划的中线定位具有重要意义。划定中线，是营城筑室的基础性工作，建筑布局以此为据。今北京大木匠仍称自己从事的职业为"中线行"，中线的

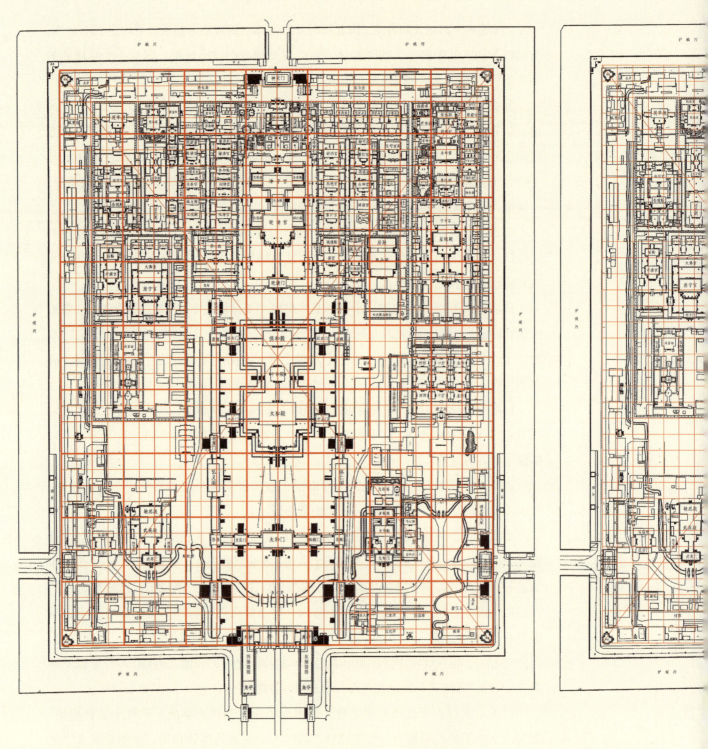

图 1-58 紫禁城 28/36 模数网格分析图之一。王军绘

图 1-59 紫禁城 28/36 模数网格分析图之二。王军绘

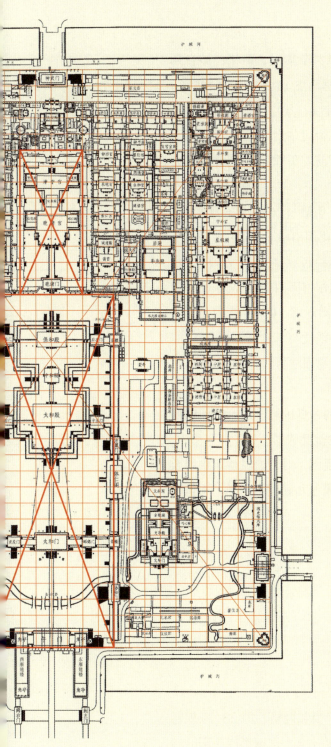

图 1-60 紫禁城 28/36 模数网格分析图之三。王军绘

重要性由此可知。

4. 紫禁城内与 28/36 模网相贴的建筑基线包括：（1）东华门、西华门城台四面墙皮；（2）协和门、熙和门台基北皮；（3）太和门台基南皮；（4）咸安门北皮；（5）文渊阁北皮；（6）左翼门、右翼门南皮；（7）三座门红墙；（8）慈宁宫花园南墙；（9）慈宁宫与慈宁宫花园东墙；（10）太和殿南北两侧三台之中台；（11）保和殿北侧三台之中台；（12）御茶膳房南墙与北墙；（13）南三所前院正殿南皮；（14）南三所后院正房南皮；（15）养心殿养心门；（16）斋宫南皮；（17）乾清宫前高台南皮；（18）昭仁殿、弘德殿前高台南皮；（19）东六宫、西六宫南墙；（20）寿安宫北墙；（21）咸福宫、储秀宫、钟粹宫、景阳宫北皮；（22）御花园南沿；（23）天一门及两侧红墙；（24）顺贞门及两侧红墙；（25）神武门南侧栏板；（26）奉先殿东墙；（27）茶库、缎库东墙；（28）乾东五所东墙；（29）国史馆书库西皮；（30）文华殿东墙；（31）实录库东墙；（32）断虹桥西皮；（33）南薰殿东墙；（34）东南角楼城台西皮；（35）西南角楼城台东皮与北皮；（36）东北角楼西皮与南皮。

其中，东华门、西华门城台平面，约合两个模块 b，城台平面之半，即为一个模块 b，也就是 28/36 模网的一个标准单位。

5. 在武英殿与文华殿的西部区域、文华殿与实录库的东部区域，内金水河的多处河段与模网相贴，表明 28/36 模网也是河道规划设计的重要依据。

综上所述，紫禁城九七模网以及据此析分的 28/36 模网，对紫禁城建筑中线及建筑基址、河道的规划，具有重要的定位作用。九七模网与九五模网一样，不但具有规划设计的应用价值，还蕴含丰富的人文理念。

五、阴阳法式

（一）表现阴阳：中国古代文化的一大主题

综上所述，紫禁城在总平面的设计中同时运用了两个模数网格，即 28/36 模网和 27/35 模网，前者与后者相比，模块广深数量各增加了一个，这就形成阴阳的转化——28/36 皆为阴数，27/35 皆为阳数，前者定位建筑基址，后者划分建筑地盘，二者叠成宫城总平面，就表现了"阴阳合和"。

《淮南子·天文训》："道曰规始于一，一而不生，故分而为阴阳，阴阳合和而万物生。故曰一生二，二生三，三生万物。"[152] 这对《老子》的宇宙生成论做出阐释，认为"道生一"并不能直接化生万物,只有将道所生出的一,也就是混沌元气,分化为阴阳,通过阴阳二气相互作用,达到阴阳合和的境界,万物才会化生。这就在"道生一"的基础上,进一步强调了阴阳的意义。

阴阳哲学对生命现象做出一般性解释,"天地之大德曰生"是中华先人的基本价值追求,这就决定了对阴阳的表现是中国古代文化的一大主题。

冯时指出,考古学证据表明,中国古人对于阴阳的思辨至少已有八千年的历史,[153] 在这一思辨完成之后,他们便开始以阴阳标注世界,从而使一切事物都具有阴阳的意义;中国古代的建筑法式深刻地体现着规矩阴阳的思想;中国古人重视阴阳,就像规矩体现着阴阳,法式也必然体现着阴阳。《周髀算经》刊载的圆方、方圆二图呈现的$\sqrt{2}$等比关系是对阳的表现(图1-19),同书刊载的"七衡六间图"呈现的等差关系是对阴的表现(图1-61);发现于陕西西安的唐代圜丘遗址呈四层圆坛结构,内三圆等比为阳,外三圆等差为阴,综合阴阳两种法式于一体,巧妙地表现了天垂象以生万物的阴阳观念(图1-62),这就是传统建筑的阴阳法式。[154]

冯时的这一论述对中国古代建筑研究具有重要的指导意义。阴阳哲学乃中国文化的根柢,只有表现了阴阳,才可能溯源"道生一",而"几于道"。《礼记·中庸》:"道也者,不可须臾离也,可离非道也。"[155] 道是统御一切的。《周易·系辞上》:"一阴一阳之谓道。"[156]这意味着建筑营造要阐释道的意义,就必须对阴阳加以表现。(图1-63)

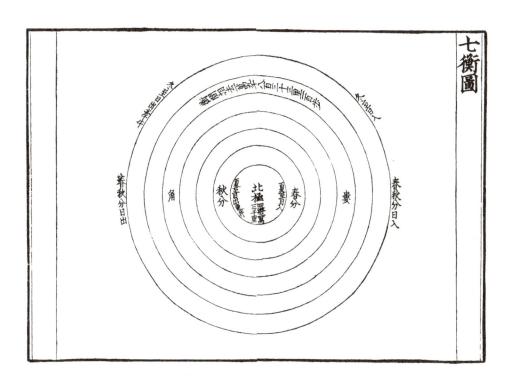

图1-61 《周髀算经》中的《七衡图》,亦称《七衡六间图》。(来源:《宋刻算经六种》,1981年)

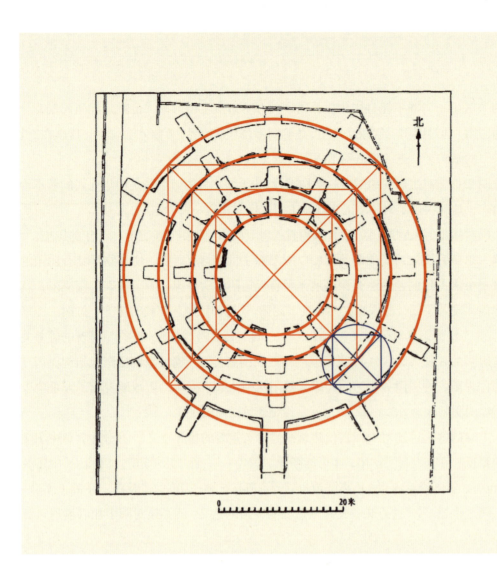

图1-62 唐长安圜丘四层圆坛等比、等差分析图。王军据冯时论述绘制。（底图来源：中国社会科学院考古研究所西安唐城工作队，《陕西西安唐长安城圜丘遗址的发掘》，2000年）

图1-63 山东嘉祥武斑祠画像石中的伏羲、女娲分执规、矩呈阴阳交合之势。（来源：巴黎大学北京汉学研究所，《汉代画像全集·二编》，1951年）

(二)紫禁城阴阳模数网格的意义

紫禁城平面规划以明堂比例取义"道生一",以显示天子受命于天,又通过阴阳模数网格施划地盘、定位建筑,以表现"阴阳合和而万物生",这就呈现了中国古代创世哲学观念。这一观念认为万物化生皆源于客观存在的虚无,也就是"道",并不认为上帝创造了世界。此种朴素的唯物创世观,绝无一神论式的不宽容,具有极强的包容性,支撑了中国古代统一多民族国家的形成与发展。所以,由乾元统属的紫禁城中正殿之区,既可供奉三清上帝,又可供奉释迦牟尼。

紫禁城平面规划对阴阳模数的运用,并非孤例。傅熹年在《中国古代城市规划、建筑群布局及建筑设计方法研究》一书中,独具慧眼地指出元大都总平面存在两组模数:(1)以宫城御苑为模数单位,东西九列,南北五列,共四十五个模数单位,组成大城总平面;(2)以宫城之广、皇城之深为模数单位,东西九列,南北四列,共三十六个模数单位,组成大城总平面。(图1-64)[157] 其中,四十五为阳数,三十六为阴数,前者取义"九五之尊"、八节和《洛书》九宫,后者取义"一期三十六旬"当一岁之数。二者叠成都城总平面,就表现了"阴阳合和"。[158]

可见,紫禁城规划对阴阳模数的运用,具有深厚的文化背景和清晰的传承脉络。

六、结 语

中国所在地区一万年前独立产生了种植农业,[159] 这意味着彼时先人已经初步掌握了农业时间。天文观测是测定时间的基本方法,中国古代观象授时以地平方位为时间"刻度",催生了时间与空间为一的观念。(详见本书第三章)《周易》以八个经卦配四正四维,标识北斗指示分至启闭八节的授时方位,是这一时空观的重要体现。此种时空观深刻定义了中国古代建筑营造,紫禁城的平面规划即为经典案例。

《周易·系辞下》:"古者包牺氏之王天下也,仰则观象于天,俯则观法于地,观鸟兽之文,与地之宜,近取诸身,远取诸物,于是始作八卦,以通神明之德,以类万物之情。"又谓:"包牺氏没,神农氏作","神农氏没,黄帝、尧、舜氏作。"[160] 即记八卦作于上古伏羲氏(即包牺氏)时代,这之后,神农氏及黄帝、尧、舜氏相继出现,实有深义存焉。

我们不难想象,如果没有伏羲氏仰观俯察测定时间与空间,并作八卦加以记录

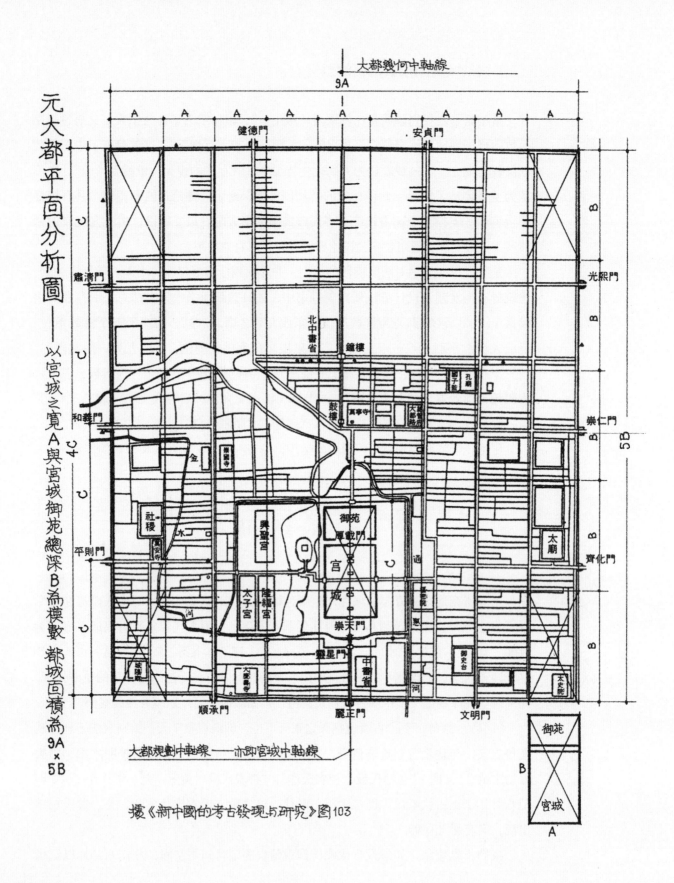

摘《新中国的考古发现与研究》图103

传承，后来的神农氏何以蕃植五谷？黄帝、尧、舜氏又何以创建文明？

虽然《系辞下》所记乃古史传说，但是其中义理清晰明了。这促使我们思考：对时间与空间的认识是创建农业文明的知识基础，观象授时是农耕时代最重要的公共服务，谁能够提供此种服务，谁就能够获得公权力。公权力的诞生、国家形态的形成，乃文明创建的标志。紫禁城的平面规划以源出上古观象授时的《周易》为根本遵循，就与中华文明的发生建立了联系。

中华先人从事观象授时的实践，远远早于其对文字的创建。对时间的测定事关农业生产、氏族存亡，与之相关的知识一经产生，就有对此加以记录的必要。在《易传》所记"上古结绳而治"[161]的时代，以数记事必是记录知识与思想的方式，这在诸多新石器时代的文物、遗址中已能看到。中国古代建筑惯用的"方五斜七""方七斜十"的$\sqrt{2}$比例，已可追溯至五千年前牛河梁红山文化的祭天圜丘（图1-23，图1-24）；[162]笔者在《尧风舜雨：元大都规划思想与古代中国》一书中指出，紫禁城总平面所运用的9/7明堂比例，在五六千年前的新石器时代已得到应用——大地湾、半坡、姜寨、大河村仰韶文化，以及牛河梁红山文化、凌家滩文化、良渚文化等，均在重要的建筑、器物、图案的设计中运用了这一比例。[163]

从考古学资料来看，《易》卦与殷周时期甲骨、青铜器等物件上刻录的筮数相关。[164]《说文》："数，计也。"[165]《广雅》："数，术也。"[166]《周易》所记十个天地数，即两手十指之数，乃数术之基本"语汇"，极为朴素，显然是"上古结绳而治"的文化余绪。

古老的数术并不会因为文字的诞生而消亡，因为它所承载的知识与思想还在延续。中国古代建筑营造的思想性在许多方面正是通过数术加以呈现的。紫禁城以阴阳模数网格分配地盘、标定建筑方位，赋予不同的空间不同的人文意义，并以斗栱的攒当数、御道的石板数等表达特定的数术理念，呈现了由"道生一""易有太极"统领的完整而经典的知识与思想体系，又以外朝与内廷凸凹平面的数理关系推演既济卦，以表达居安思危、忧患兴邦的治国理念，格外令人深思。

紫禁城虽然创建于中国古代文明的晚期，但它的建筑制度源出上古之天文与人文，直通农业文明的原点；其所承载的知识与思想体系，乃中华文明源远流长的伟大见证，需要我们持续不断地深入研究。

图1-64 傅熹年绘元大都平面分析图。（来源：傅熹年，《中国古代城市规划、建筑群布局及建筑设计方法研究》，2001年）

注 释

1 在本章写作中，故宫博物院同仁赵鹏先生、狄雅静女士给予大力支持，好友王南先生、袁牧先生给予宝贵的学术意见。谨志铭感。

2 顾颉刚据《周易》卦爻辞所记故事推定，卦爻辞"著作时代当在西周的初叶"。参见顾颉刚：《周易卦爻辞中的故事》，《燕京学报》1929年第5期，967—1006页。

3 西汉初年马王堆墓出土的帛书《周易》有经有传。李学勤指出，帛书传文记载了孔子同子贡的问答，说到"夫子老而好《易》"。特别值得注意的是，孔子说："后世之疑丘者，或以《易》乎？"这样的口吻和《孟子》所载孔子所说"知我者，其惟《春秋》乎？罪我者，其惟《春秋》乎"很相类似。孔子说知我、罪我，其惟《春秋》，是因为他对《春秋》做了笔削。所以，他与《易》的关系也一定不限于是个读者，而是一定意义上的作者。他所做的，只能是解释经文的《易传》。此外，马王堆帛书《系辞》，包含了传世本《系辞上》的第一至七章、第九至十二章，传世本《系辞下》的第一至三章，第四、七章的一部分和第九章。帛书的《易之义》，包含了传世本《系辞下》的一小部分，以及《说卦》的开头部分。根据李学勤的以上论述，《易传》作于东周时期，或为孔子所作，似可采信。参见李学勤：《关于〈周易〉的几个问题》，《走出疑古时代》（修订本），76—78页。

4 [魏]王弼、[晋]韩康伯注，[唐]孔颖达疏：《周易正义》卷八《系辞下》，《十三经注疏》，186页。

5 [汉]司马迁：《史记》卷二十七《天官书第五》，1351页。

6 [魏]王弼、[晋]韩康伯注，[唐]孔颖达疏：《周易正义》卷八《系辞下》，《十三经注疏》，179页。

7 [魏]王弼、[晋]韩康伯注，[唐]孔颖达疏：《周易正义》卷九《说卦》，《十三经注疏》，196—197页。

8 《左传·昭公十七年》记郯子讲述以鸟名官之制，包括"凤鸟氏历正也，玄鸟氏司分者也，伯赵氏司至者也，青鸟氏司启者也，丹鸟氏司闭者也"。杜预《注》："凤鸟知天时故以名历正之官"，"玄鸟，燕也，以春分来，秋分去"，"伯赵，伯劳也，以夏至鸣，冬至止"，"青鸟，鸧鴳也，以立春鸣，立夏止"，"丹鸟，鷩雉也，以立秋来，立冬去，入大水为蜃。上四鸟皆历正之属官"。孔颖达《正义》："立春、立夏谓之启"，"立秋、立冬谓之闭"（《春秋左传正义》卷四十八《昭公十七年》，《十三经注疏》，4524页）。即言春分、秋分为分，冬至、夏至为至，立春、立夏为启，立秋、立冬为闭，这八个节气即八节。

9 [汉]刘安撰，[汉]高诱注：《淮南子》卷三《天文训》，《二十二子》，1217页。

10 [隋]萧吉撰：《五行大义》卷四《第十七论八卦八风》，21页。

11 [汉]郑玄注：《周易乾凿度》卷下，4页。

12 [汉]郑玄注：《周易乾凿度》卷上，2—3页。

13 [隋]萧吉撰：《五行大义》卷四《第十七论八卦八风》，22页。

14 《礼记·月令》将中央土设于季夏与孟秋之间，孔颖达《疏》解释道，土与春夏秋冬四时之末（古人称四时之末为"四季"）的十八日相配，"虽每分寄，而位本未，宜处于季夏之末、金火之间，故在此陈之也"（《十三经注疏》，2970页）。就是说，土虽配四时之末，但其本位在未位，所以《月令》将其配于季夏之末、金水之间。

15 [隋]萧吉撰：《五行大义》卷四《第十七论八卦八风》，21页。

16 [汉]郑玄注：《周易乾凿度》卷上，3页。

17 [汉]郑玄注：《周易乾凿度》卷上，3页。

18 [魏]王弼、[晋]韩康伯注，[唐]孔颖达疏：《周易正义》卷七《系辞上》，《十三经注疏》，157页。

19 [魏]王弼、[晋]韩康伯注，[唐]孔颖达疏：《周易正义》卷七《系辞上》，《十三经注疏》，161页。

20 [魏]王弼、[晋]韩康伯注，[唐]孔颖达疏：《周易正义》卷一《乾》，《十三经注疏》，23页。

21 [汉]董仲舒撰：《春秋繁露》卷六《立元神第十九》，《二十二子》，781页。

22 [汉]董仲舒撰：《春秋繁露》卷十《深察名号第三十五》，

《二十二子》, 791 页。

23　[魏]王弼、[晋]韩康伯注, [唐]孔颖达疏:《周易正义》卷一《乾》,《十三经注疏》, 21 页。

24　[魏]王弼、[晋]韩康伯注, [唐]孔颖达疏:《周易正义》卷五《鼎·象》,《十三经注疏》, 125 页。

25　[魏]王弼、[晋]韩康伯注, [唐]孔颖达疏:《周易正义》卷一《乾》,《十三经注疏》, 25 页。

26　李镜池:《周易通义》, 1 页。

27　劳思光:《新编中国哲学史》, 90 页。

28　冯时:《文明以止——上古的天文、思想与制度》, 324 页。

29　承故宫博物院考古部吴伟博士惠告, 谨志铭感。按:乾隆十七年（1752 年）五月二十二日内务府造办处活计档记大高玄殿"将后殿无上阁上下层并前后东西配殿明间各挂欢门幡"（《清宫内务府造办处档案总汇18·乾隆十六年起乾隆十七年止, 1751—1752》, 669 页）, 知彼时大高玄殿后殿称无上阁。乾隆三十九年（1774 年）增补完成的《日下旧闻考》卷四十一"臣等谨按"记大高玄殿"后层高阁, 上圆下方, 上额曰乾元阁, 下额曰坤贞宇"（《日下旧闻考》卷四十一《皇城》, 638—639 页）, 知彼时大高玄殿无上阁已更名为乾元阁。

30　（日）安居香山、中村璋八辑:《纬书集成》, 1090 页。

31　[隋]萧吉撰:《五行大义》卷五《第二十四论禽虫·二者论三十六禽》, 43 页。

32　《大戴礼记》记明堂制度"以茅盖屋, 上圆下方"。详见[汉]戴德著:《大戴礼记》卷八《明堂第六十七》,《增订汉魏丛书·汉魏遗书钞》第1册, 497 页。

33　[魏]王弼、[晋]韩康伯注, [唐]孔颖达疏:《周易正义》卷七《系辞上》,《十三经注疏》, 160, 169—170 页。

34　[明]刘若愚著, 吕毖编:《明宫史》, 16 页。

35　[汉]许慎撰, [宋]徐铉校定:《说文解字》, 2 页。

36　[明]刘若愚著, 吕毖编:《明宫史》, 16、53 页。

37　故宫博物院罗文华研究馆员提示笔者注意此事, 谨志铭感。

38　[明]刘若愚著, 吕毖编:《明宫史》, 16 页。

39　[汉]赵岐注, [宋]孙奭疏:《孟子注疏》卷十四下《尽心章句下》,《十三经注疏》, 6047 页。

40　[魏]王弼注:《老子道德经》三十七章,《二十二子》, 4 页。

41　[魏]王弼、[晋]韩康伯注, [唐]孔颖达疏:《周易正义》卷七《系辞上》,《十三经注疏》, 167、169 页。

42　[宋]杜道坚撰:《文子缵义》卷十一,《二十二子》, 868 页。

43　[明]刘若愚著, 吕毖编:《明宫史》, 16 页。

44　"中央研究院"历史语言研究所校印:《明世宗实录》卷一百六十五, 3638 页。

45　"中央研究院"历史语言研究所校印:《明世宗实录》卷一百八十, 3855 页。

46　《清宫述闻》引《内务府奏销档》:"咸丰四年修启祥宫","光绪十六年, 内务府奏请饬户部按照估需银两成开放, 修理太极殿","光绪二十三年, 修理太极殿东配殿"。并按云:"太极殿, 即启祥宫。何时改名, 待考。"然其改名在清末, 可知矣。章乃炜等编:《清宫述闻》, 611 页。

47　周苏琴:《建福宫及其花园始建年代考》,《禁城营缮纪》, 115—119 页。

48　[清]赵玉材原著, 金志文译注:《绘图地理五诀》, 43 页; 一丁、雨露、洪涌:《中国古代风水与建筑选址》, 137 页。

49　[晋]郭璞撰:《葬书》,《四库术数类丛书（六）》, 14—15、18 页,

50　[魏]王弼注:《老子道德经》下篇四十二章,《二十二子》, 5 页。

51　[清]于敏中等编纂:《日下旧闻考》卷四十一《皇城》, 638—639 页。

52　[明]刘若愚著, 吕毖编:《明宫史》, 19 页。

53　《国朝宫史》卷十一《宫殿一》记南薰殿:"乾隆十四年诏以内府所藏历代帝后图像尊藏于此。"《国朝宫史》, 199 页。

54　[魏]王弼、[晋]韩康伯注, [唐]孔颖达疏:《周易正义》卷一《坤》,《十三经注疏》, 31 页。

55　[魏]王弼、[晋]韩康伯注, [唐]孔颖达疏:《周易正义》卷九《说卦》,《十三经注疏》, 199 页。

56　[魏]王弼、[晋]韩康伯注, [唐]孔颖达疏:《周易正义》卷九《说卦》,《十三经注疏》, 197 页。

57 [魏]王弼、[晋]韩康伯注,[唐]孔颖达疏:《周易正义》卷九《说卦》,《十三经注疏》,199 页。

58 [魏]王弼、[晋]韩康伯注,[唐]孔颖达疏:《周易正义》卷一《蒙·象》,《十三经注疏》,37 页。

59 本文引用的故宫实测数据,均采自故宫CAD测绘图,故宫博物院古建部提供。

60 [明]李东阳等撰,申时行等修:《大明会典》卷一百八十七《工部七·营造五》,2549 页。

61 [汉]郑玄注,[唐]贾公彦疏:《周礼注疏》卷四十一《匠人》,《十三经注疏》,2007 页;[汉]戴德:《大戴礼记》卷八《明堂第六十七》,《增订汉魏丛书·汉魏遗书钞》第1册,497 页。

62 郑玄《注》:"明堂者,明政教之堂。"贾公彦《疏》:"以其于中听朔,故以政教言之。"即言明堂为天子每月初一听朝治事之所。参见《周礼注疏》卷四十一《匠人》,《十三经注疏》,2007 页。《孝经注疏》卷五《圣治章第九》李隆基《注》:"明堂,天子布政之宫也。"《十三经注疏》,5551 页。

63 [元]陶宗仪:《南村辍耕录》卷二十一《宫阙制度》,北京:中华书局,1959 年,250 页。

64 傅熹年:《中国古代城市规划、建筑群布局及建筑设计方法研究》上册,62 页。

65 国家计量总局、中国历史博物馆、故宫博物院主编:《中国古代度量衡图集》,34—35 页。

66 [魏]王弼、[晋]韩康伯注,[唐]孔颖达疏:《周易正义》卷一《乾》,《十三经注疏》,23 页。

67 参见冯时:《〈周易〉乾坤卦爻辞研究》,《中国文化》2010 年第32 期,65—93 页。

68 此即《乾·彖》所记:"大明终始,六位时成,时乘六龙以御天。"《周易正义》卷一《乾》,《十三经注疏》,23 页。

69 [魏]王弼、[晋]韩康伯注,[唐]孔颖达疏:《周易正义》卷一《乾》,《十三经注疏》,22 页。

70 [隋]萧吉撰:《五行大义》卷一《第三论数·第五论九宫数》,24 页。

71 [汉]戴德著:《大戴礼记》卷八《明堂第六十七》,《增订汉魏丛书·汉魏遗书钞》第1册,497 页。

72 [隋]萧吉撰:《五行大义》卷一《第三论数·第五论九宫数》,24 页。

73 [汉]郑玄注:《周易乾凿度》卷上,3 页。

74 [汉]刘安撰,[汉]高诱注:《淮南子》卷三《天文训》,《二十二子》,1219 页。

75 关于《周易·说卦》:"参天两地而倚数。"(《十三经注疏》,195 页)古代注家有多种解释。具体到别卦(亦谓重卦)六爻,当指其"兼三材而两之"的数理关系。《周易·系辞下》:"《易》之为书也,广大悉备,有天道焉,有人道焉,有地道焉,兼三材而两之,故六。六者非它也,三材之道也。"(《十三经注疏》,188 页)《周易·说卦》:"昔者圣人之作《易》也,将以顺性命之理,是以立天之道曰阴与阳,立地之道曰柔与刚,立人之道曰仁与义。兼三才而两之,故《易》六画而成卦。"(《十三经注疏》,196 页)《周易集解》引崔憬曰:"言重卦六爻,亦兼天地人道,两爻为一材,六爻有三材,则是'兼三材而两之,故六'。六者,即三才之道也。"(《周易集解》卷十六《系辞下传》,492—493 页)《周易集解》引虞翻曰:"倚,立;参,三也。谓分天象为三才,以地两之,立六画之数,故'倚数'也。"(《周易集解》卷十七《说卦》,502 页)就是说,重卦六爻分天、地、人三位,上两爻为天,下两爻为地,中两爻为人,此即天地人三材或三才,每材(才)两爻,三而两之,三为天数,两为地数,由此立卦,这就是"参天两地而倚数"。

76 王南在紫禁城规划布局构图比例的研究中对此已有揭示。参见王南:《象天法地,规矩方圆——中国古代都城、宫殿规划布局之构图比例探析》,《建筑史》2017 年第2期,114 页。

77 根据《周易·系辞上》所记筮法推得的卦,称"本卦",亦称"遇卦"。推得"本卦"之后,其由数字九推得的阳爻须变为阴爻,由数字六推得的阴爻须变为阳爻,变出来的卦,称"之卦"。其法见朱熹《易学启蒙》卷下《考变占》。参阅[宋]胡方平著,谷继明点校:《易学启蒙通释》,151—158 页。

78 [魏]王弼、[晋]韩康伯注,[唐]孔颖达疏:《周易正义》卷六《既济》,《十三经注疏》,149—150 页。

79 《周易集解》引侯果释既济卦《象》"终止则乱,其道穷也",有谓:"刚得正,柔得中,故'初吉'也。正有终极,济有息止,止则穷乱,故曰'终止则乱,其道穷也'。一曰：殷亡周兴之卦也，成汤应天，'初吉'也。商辛毒痛，终止也。由止，故物乱而穷。物不可穷，穷则复始，周受其未济而兴焉。《乾凿度》曰：'既济未济者，所以明戒慎，全王道也。'"所记商辛，即商纣王帝辛。参见[唐]李鼎祚撰，王丰先点校：《周易集解》卷第十二《既济》，379—380页。

80 [魏]王弼、[晋]韩康伯注，[唐]孔颖达疏：《周易正义》卷六《既济》，《十三经注疏》，149页。

81 《礼记·坊记》："《易》曰：'东邻杀牛，不如西邻之禴祭，寔受其福。'"郑玄《注》："东邻谓纣国中也，西邻谓文王国中也。"见《礼记正义》卷五十一《坊记第三十》，《十三经注疏》，3516页。

82 [魏]王弼、[晋]韩康伯注，[唐]孔颖达疏：《周易正义》卷六《既济》，《十三经注疏》，150页。

83 [周]左丘明传，[晋]杜预注，[唐]孔颖达疏：《春秋左传正义》卷二十七《成公十三年》，《十三经注疏》，4149页。

84 [魏]王弼、[晋]韩康伯注，[唐]孔颖达疏：《周易正义》卷六《既济》，《十三经注疏》，149页。

85 [魏]王弼、[晋]韩康伯注，[唐]孔颖达疏：《周易正义》卷六《既济》，《十三经注疏》，149页。

86 [宋]胡方平著，谷继明点校：《易学启蒙通释》，156页。

87 [魏]王弼、[晋]韩康伯注，[唐]孔颖达疏：《周易正义》卷六《既济》，《十三经注疏》，149页。

88 [魏]王弼、[晋]韩康伯注，[唐]孔颖达疏：《周易正义》卷六《既济》，《十三经注疏》，149页。

89 [唐]李鼎祚撰，王丰先点校：《周易集解》卷一《乾·彖》，5—6页。

90 [魏]王弼、[晋]韩康伯注，[唐]孔颖达疏：《周易正义》序，《十三经注疏》，19页。

91 [宋]李诫撰：《营造法式·看详·取径围》，2页。

92 今故宫博物院修缮技艺部的工匠仍记此口诀，承国家级官式古建筑技艺传承人李永革研究馆员惠告。

93 详见《营造算例》第一章《斗栱大木大式做法》第五节《梁》，梁思成编订：《营造算例》，6页。

94 参见王贵祥著《福州华林寺大殿研究》《$\sqrt{2}$与唐宋建筑柱檐关系》，这两篇论文出自王贵祥师从莫宗江教授于1980年完成的硕士学位论文《福州华林寺大殿》，皆收入《当代中国建筑史家十书·王贵祥中国建筑史论选集》。其中，《福州华林寺大殿研究》原文部分发表于《建筑史论文集》1989年第9辑；《$\sqrt{2}$与唐宋建筑柱檐关系》经修改补充，发表于《建筑历史与理论》第3、4合辑。

95 王贵祥：《唐宋单檐木构建筑比例探析》，《营造》第一辑（第一届中国建筑史学国际研讨会论文选辑），226—247页。

96 [汉]赵爽注，[北周]甄鸾重述：《周髀算经》卷下，28页。

97 [周]左丘明传，[晋]杜预注，[唐]孔颖达疏：《春秋左传正义》卷四十五《昭公十年》，《十三经注疏》，4470页。

98 [隋]萧吉撰：《五行大义》卷四《第十六论七政》，9—10页。

99 冯时：《文明以止——上古的天文、思想与制度》，616页。

100 王南博士提示笔者注意此网格八丈八尺的意义，谨志铭感。

101 以伸缩比例表达数术观念，又见元大都大城与皇城规划、明北京天坛规划，前者以大城十二个模块的模数单位与皇城形成10:9"天地终数"伸缩比例，后者以斋宫平面与明永乐天地坛的模数单位形成9:7伸缩比例以取义明堂，皆表达了特定的文化内涵。拙作《尧风舜雨：元大都规划思想与古代中国》对此有讨论。

102 《平砂玉尺经》卷三《审龙篇》，[元]刘秉忠述，[明]刘基解，[明]赖从谦发挥：《新刻石函平砂玉尺经》，258—259页。

103 [晋]郭璞撰：《葬书》内篇，《四库术数类丛书》第6册，18页。

104 [晋]郭璞撰：《葬书》外篇，《四库术数类丛书》第6册，27页。

105 (日)安居香山、中村璋八辑：《纬书集成》，885页。

106 (日)安居香山、中村璋八辑：《纬书集成》，1091页。

107 [晋]郭璞撰：《葬书》内篇，《四库术数类丛书》第6册，14、16页。

108 [汉]班固撰，[唐]颜师古注：《汉书》卷二十一上《律历志第一上》，983页。

109 [汉]班固撰，[唐]颜师古注：《汉书》卷二十一下《律历志第一下》，991页。

110 [汉]班固撰，[唐]颜师古注：《汉书》卷二十一下《律历志第一下》，1003页。

111 [汉]班固撰，[唐]颜师古注：《汉书》卷二十一上《律历志第一上》，986页。

112 [汉]郑玄注，[唐]贾公彦疏：《周礼注疏》卷三十九《冬官考工记第六》，《十三经注疏》，1956页。

113 [魏]王弼、[晋]韩康伯注，[唐]孔颖达疏：《周易正义》卷一《坤》，《十三经注疏》，31页。

114 [魏]王弼、[晋]韩康伯注，[唐]孔颖达疏：《周易正义》卷七《系辞上》，《十三经注疏》，171页。

115 [清]张廷玉等撰：《明史》卷七十七《志第五十三·食货一》，1882页。

116 [魏]王弼、[晋]韩康伯注，[唐]孔颖达疏：《周易正义》卷七《系辞上》，《十三经注疏》，165—166页。按：王南博士提示笔者注意中轴线长度以4900步取义"大衍之数"，谨志铭感。

117 此种观念包含了古人对中国所在地区地理环境的朴素认识。相关记载见《淮南子·天文训》："昔者共工与颛顼争为帝，怒而触不周之山，天柱折，地维绝，天倾西北，故日月星辰移焉；地不满东南，故水潦尘埃归焉。"（《二十二子》，1215页）《山海经·大荒西经》："西北海之外，大荒之隅，有山而不合，名曰不周。"郭璞《传》："此山缺坏，不周匝也。"（《二十二子》，1382页）《河图录运法》："天不足西北，故日月以西就；地不足东南，故水亦东趋也。"（《纬书集成》，1165页）《河图括地象》："天不足西北，地不足东南。西北为天门，东南为地户。天门无上，地户无下。"（《纬书集成》，1090页）

118 [南朝宋]范晔，[唐]李贤等注：《后汉书》卷四十上《班彪列传第三十上》，1340页。

119 [三国吴]韦昭注：《国语·周语下第三》，《宋本国语》第1册，88页。

120 [周]左丘明传，[晋]杜预注，[唐]孔颖达疏：《春秋左传正义》卷四十一《昭公元年》，《十三经注疏》，4396页。

121 [汉]班固撰，[唐]颜师古注：《汉书》卷二十一上《律历志第一上》，964页。

122 [汉]班固撰，[唐]颜师古注：《汉书》卷二十一上《律历志第一上》，981页。

123 [汉]班固撰，[唐]颜师古注：《汉书》卷二十一上《律历志第一上》，982页。

124 [宋]杜道坚撰：《文子缵义》卷十《上仁》，《二十二子》，867页。

125 王南：《象天法地，规矩方圆——中国古代都城、宫殿规划布局之构图比例探析》，《建筑史》2017年第2期，108页。

126 《礼记·郊特牲》："祭之日，王被衮以象天；戴冕璪十有二旒，则天数也；乘素车，贵其质也；旂十有二旒，龙章而设日月，以象天也。天垂象，圣人则之，郊所以明天道也。"郑玄《注》："天之大数，不过十二。"即指一年十二月。参见[汉]郑玄注，[唐]孔颖达疏：《礼记正义》卷二十六《郊特牲第十一》，《十三经注疏》，3148页。

127 拙作《尧风舜雨：元大都规划思想与古代中国》乙篇第四章《数术与"天地之中"》对此已有论述。

128 [三国吴]韦昭注：《国语·周语下第三》，《宋本国语》第1册，120页。

129 梁思成整理的清代匠人抄本《营造算例》第一章"斗栱大木大式做法"就有檐柱高与明间面阔为6:7的相关规定。《营造算例》"斗栱大木大式做法"的"面阔"条记："按斗栱定；明间按空当七份，次梢间各递减斗栱空当一份。如无斗栱歇山庑殿，明间按柱高六分之七，核五寸止；次梢间递减，各按明间八分之一，核五寸止。或临期看地势酌定。"其"檐柱"条又记："高按斗口六十份。如无斗栱，按明间面阔七分之六。或临期再定。径按斗栱口数六份，如无斗栱歇山庑殿房，按高十分之一。"（《营造算例》，1页）根据这一法式，有斗栱的大式建筑，明间面阔为七个攒当（攒当指相邻两攒斗栱中到中的空当），次间面阔为六个攒当，梢间面阔为五个攒当。明间面阔与次间面阔的攒当比例为7:6；无斗栱的建筑（包括无斗栱歇山、庑殿式建筑），明间面阔与檐柱高度的比例也是7:6。王南对此有详细讨论。参阅王南：《规矩方圆，天地之和——中国古代都城、建筑群与单体建筑之构图比例研究》（文字版），15—20页。

130 王南发现，元大都大城为$2/\sqrt{3}$矩形（约合整数比7:6）包含了十二个同比例矩形。详见王南：《规矩方圆，天地之和——中国古代都城、建筑群与单体建筑之构图比例研究》（文字版），59—60 页。拙作《尧风舜雨——元大都规划思想与古代中国》指出，这一矩形还包含了十五个"方七斜十"$\sqrt{2}$ 矩形。详见拙作221—222 页。按：以整数比讨论，7/6 矩形内含的十二个与7/6 比例极为近似的矩形，是8/7 矩形，承蒙故宫同仁杨安先生惠告，谨志铭感。

131 黄钟律确定之后，通过三分损益，可生成十二律，不但能够"律和声，八音克谐"（《尚书正义》卷三《舜典》，《十三经注疏》，276 页），还可候气知时，纪十二月历。《尚书·舜典》："协时月正日，同律度量衡。"伪孔《传》："律，法制。"孔颖达《疏》："律者，候气之管。而度量衡三者，法制皆出于律，故云'律，法制'也。"（《十三经注疏》，268—269 页）基于黄钟之数的度量衡、礼乐制度，是国家的基本制度，这一制度的定义者，当然就是天下的治理者。所以，《礼记·明堂位》记周公辅佐成王治理天下，"制礼作乐，颁度量，而天下大服"（《十三经注疏》，3224 页）。《史记·律书》强调："王者制事立法，物度轨则，一禀于六律，六律为万事根本焉。"（《史记》卷二十五《律书第三》，1239 页）

132 在北半球中纬度地区观测天象，能清楚看到北极明显高出地平线、天球赤道南偏，进而产生天体南倾、天南地北的认识。《尔雅》邢昺《疏》："浑天之体，虽绕于地，地则中央正平，天则北高南下，北极高于地三十六度，南极下于地三十六度。"（《十三经注疏》，5670 页）河南濮阳西水坡45 号墓的平面，南圆北方，与天南地北相合，或为六千五百年前此种空间观念业已形成的实证（冯时：《河南濮阳西水坡45 号墓的天文学研究》，《文物》1990 年第3 期，56 页）。另以阴阳观念视之，南为夏至授时方位，夏至阳气极，南遂为阳，配天；北为冬至授时方位，冬至阴气极，北遂为阴，配地。这也衍生了天南地北的认识。

133 孙大章：《承德普宁寺——清代佛教建筑之杰作》，239—241 页。

134 王南：《规矩方圆，天地之和——中国古代都城、建筑群与单体建筑之构图比例研究》（文字版），63 页。

135 [明]李东阳等撰，申时行等修：《大明会典》卷一百八十七《工部七·营造五》，2549 页。

136 [汉]郑玄注，[唐]贾公彦疏：《周礼注疏》卷四十一《匠人》，《十三经注疏》，2007 页。

137 [汉]戴德著：《大戴礼记》卷八《明堂第六十七》，《增订汉魏丛书·汉魏遗书钞》第1 册，497—498 页。

138 [唐]孔颖达疏：《尚书正义》卷十二《洪范》，《十三经注疏》，399 页。

139 [汉]郑玄注，[唐]孔颖达疏：《礼记正义》卷十四至卷十七《月令》，《十三经注疏》，2927—2998 页。

140 [汉]郑玄注，[唐]孔颖达疏：《礼记正义》卷十四《月令第六》，《十三经注疏》，2932 页。

141 [汉]扬雄撰，[宋]司马光集注，刘韶军点校：《太玄集注》卷八《玄数》，195—199 页。

142 [宋]丁易东：《周易象义》卷十四《系辞传上》，《影印文渊阁四库全书》第21 册，730 页。

143 又见《列子·天瑞》："子列子曰：昔者圣人因阴阳以统天地，夫有形者生于无形，则天地安从生？故曰：有太易，有太初，有太始，有太素。太易者，未见气也；太初者，气之始也；太始者，形之始也；太素者，质之始也。气形质具而未相离，故曰浑沦。浑沦者，言万物相浑沦而未相离也。视之不见，听之不闻，循之不得，故曰易也。易无形埒。易变而为一，一变而为七，七变而为九。九变者究也，乃复变而为一。一者，形变之始也，清轻者上为天，浊重者下为地。"[晋]张湛注：《列子》卷一《天瑞第一》，《二十二子》，195 页。按：学者多以为这段文字抄自《周易乾凿度》。

144 [汉]郑玄注：《周易乾凿度》卷上，4—5 页。

145 [魏]王弼注：《老子道德经》四十二章，《二十二子》，5 页。

146 刘敦桢主编：《中国古代建筑史》，416 页。

147 [清]张廷玉等撰：《明史》卷四十《志第十六·地理一》，884 页。

148 [后晋]刘昫等撰：《旧唐书》卷二十二《志第二·礼仪二》，859 页。

149 [汉]班固撰，[唐]颜师古注：《汉书》卷二十一上《律历志第一上》，963 页。

150 [魏]王弼、[晋]韩康伯注，[唐]孔颖达疏：《周易正义》卷七

《系辞上》，《十三经注疏》，166 页。

151 [汉]刘安撰，[汉]高诱注：《淮南子》卷三《天文训》，《二十二子》，1219 页。

152 [汉]刘安撰，[汉]高诱注：《淮南子》卷三《天文训》，《二十二子》，1218 页。

153 冯时指出，河南舞阳贾湖新石器时代墓葬所出约八千年前的骨律，已有阴阳雌雄律制之分。这些骨律已具备黄钟、大吕、太蔟、姑洗、蕤宾、夷则、南吕、应钟八律。由于传统的十二律乃取三分损益法相生而成，这暗示了八律的存在必然意味着十二律已经出现的事实。十二律以律吕之分，别为阴阳，纪以历月。而贾湖所见二十二支骨律，其中十四支律管呈两支一组分别随葬于七座墓穴，而同墓所葬的两支骨律，其宫调恰好呈大二度音差，明确证明当时的律制具有雌雄之分，这与律吕阴阳并以其纪月的本质完全相合，显然，律管的这种阴阳属性无疑说明其本具有效验阴阳的特殊用途，这一用途便是候气验时。参见冯时：《中国古代物质文化史·天文历法》第十二章《天文仪器》，317 页。

154 冯时：《失落的规矩》，《读书》2019 年第12 期，128—138 页；《中国建筑规矩方圆之道——〈规矩方圆，天地之和——中国古代都城、建筑群与单体建筑之构图比例研究〉学术研讨会综述》，《建筑学报》2019 年第7 期，99—108 页。

155 [汉]郑玄注，[唐]孔颖达疏：《礼记正义》卷五十二《中庸第三十一》，《十三经注疏》，3527 页。

156 [魏]王弼、[晋]韩康伯注，[唐]孔颖达疏：《周易正义》卷七《系辞上》，《十三经注疏》，161 页。

157 傅熹年：《中国古代城市规划、建筑群布局及建筑设计方法研究》上册，3、11—13 页。

158 王南博士提示笔者注意这两组模数的阴阳关系，谨志铭感。

159 中国所在地区原始农业萌芽期，距今约一万四千至九千年，20 世纪下半叶发现的这一时期遗址包括长江流域的江西万年仙人洞、吊桶环遗址上层，湖南道县玉蟾岩遗址，华北地区的河北徐水南庄头遗址、北京门头沟东胡林人遗址、北京怀柔转年遗址，以及华南地区的广西南宁豹子头遗址、桂林甑皮岩遗址下层、广东封开黄岩洞遗址等。21 世纪以来，植物考古学在中国得到快速发展，在稻作农业起源研究中，获得的最重要的考古新资料是在浙江浦江上山遗址发现的早期水稻遗存，以及北京门头沟东胡林人遗址的小米驯化遗存，年代均为距今一万年前后。参阅沈志忠：《我国原始农业的发展阶段》，《中国农史》2000 年第2 期，3—24 页；任式楠、吴耀利：《中国新石器时代考古学五十年》，《考古》1999 年第9 期，11—22 页；赵志军：《中国稻作农业源于一万年前》，《中国社会科学报》2011 年5 月10 日第5 版；赵志军等：《北京东胡林遗址植物遗存浮选结果及分析》，《考古》2020 年第7 期，99—106 页。

160 [魏]王弼、[晋]韩康伯注，[唐]孔颖达疏：《周易正义》第八《系辞下》，《十三经注疏》，179—180 页。

161 [魏]王弼、[晋]韩康伯注，[唐]孔颖达疏：《周易正义》卷八《系辞上》，《十三经注疏》，181 页。

162 冯时：《中国古代的天文与人文》（修订版），292—310 页。

163 详见拙作《尧风舜雨——元大都规划思想与古代中国》图版卷《中国古代建筑与器物造型9∶7 明堂比例分析图》。

164 这些物件所刻之数，有的是三个数字，有的是六个数字，按奇阳、偶阴的原则，可转译为《易》卦。1956 年李学勤指出，这种纪数的辞"使我们联想到'周易'的'九'、'六'"（李学勤：《谈安阳小屯以外出土的有字甲骨》，《文物参考资料》1956 年第11 期，16—17 页）；1978 年张政烺证明其与《易》卦相关（张政烺：《试释周初青铜器铭文中的易卦》，《考古学报》1980 年第4 期，403—415 页）；1985 年金景芳论证它们是进行占筮时所得数字的记录，并指出："《易》产生于筮，筮产生于数"，"《礼记·曲礼上》说：'龟为卜，筴为筮'。……筴是什么？筴字亦作策，是计数的工具，或以竹，或以蓍"（金景芳：《说〈易〉》，《史学月刊》1985 年第1 期，21—30 页）。

165 [汉]许慎撰，[宋]徐铉校定：《说文解字》，62 页。

166 [三国魏]张揖：《广雅》卷五《释言》，62 页。

第二章

《周易》筮法与明北京城市设计

傅熹年在《中国古代城市规划、建筑群布局及建筑设计方法研究》一书中，对紫禁城与明北京内城的模数关系做了深入研究（图2-1），独辟蹊径地指出：

> 在明建紫禁城宫殿时，北城墙早已建成，因此推测其规划过程应是在确定紫禁城尺寸后，首先把紫禁城北墙位置定在距北城墙3倍于紫禁城南北深处，然后在南移南城墙时把它定在北距紫禁城南墙为其1.5倍南北深之处。
>
> 这样，就使北京城东西宽为紫禁城宽的9倍，南北深为紫禁城深的5.5倍。如果以面积核算，则北京城之面积为紫禁城的9×5.5=49.5倍。如扣除西北角内斜所缺的部分，可视为49倍。
>
> 《周易·系辞上》云："大衍之数五十，其用四十有九。"王弼注云："演天地之数，所赖者五十也。其用四十有九，则其一不用也。"古人建设都城宫室，讲求"上合天地阴阳之数，以成万世基业"。这里比附大衍之数就是此义。《析津志》说元大都"坊名五十，以大衍之数成之"，而实际记载下的只有四十九个坊名，就是先例。明北京就是在都城宫城关系上，以面积差为49倍来比附大衍之数的。[1]

这里所说的明北京城，是指明嘉靖帝南扩外城之前明永乐帝在元大都基础上改建的北京城，亦即南扩外城之后所称的内城。

王南在《规矩方圆，天地之和——中国古代都城、建筑群与单体建筑之构图比例研究》（下称《比例研究》）一书中，引用傅熹年的研究成果，对内城与紫禁城的模数关系做了进一步研究（图1-43），指出：

> 明北京内城与紫禁城为相似形，二者互相扭转90°，且二者边长之比为7:1，面积之比为49:1——这不仅与前文所述傅熹年先生的结论一致，而且从总

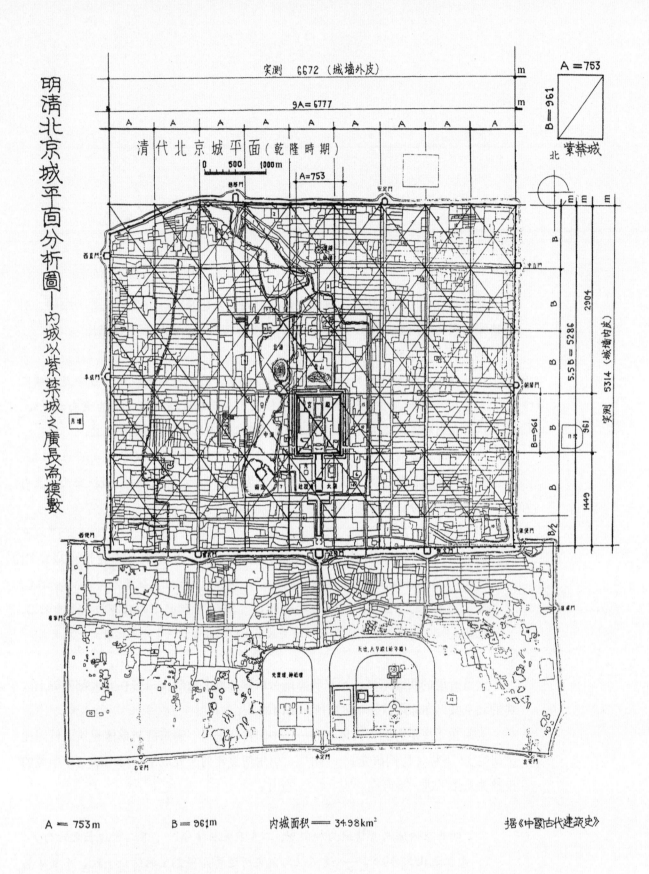

图 2-1 傅熹年绘明清北京城平面分析图——内城以紫禁城之广长为模数。(来源:傅熹年,《中国古代城市规划、建筑群布局及建筑设计方法研究》,2001 年)

平面规划模数的运用方面看，似乎更为简单合理。

以上模数或比例关系中，紫禁城面阔接近内城面阔的九分之一，这是元大都规划的遗产；而紫禁城面阔为内城进深的七分之一、紫禁城进深为内城面阔的七分之一应该是明永乐时期北京内城与紫禁城协同规划设计的结果——尤其是北京内城与紫禁城的进深应该是精心设计的，而北京内城和紫禁城的面阔则基本沿袭了元大都及其宫城的规模（可能因补筑城墙及包砖等因素而略有差异）。[2]

傅熹年与王南的研究表明，明北京内城以紫禁城为模数单位，二者的面积比为49∶1。傅熹年指出，这一数理关系是取义《周易·系辞上》所记"大衍之数五十，其用四十有九"。这为我们进一步研究明紫禁城、皇城、内城、外城以及中轴线、祭坛建筑布局指出了方向。

"大衍之数五十，其用四十有九"，是《周易·系辞上》记录的揲蓍求卦之法，即筮法。本书第一章已记，紫禁城平面布局呈现了未济卦下坎上离之数，由其变出的既济卦阐明了紫禁城空间规划的文化意义。

明北京内城既然取义"大衍之数五十，其用四十有九"，则有揲蓍求卦之义，其所推求之卦，已显现在紫禁城的平面布局之中，这就暗示了由内城至紫禁城的空间设计与易卦的推演存在内在关系，这是探讨明北京城市设计需要高度重视的方面。

一、《周易》筮法

《周易·系辞上》记录了以五十根蓍草推演爻卦的筮法，有谓：

> 大衍之数五十，其用四十有九。分而为二以象两，挂一以象三，揲之以四以象四时，归奇于扐以象闰。五岁再闰，故再扐而后挂。[3]

就是说，将推卦所用的五十根蓍草，即五十策，去掉一策以象无为之道，再将所余四十九策任意分为两组以象两仪（即天地）；再从其中一组中取出一策以象三（孙颖达释"三"为天地人三才，解释为阴阳和三气似更恰，详见后文）；再将所余两组共四十八策分别以四策为一组予以析分，以象四时；分别去除不能归入之策，以象五岁二闰。此即分二、挂一、揲四、归奇之"四营"。

这之后，再将所余之策汇总，再分二、挂一、揲四、归奇，如是共三遍，称"四营三变"。所余之策数，必是六、七、八、九当中某一个数字的倍数。其中，基数为九、七者画阳爻，基数为六、八者画阴爻。经过六次"四营三变"，就可画出别卦六爻，推得一卦。[4]

以"四营三变"之后所余以九为基数的最大策数三十六计算，乾卦六爻共 $6 \times 36 = 216$（策）；以"四营三变"之后所余以六为基数的最大策数二十四计算，坤卦六爻共 $6 \times 24 = 144$（策）。这样，乾坤二卦的最大策数为 $216 + 144 = 360$，即一岁之大数。

在《周易》八八六十四个别卦中，象征天地的乾坤二卦为"父母"，其余之卦以乾坤二卦阴阳六爻升降组合而成，这就蕴含了推演天地之道"以类万物之情"[5]的文化意义。

这一大衍之数推演之法，与《周易·系辞上》所记之宇宙生成论若合符契，对应了《老子》所说的"道生一，一生二，二生三"，体现了古人对宇宙本源的终极思考，并包含了与农业生产密切相关的天文历法知识，这是古人的生存之道。兹详述如下。

《系辞上》曰：

> 易有太极，是生两仪，两仪生四象，四象生八卦，八卦定吉凶，吉凶生大业。[6]

何谓"易"？《系辞上》："神无方，而易无体"[7]，"易无思也，无为也，寂然不动"[8]。这与《老子》所说的"道"完全一致。《老子》记云：

> 有物混成，先天地生。寂兮寥兮，独立不改，周行而不殆，可以为天下母。吾不知其名，强字之曰道，强为之名曰大。[9]

又谓：

> 道常无为，而无不为。[10]……上德不德，是以有德；下德不失德，是以无德。上德无为而无以为；下德无为而有以为。上仁为之而无以为；上义为之而有以为。[11]

可见，"易"就是"无"，也就是《老子》所说的"道"，无为而无不为。

韩康伯注"易有太极，是生两仪"：

> 夫有必始于无，故太极生两仪也。太极者，无称之称，不可得而名，取有

之所极,况之太极者也。[12]

孔颖达《正义》:

> 太极谓天地未分之前,元气混而为一,即是太初、太一也。故《老子》云:"道生一。"即此太极是也。又谓混元既分,即有天地,故曰"太极生两仪",即《老子》云:"一生二"也。不言天地而言两仪者,指其物体,下与四象相对,故曰两仪,谓两体容仪也。[13]

就是说,"太极"是造分天地的混沌元气,也就是"一",亦称"太初""太一";"易有太极",就是《老子》所说的"道生一",就是无中生有,生出混沌元气。"两仪"即天地,"太极生两仪"是指混沌元气造分天地,也就是《老子》所说的"一生二"。

关于"两仪生四象,四象生八卦",韩康伯《注》:"卦以象之。"[14] 孔颖达《正义》:

> "两仪生四象"者,谓金木水火,禀天地而有,故云:"两仪生四象"。土则分王四季,又地中之别,故唯云四象也。"四象生八卦"者,若谓震木、离火、兑金、坎水,各主一时,又巽同震木,乾同兑金,加以坤、艮之土,为八卦也。[15]

就是说,天地开辟之后,时间也就开始了。五行以金、木、水、火配四时,又以中央土配四季(即四时之末),中央土与天中对应,这就在四方五位授时体系中标识了天地四时。对这一体系进一步析分,以四维相配,就得到八个经卦所表示的八个方位,这是初昏时北斗指示分至启闭八节的授时方位(即斗建方位),四维之卦又与五行相配,就形成了由五行统领的授时体系。

关于"八卦定吉凶,吉凶生大业",韩康伯《注》:

> 八卦既立,则吉凶可定。既定吉凶,则广大悉备。[16]

孔颖达《正义》:

> 八卦既立,爻象变而相推,有吉有凶,故八卦定吉凶也。万事各有吉凶,广大悉备,故能王天下大事业也。[17]

就是说,以八个经卦标定分至启闭八节的授时方位之后,就可据爻象推断吉凶。

先人的用事制度，以顺时为吉、逆时为凶，八卦既然对应了时空，由此推演就可以表示吉凶。

以上儒道同流的宇宙生成论极为古老，当是在道术未裂之时，由先人思辨而出、享有广泛共识的思想体系。道术为天下裂之后，百家兴起，关于宇宙的本源，儒家释之为"易"，道家释之为"道"，二者意义相通，诚可谓"天下同归而殊涂，一致而百虑"[18]。

后世儒者竭力排斥以老庄玄学的观点解释《周易》，[19]如果我们能够追根溯源理解新石器时代的文化与文明，对这一问题的认识就不会拘泥于儒道之间。

新石器时代绝非一般人所想象的蛮荒时代，彼时，中国所在地区的文化与文明已发展到相当高度，突出体现在：

1. 产生了大规模农业剩余。考古工作者在距今近八千年的河北武安磁山遗址发现十万斤以上的小米窖藏，[20]在距今七千年的浙江余姚河姆渡遗址发现一百二十吨以上的稻谷遗存，[21]在距今五千年的浙江杭州良渚古城莫角山宫殿区和池中寺遗址分别发现约两万六千斤稻谷填埋和逾三十九万斤炭化稻谷堆积。[22]（图2-2，图2-3）

图2-2 河姆渡遗址第一期文化层出土的稻谷堆积。（来源：浙江省文物考古研究所，《河姆渡——新石器时代遗址考古发掘报告》，2003年）（左）

图2-3 浙江余杭池中寺良渚文化遗址出土的炭化稻谷。王军摄于2019年10月（右）

2. 兴建了大规模都邑和水利设施。20世纪80年代以来，考古工作者在浙江杭州良渚遗址先后发现高等级墓地、祭坛、大型宫殿基址、古城遗址等。其中，受益面积一百平方公里的水利系统，筑有高坝、低坝和长堤。[23]宿白、谢辰生、黄景略、张忠培指出，在良渚郭城之外的北部和西北部发现的由十一条水坝构筑成的多重的完善的防洪堤坝系统，是目前所知世界上最早的完备的水利设施。"良渚古城是目前已发现的中国以及东亚地区乃至世界上，距今五千年同时拥有城墙和水利系统的规模最大、保存最好、考古认识最清楚的都邑遗址，标志着良渚文明已进入成熟文明和早期国家阶段。"[24]（图2-4，图2-5）

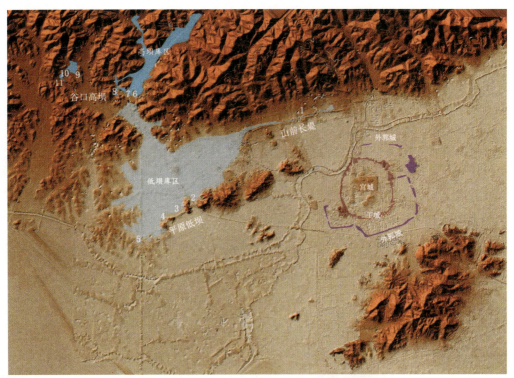

图 2-4 良渚古城外围水利系统。(来源:浙江省人民政府、故宫博物院,《良渚与古代中国——玉器显示的五千年文明》,2019 年)

图 2-5 良渚老虎岭遗址高坝。王军摄于 2021 年 3 月

3. 支撑中国古代文化的时空观和宇宙观已经形成。中华先人因观象授时而形成的时间与空间合一的人文观念(详见本书第三章),在距今六千五百年的河南濮阳西水坡 45 号墓以北斗和二十八宿之青龙、白虎造型标识北、东、西三个方位的体系中已能看到(图 2-6);该墓以南北子午线设定墓主人灵魂升天的通道(图 2-7),表明原始天命观与君权神授的王权政治观已经产生;该墓还以方圆构图表示天南地北、盖天说等宇宙观念。[25] 及至良渚时代,至上神的形象已被成功塑造,其头戴璇玑羽冠以象北极,面部以斗为造型以象北斗,骑乘象征北斗的神猪(与道教斗母骑猪造型完全一致)(图 2-8,图 2-9),俨然是后世文献所记以北斗为帝车的上帝(亦称天帝、

第二章 《周易》筮法与明北京城市设计　　89

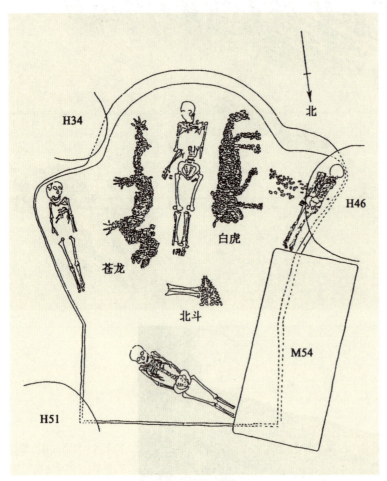

图 2-6 河南濮阳西水坡 45 号墓平面图。(来源：冯时，《河南濮阳西水坡 45 号墓的天文学研究》，1990 年)

太一)形象。[26]

4. 原始记事已成体系。距今八千年的浙江杭州跨湖桥遗址出土了与商周数字卦高度相似的刻画符号，显然是"上古结绳而治"[27]时代以数记事的实物见证（图 2-10）；在新石器时代的出土文物中，标识四方五位、八方九宫时空体系的刻画符号大量出现（图 2-11 至图 2-13）；西水坡 45 号墓以玄、黄二色表示天、地（图 4-65，图 4-66），距今五千年的牛河梁第 2 地点 1 号冢 4 号墓出土的猪形玉器以青、白二色表现阴阳（图 2-14），[28] 良渚瑶山祭坛由黄、红、玄诸色土壤构筑而成（图 2-15），[29] 距今四千年的陶寺圭表呈现青、赤、黑三种色彩（图 3-9），[30] 皆合于后世文献所记五行方色（详见本书第四章）；西汉文献记载

图 2-7 西水坡 45 号墓及墓主人灵魂升天通道呈南北子午线布局。(来源：冯时，《中国古代的天文与人文》，2006 年)

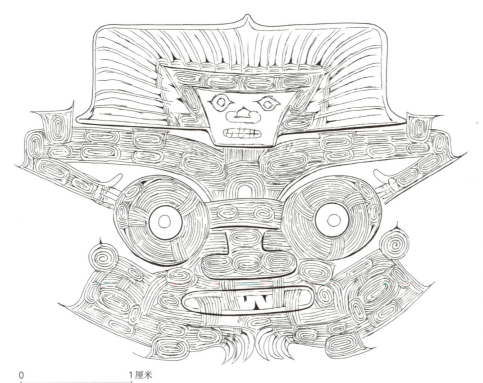

图 2-8 良渚神徽以斗形面孔取义北斗、璇玑羽冠取义北极,由此塑造了至上神的形象。(来源:浙江省文物考古研究所,《良渚遗址群考古报告之二:反山》,2005 年)

图 2-9 北京中南海万善殿所供斗母。(来源:王子林,《设坛礼斗,氤氲绕屏——斗勺屏风与澄瑞亭斗坛》,2018 年)

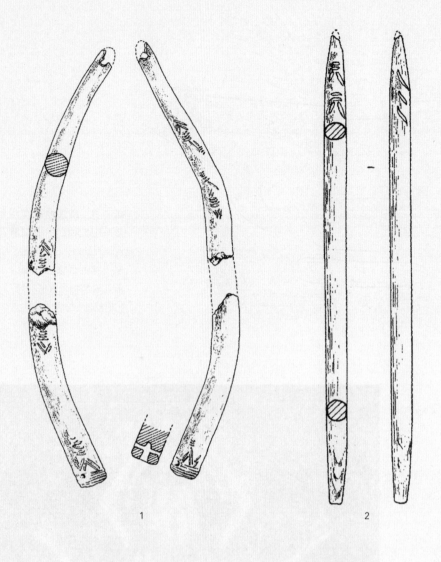

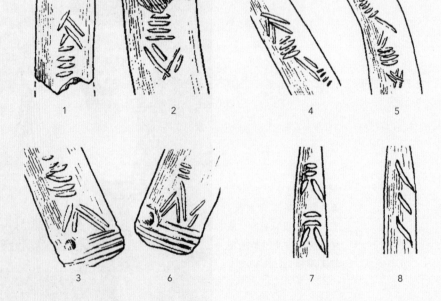

图2-10 杭州跨湖桥遗址出土与商周数字卦高度相似的刻画符号,出现在一件木锥和一件鹿角器上。上图:1.鹿角器(T0512湖Ⅳ:7);2.木锥(T0409⑤:1)。下图:跨湖桥文化刻符的八个类型。(来源:蒋乐平,《跨湖桥文化研究》,2014年)

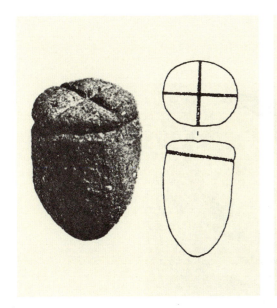

图 2-11 河南舞阳贾湖遗址（距今九千至七千八百年）出土的十字形刻槽垂球及线图。（来源：河南省文物考古研究所，《舞阳贾湖》，1999 年）

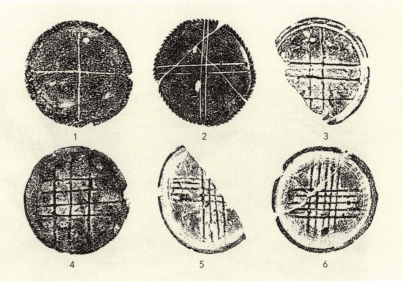

图 2-12 安徽蚌埠双墩遗址（距今七千年）出土器物上的二绳及积绳渐成的"亞"形图像。1. 二绳图像；2～6. 积绳而成的"亞"形图像。（来源：冯时，《中国古代物质文化史·天文历法》，2013 年）

图 2-13 新石器时代八角图案，表现了四方五位、八方九宫以及空间测量的基本图形（详见本书第三章第三节）。1、12. 崧泽文化（上海青浦崧泽出土）；2. 大溪文化（湖南安乡汤家岗出土）；3. 仰韶文化（江西靖安出土）；4. 马家浜文化（江苏武进潘家塘出土）；5、7、10、13—15、17. 大汶口文化（山东泰安、江苏邳县大墩子、山东邹县野店出土）；6、8、9、11. 良渚文化（上海马桥、江苏澄湖、江苏海安青墩出土）；16. 小河沿文化（内蒙古敖汉旗小河沿出土）。（来源：冯时，《中国天文考古学》，2001 年）

图 2-14 牛河梁第二地点 4 号墓局部。（来源：冯时，《文明以止——上古的天文、思想与制度》，2018 年）

图 2-15 良渚瑶山祭坛的三色土陈设。王军摄于 2021 年 3 月

的表现天地阴阳合和的圆方图、方圆图（载于《周髀算经》），以及规划一个圆周的二绳、四钩、四维图式（载于《淮南子·天文训》），在距今六千年的彩陶器物中已经出现。（图 2-16 至图 2-19，图 3-56，图 5-13）

以上事实表明，早在新石器时代，先人已经能够精细地测定和管理时间与空间，否则就不可能创造大规模的农业剩余、兴建大规模的都邑和水利设施。正是在这样的生产实践中，支撑中国古代文化的时空观和宇宙观相继形成，古代中国由此步入成熟文明与早期国家阶段。

在文字尚未诞生之时，由数字、色彩、图案、物件为载体的原始记事体系，已在记录、传承与农业生产密切相关的知识与思想。这些知识与思想，在先人步入文字时代之后，纷纷见诸文字，其被文字记录之时，并非其被发明之时。

《周易》所记"易有太极，是生两仪，两仪生四象，四象生八卦"，与《老子》所

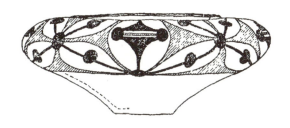

图 2-16　江苏邳县新石器时代大墩子遗址出土的彩陶钵,其圆形钵体、口沿与彩绘组合,形成圆方方圆图案。(来源:南京博物院,《江苏邳县四户镇大墩子遗址探掘报告》,1964 年)

图 2-18　故宫博物院藏河南陕县庙底沟出土的仰韶文化(约公元前 5000—前 3000 年)彩陶盆,其圆形口沿绘有方形图案。王军摄于 2020 年 11 月

图 2-17　兰州市博物馆藏马家窑文化(约公元前 3000—前 2700 年)漩涡纹三联杯,其圆形口沿绘有方形图案。王军摄于 2021 年 1 月

图 2-19　良渚文化玉琮的口沿为圆方造型。王军摄于 2015 年 6 月

记"道生一，一生二，二生三，三生万物"，[31] 皆与前文字时代的知识与思想存在深刻的联系。《老子》以一、二、三表示元气、天地、阴阳和三气的生成次序，当是前文字时代以数记事的文化孑遗。

《周易》筮法反映了同样的宇宙生成思想，其起于"大衍之数五十，其用四十有九"，正如孔颖达《正义》所言：

> 五十之内，去其一，余有四十九，合同未分，是象太一也。[32]

就是说，所去掉的一策，是表示无为之道；所余四十九策，是表示天地未分的"一"，也就是"道生一"的"一"、"易有太极"的"太极"。

筮法之"分而为二以象两，挂一以象三"，则对应了"一生二，二生三"，"是生两仪，两仪生四象"。

孙颖达《正义》将"挂一以象三"的"三"解释为"三才"（天地人），[33] 可商。因为《周易·序卦》明言"有天地然后有万物，有万物然后有男女"，[34] 男女排在了万物之后，即"三生万物"之后，所以，将此处的"三"解释为阴阳和三气，似更妥当。[35]

《黄帝内经太素》杨上善《注》："从道生一，谓之朴也。一分为二，谓天地也。从二生三，谓阴阳和气也。"[36] 即认为"三"是阴气、阳气、和气。此阴阳和三气实与四时对应。《淮南子·氾论训》："天地之气，莫大于和。和者阴阳调，日夜分而生物。春分而生，秋分而成，生之与成，必得和之精。"[37] 春秋分昼夜等分为"和"，冬至夜极长为"阴"，夏至昼极长为"阳"，阴阳和三气即四时。可见，"两仪生四象"与"二生三"同义，皆言造分天地之后，再生四时。《礼子·礼运》："分而为天地，转而为阴阳，变而为四时"，[38] 即为此义。生出四时之后，则如孔子所言："四时行焉，百物生焉"，[39] 也就是"三生万物"。儒家与道家的宇宙生成论完全一致。

这样，"易有太极，是生两仪，两仪生四象"，"道生一，一生二，二生三"，皆可与筮法对应，表明"大衍之数五十，其用四十有九。分而为二以象两，挂一以象三"，是对宇宙生成的叙述。

筮法之"揲之以四以象四时，归奇于扐以象闰。五岁再闰，故再扐而后挂"，则记录了历法推演之道。

其记"五岁再闰"，是指在五岁之中，置两个闰月，以协调阴历和阳历的周期。此种方法疏于《汉书·律历志》所记十九岁七闰，[40] 当是更古老的置闰之法。

将筮法记录完毕之后，《系辞上》做出总结，其中有言：

> 参伍以变,错综其数。通其变,遂成天下之文;极其数,遂定天下之象。非天下之至变,其孰能与于此? [41]

对此,《周易集解》引虞翻曰:

> 故"五岁再闰,再扐而后挂",此"参伍以变"。[42]

又记:

> 逆上称错。综,理也。谓五岁再闰,再扐而后挂,以成一爻之变,而倚六画之数,卦从下升,故"错综其数",则"三天两地而倚数"者也。[43]

就是说,在"四营三变"的推卦过程中,每一变就经历了一次五岁二闰,三变推出一爻,就经历了三次五岁二闰,从初爻推至上爻,就是"参伍以变,错综其数"。

经过"四营三变"之后,所得策数,各以六、七、八、九为基数。其中,六为老阴,九为老阳;七为少阳,八为少阴。老阴、老阳之和为6+9=15,少阴、少阳之和为8+7=15。皆表示了二十四节气一气之数,这是指导农业生产的阳历基础。这样,"参伍以变"之"参伍",又表示了三五一十五为一个节气,具有神圣意义。

可见,《周易》筮法既表现了中国古代文化的宇宙观,又表现了与农业生产密切相关的天文历法知识。

明北京城市设计以内城和宫城的面积比表示"大衍之数五十,其用四十有九",就与上述知识与思想体系建立了联系,这是我们探析明北京城市设计方法的路径所在。

二、明堂比例与天命观

本章开篇介绍了王南的研究发现——明北京内城与紫禁城为相似形,面积比为49:1,以相互旋转90°布局。其中的文化意义值得深入研究。

（一）对"易有太极"与天命观的表现

本书第一章指出，紫禁城总平面的深广比为 9∶7，这是《周礼·考工记》《大戴礼记·明堂》所记"东西九筵，南北七筵"的明堂比例。

又引《周易乾凿度》及郑玄《注》指出，这一比例是对"易有太极""道生一"周行过程的表示，所用数字"九"和"七"，是表示"易"移行一周的五行方位数。古人认为，"易"经过这样的阴阳生化过程，生出了混沌元气，进而开辟了天地。

作为天子布政之宫，紫禁城通过明堂比例表示宇宙生成、天地开辟，就与天命建立了联系，明北京内城与紫禁城为相似形，同为 9∶7 明堂比例矩形，也表达了同样的理念。

在农耕时代，谁能够告诉人民时间，提供此种攸关农业生产、氏族存亡的公共服务，谁就能获得权力。[44] 时间通过观测天象获得，观象授时者因此产生权力由天而降、为天所授的意识。天遂被人格化，产生原始宗教。人格化的天就是上帝，亦称天帝、太一。上帝授予天子的权力，被视为天命。天命代代相传，俨然是国家主权的象征。在这个意义上，天命观的形成，也就是文明发生的标志。[45]

河南濮阳西水坡 45 号墓的设计者，之所以为墓主人设置灵魂升天的通道，就是要使墓主人的灵魂与上帝相伴，这显然是君权神授的王权政治观也就是天命观业已形成的实证。[46]

距今五千年的河南荥阳青台遗址，出土了土筑圜丘和以陶器表示的北斗祭祀遗迹，其北斗造型，斗杓指向北方子位，这是古代文献记录的冬至标准星象。（图 2-20）

冬至祭天乃国之大祀，圜丘乃祭天场所。冬至一阳生，天属阳，故于冬至祭天。

图 2-20 河南荥阳青台遗址之土筑圜丘和以陶器表示的北斗祭祀遗迹。王军摄于 2019 年 6 月

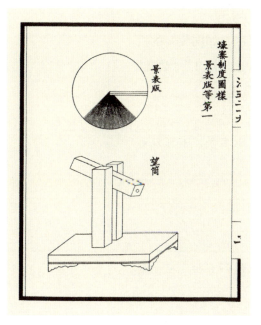

图 2-21　宋人李诫《营造法式》刊印之景表版、望筒。（来源：李诫，《营造法式》，2006 年）

《礼记·郊特牲》记云："郊之祭也，迎长日之至也，大报天而主日也。兆于南郊，就阳位也。"[47] 这一制度持续至清朝，伴随着帝制的终结而终结。青台遗址的考古发现表明，冬至祭天之制及其所蕴含的天命观，早在五千年前已经形成。

作为天子权力的授予者，上帝必居天的最尊处，也就是众星拱绕的北极。对北极的测定之法，见载于《周礼·考工记》"昼参诸日中之景，夜考之极星，以正朝夕"[48]。古人以最靠近北极的一颗恒星作为北极星以标志北极，通过望筒观察，发现北极星做旋周运动，锁定其运行轨迹，即可测定其绕行的圆心，也就是北极。（图 2-21）

宋代科学家沈括在《梦溪笔谈》中记录了他通过望筒测定北极的过程，有谓：

> 熙宁中，余受诏典领历官杂考星历。以机衡求极星，初夜在窥管中，少时复出，以此知窥管小，不能容极星游转，乃稍稍展窥管候之，凡历三月，极星方游于窥管之内常见不隐，然后知天极不动处远极星犹三度有余。每极星入窥管别画为一图，图为一圆规，乃画极星于规中，具初夜、中夜、后夜所见各图之，凡为二百余图，极星方常循圆规之内，夜夜不差。余于熙宁历奏议中叙之甚详。[49]

即通过调整窥管（望筒）的口径，使之能够容纳北极星的游转，将北极星锁定在望筒之中常见不隐，由此测定北极星距离其绕行的圆心（北极）三度有余，这就是彼时北极星的去极度；在圆形坐标图上，将通过窥管测定的初夜、中夜、后夜北极星绕行的位置标出，就可以画出北极星的运行轨迹。

在这样的观测活动中，古人发现北极星所环绕的北极乃空虚之域，也就是"无"之所在；其边上的北极星，有形有体，也就是"有"之所现，这就衍生了无中生有的认识，进而思辨出"道生一""易有太极"。

《史记·天官书》记云："中宫天极星，其一明者，太一常居也。"[50] 太一即上帝，太一常居北极星（即天极星），北极星就成为上帝的象征。所谓太一，就是最伟大、最初始的"一"，也就是由"道"生出的造分天地的"一"，[51] 这就赋予了北极天区创世的哲学意义。

由北极星规划的以北极为中心的圆状天区，如同旋转的机枢，称璇玑。（图2-22）《周易·系辞下》所记"知几""研几"的"几"，本义就是璇玑。韩康伯对此的解释是：

> 几者，去无入有，理而无形，不可以名寻，不可以形睹者也。[52]

孔颖达《正义》：

> 几者，离无入有，是有初之微。以能知有初之微，则能兴行其事，故能成天下之事务也。[53]

又谓：

> 几是离无入有，在有无之际，故云"动之微"也。[54]

就是说，北极星所规划的北极璇玑，"理而无形，不可以名寻，不可以形睹"，是"无"之所在，也就是"道"之所在；璇玑微微一动，就是"有初之微""去无入有""离无入有"，也就是无中生有，因为这个"无"（璇玑）的边上，就有一颗看得

图 2-22 紫禁城中和殿以攒尖顶象征北极璇玑。王军摄于 2020 年 5 月

见的、表示"去无入有"的北极星。

可见,古人关于"道生一"的思辨,与对北极的观测有关。他们完全有理由这样说,这个"道生一"是他们通过自己的双眼、通过天文观测看到的。

明北京内城与紫禁城的平面设计,采用9∶7明堂比例以表示"易有太极""道生一",又以49∶1的面积比,取义"大衍之数五十,其用四十有九",皆是对中国古代宇宙观与天命观的表现。这些观念源出新石器时代,与中华文明的形成与发展密切相关。

(二)对"天地之中"意象的表现

王南指出,明北京内城与紫禁城以相似形旋转90°的方式布局(图1-43),元大都的大城与皇城也采取了这样的布局方式。[55](图2-23)

笔者在近期的研究中发现,明永乐天地坛与嘉靖帝扩建的天坛核心区(外坛南墙至北墙、内坛西墙至外坛东墙区域),也采取了同样的布局方式。(图1-50,图1-51)

拙作《尧风舜雨:元大都规划思想与古代中国》对这一旋转布局的文化内涵做了研究,认为这是取义"天左旋,地右动"[56],是对"天地之中"的表示。

关于"天地之中",《淮南子·地形训》记云:

> 昆仑之丘,或上倍之,是谓凉风之山,登之而不死。或上倍之,是谓悬圃,登之乃灵,能使风雨。或上倍之,乃维上天,登之乃神,是谓太帝之居。扶木在阳州,日之所曌。建木在都广,众帝所自上下,日中无景,呼而无响,盖天地之中也。[57]

昆仑在中国西北,是江河之源,被视为大地之中。在古人看来,昆仑与北极对应,就是"地中"与"天中"对应;昆仑通天,"众帝所自上下","登之乃神,是谓太帝之居",这就是"天地之中"。

如果说天子之都是文化意义上的"地中",昆仑则是地理意义上的"地中",天旋地转于此,此即"天地之中"。

中国古代宇宙生成论,与"昆仑—北极"的意象存在深刻联系。古人认为北极是混沌元气最早生出的天,昆仑是混沌元气最早生出的地,昆仑气上通天,也就是元气所出(本书第一章对此已有讨论)。这个混沌元气,就是造分天地的"一"(人格化的"太一"即上帝),亦即"易有太极"的"太极"。

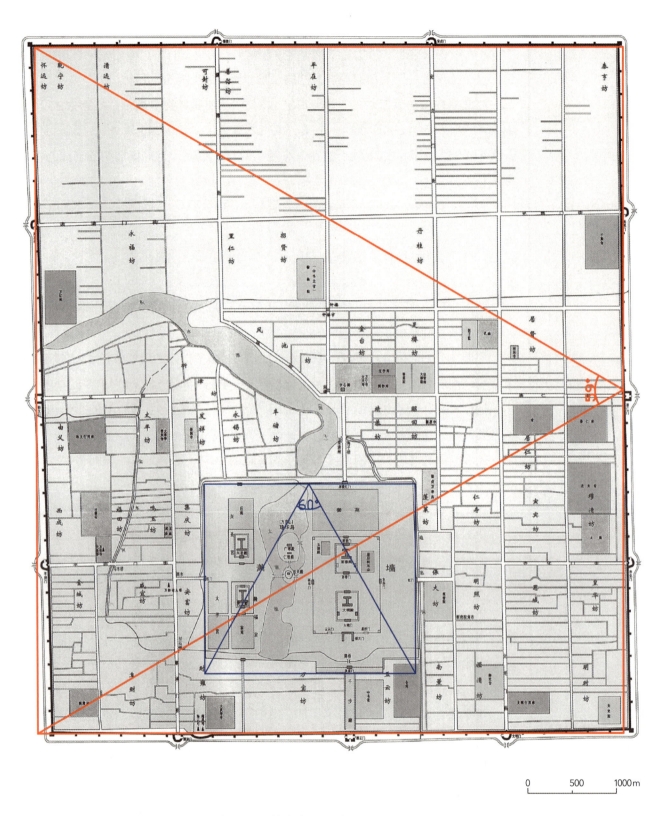

图 2-23　王南绘元大都总平面分析图一。(来源：王南，《规矩方圆，天地之和——中国古代都城、建筑群与单体建筑之构图比例研究》，2018 年)

昆仑所在的西北方向，是天体没入地下的方向，被古人视为天门所在。《周易》八个经卦的乾卦居西北阳始之位，遂有"乾为天门"[58]之谓。

明中都将祭地方丘建于西北乾位；清雍正帝在紫禁城西北乾隅建造蕴含坤土之德的城隍庙；明嘉靖帝在宫城外西北建大高玄殿，其后殿初名无上阁，即取义"天门无上"[59]。清乾隆时期，无上阁上层更名为乾元阁，下层更名为坤贞宇，以上圆下方的造型取义"天圆地方"（图1-5），这就在紫禁城西北乾位营造了乾坤相对、天旋地转的"昆仑—北极"意象。

明北京内城与紫禁城、明永乐天地坛与嘉靖帝扩建的天坛核心区，皆采用9∶7的明堂比例，相互旋转；元大都大城与皇城皆为内含等边三角形的矩形，[60]也就是7∶6"天地之中"比例矩形（本书第一章对这一比例的文化意义已有讨论），相互旋转，更是通过古老的数术，强化了"天地之中"的意象。

表现了"天地之中"，也就表现了天地沟通，"众帝所自上下"，也就表现了天命的抵达。

三、皇城与中轴线、祭坛布局

既然明北京内城的广深，以紫禁城为模数单位，并以49∶1的面积比取义《周易》筮法，紫禁城又呈现由此推得之卦，那么，筮法记录的推卦过程，就应该是明北京城市设计由内城至皇城再至宫城需要表现的内容。

以此为线索研究，则发现明北京皇城、中轴线、祭坛的空间设计，多采用3∶5比例（类似西方黄金分割比）布局，这与《周易》筮法"参伍以变，错综其数"之"参伍"数理一致。

（一）皇城布局

王南在《比例研究》中指出，明北京皇城也是一个内含等边三角形的矩形，即$2/\sqrt{3}$矩形（图2-24），"中轴线分皇城为东、西两部分，面阔之比约为1∶2"[61]。

本书第一章已记，$2/\sqrt{3}$对应的整数比为清代匠人抄本《营造算例》记录的7∶6比例（包含了"天地之中"的文化意义）。以7∶6方格网平铺皇城（明北京皇城，清代因之，一些建筑的名称有所变化，但位置未变。中轴线建筑亦然。为阅读之便，

图 2-24 王南绘明北京皇城分析图。(来源：王南，《规矩方圆，天地之和——中国古代都城、建筑群与单体建筑之构图比例研究》，2018 年)

以下行文多用今名)，再将之析分为 14∶12 的方格网 (图 2-25，图 2-26)，可发现皇城及宫城主要建筑的位置皆与网格贴合，各个区域建筑布局的比例关系一目了然：

1. 在太和殿至皇城南墙区域，紫禁城南墙居五分之三位置处。

2. 在太庙、社稷坛核心区北沿至皇城南墙区域，太庙、社稷坛核心区南沿居五分之三位置处。

3. 在太庙、社稷坛核心区北沿至太和殿区域，太和门居五分之三位置处。

4. 在太和门至南海瀛台南岸区域，紫禁城南墙和太庙、社稷坛核心区北沿居五分之三位置处。

5. 在太和门至皇城北墙区域，紫禁城北墙、北海白塔、景山山体北沿居五分之三位置处。

6. 在皇城南墙至北海白塔、景山山体北沿区域，乾清门居五分之三位置处。

7. 在乾清门至景山北墙区域，北海琼华岛南岸、团城南岸、紫禁城北墙居五分之三位置处。

8. 在紫禁城北墙至紫禁城南墙区域，太和殿、乾清门居五分之三位置处。

9. 在保和殿至紫禁城南墙区域，太和门居五分之三位置处。

10. 在保和殿至紫禁城北墙区域，乾清宫、坤宁宫居五分之三位置处。

11. 在北海琼华岛南岸至皇城北墙区域，景山北墙居五分之三位置处。

12. 在景山北墙至南墙区域，景山山体北沿居五分之三位置处。

13. 在团城南岸至琼华岛北岸区域，琼华岛南岸居五分之三位置处。

14. 在皇城西墙至紫禁城东墙区域，紫禁城西墙居五分之三位置处。

15. 在中海东岸至紫禁城东墙区域，景山西墙沿居五分之三位置处。

16. 在景山西墙至皇城东墙区域，景山东墙居五分之三位置处。

17. 在皇城西墙至中海东岸区域，中海、北海西岸居五分之三位置处。

18. 在紫禁城北墙至皇城南墙区域，太和殿、紫禁城南墙居3∶5分界处。

19. 在皇城北墙至乾清门区域，琼华岛南岸居3∶5分界处。

20. 在皇城西墙至城市中轴线区域，中海东岸与西岸、北海西岸居3∶5分界处。

在明皇城建筑布局中，我们还能看到对以下比例的运用：

21. 在皇城北墙至南墙区域，紫禁城北墙居3∶4分界处。

22. 在皇城西墙至东墙区域，中轴线居2∶1分界处。

23. 在皇城西墙至东墙区域，紫禁城西墙居1∶1分界处。

24. 在紫禁城西墙至皇城东墙，城市中轴线、紫禁城东墙居2∶1分界处。

25. 在皇城南墙至皇城北墙区域，太和门、北海白塔、景山山体北沿居七分之五位置处。

26. 在紫禁城北墙至皇城北墙区域，景山北墙居1∶1分界处。

27. 北海东岸至紫禁城西墙南北一线，居皇城东墙至皇城西墙的1∶1分界处，为皇城子午中分线。

28. 在南海北岸至皇城南墙区域，瀛台南岸居1∶1分界处。

29. 紫禁城的深广，与5∶4（=1.250）方格网几乎重合，后者近似于紫禁城深广9∶7（≈1.286）的明堂比例。

由以上分析可知，明北京皇城大量采用3∶5比例安排重要建筑的位置，这与《周易》筮法"参伍以变，错综其数"的数理相合，显然是对《周易》筮法推卦过程的表现。

（二）中轴线、祭坛布局

值得注意的是，3∶5比例在明北京城中轴线和天、地、日、月四坛的规划中，也得到广泛运用（图2-27至图2-32[62]）：

1. 正阳门箭楼位于北京城中轴线的3∶5分界处。（图2-27）

2. 日坛至月坛连接线与中轴线在太和殿庭院的交会点，位于大明门（清称大清门，中华民国称中华门，乃国门也，1959年被拆除）至景山的3∶5分界处。[63]（图2-28）

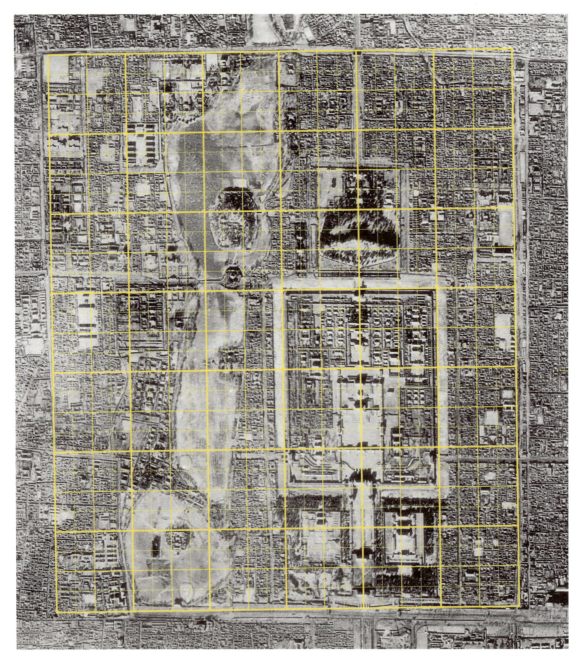

图2-25　明清北京皇城
建筑布局分析图。王军绘

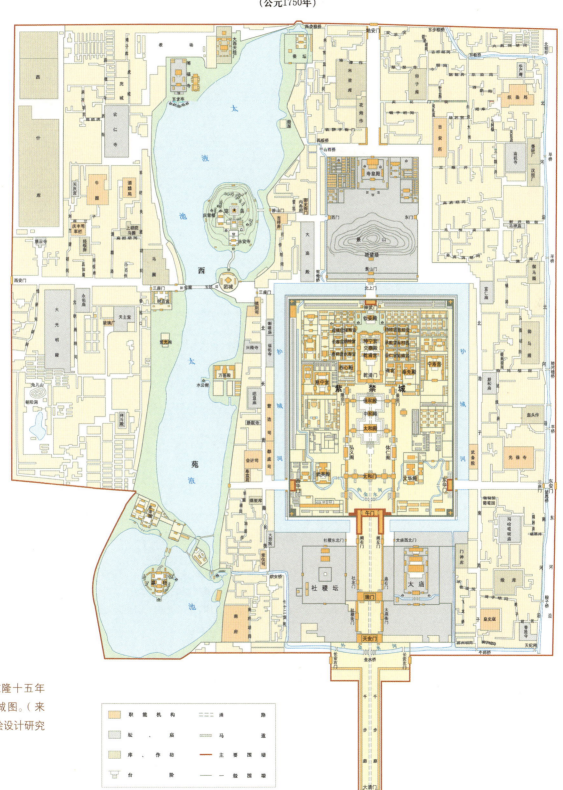

图 2-26 清乾隆十五年（1750 年）皇城图。（来源：北京市测绘设计研究院）

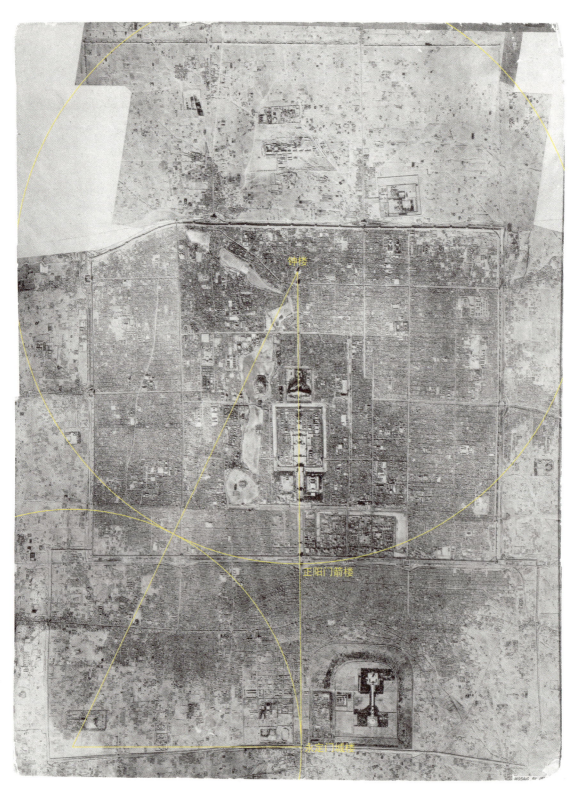

图 2-27 北京旧城建筑布局分析图之一。王军绘

图 2-28 北京旧城建筑布局分析图之二。王军绘

3. 地安门位于紫禁城平面几何中心至钟楼的3∶5分界处。（图2-29）

4. 紫禁城平面几何中心位于地安门至天安门的3∶5分界处。（图2-29）

5. 景山平面几何中心位于紫禁城平面几何中心至地安门、天安门至钟楼的中分

图2-29 北京旧城建筑布局分析图之三。王军绘

点。(图2-29)

6. 地安门位于寿皇殿平面几何中心至钟楼的3∶5分界处。(图2-30)

7. 天安门位于正阳门城楼至紫禁城午门的3∶5分界处。(图2-30)

图2-30 北京旧城建筑布局分析图之四。王军绘

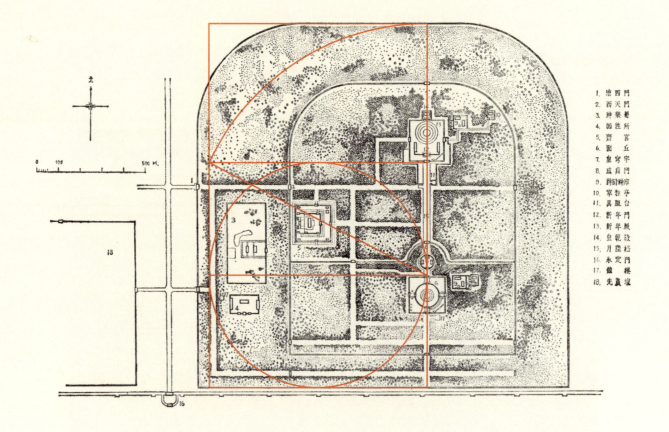

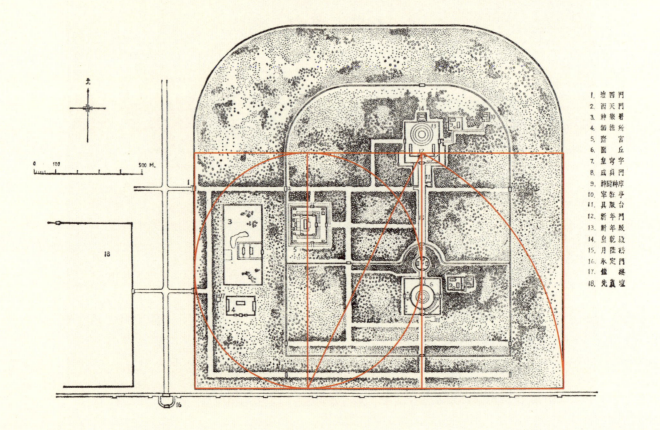

图2-31 北京天坛平面分析图之一。王军绘。(底图来源：刘敦桢,《中国古代建筑史》,1980年)

8. 天坛祈年殿南砖门位于外坛南墙至北墙的3∶5分界处。（图2-30，图2-31）
9. 天坛圜丘至祈年殿建筑轴线位于外坛东墙至西墙的3∶5分界处。（图2-32）
10. 地坛祭坛北壝墙位于外坛南墙至北墙的3∶5分界处。（图2-30）
11. 日坛祭坛西壝墙位于外坛东墙至西墙的3∶5分界处。（图2-30）
12. 月坛祭坛东壝墙位于外坛东墙至西墙的3∶5分界处。（图2-30）

可见，明北京城中轴线及天、地、日、月四坛的规划，也大量运用3∶5比例以确定重要建筑及其节点的位置。清乾隆十四年（1749年）移建寿皇殿（从景山东北移至今处）[64]，选址也运用了这一比例。

本书第一章已记，中轴线全长7.8公里，约合明四千九百步，同样是对"大衍之数五十，其用四十有九"的表示。日坛至月坛的连接线、德胜门至祈年殿的连接线、祈年殿至地坛的连接线，与中轴线等长，也具有同样的文化意义。

推演"大衍之数"是明北京城市设计的意匠所在，在这一设计思想的指导下，中轴线与祭坛规划以3∶5比例谋篇布局，取义"参伍以变，错综其数"，也是对《周易》筮法的表现。

四、城门斗栱攒当数的筮法意义

中国古代建筑制度在明代有一次重要的变革，突出体现在建筑所用斗栱的数量明显增加，斗栱的攒当数因而具有更加丰富的数术意义。

此前宋代的斗栱制度，如《营造法式》所记：

> 凡于阑额上坐栌斗安铺作者，谓之补间铺作。当心间须用补间铺作两朵，次间及梢间各用一朵。其铺作分布令远近皆匀。[65]

即明间（当心间）施用两攒（朵）斗栱（铺作），次间和梢间施用一攒（朵）斗栱，这就形成了明间与次间、梢间的攒（朵）当数为3∶2∶2的数理关系，合于《周易》之"参天两地"。[66]（图2-33）

及至明代，建筑斗栱数量骤然增多，斗栱的攒当数具有了更加丰富的阐释建筑的性质及其文化内涵的数术意义。

以明永乐时期的故宫神武门为例，其正立面的斗栱攒当数，明间为七，次间与梢间为五，廊间为二，就形成了明间与次间斗栱攒当数为7∶5，梢间和廊间的斗栱

图2-32 北京天坛平面分析图之二。王军绘。(底图来源：刘敦桢,《中国古代建筑史》,1980年)

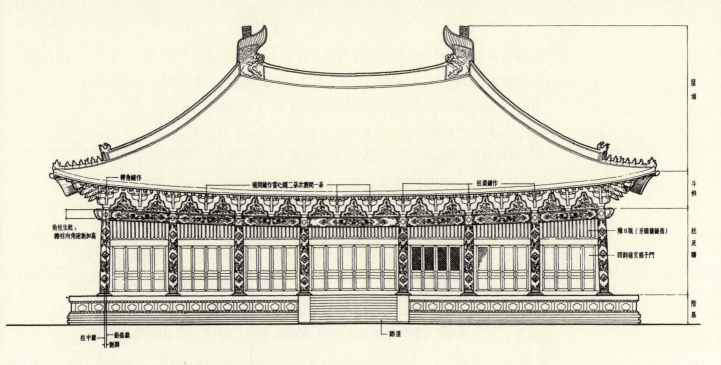

图 2-33 宋《营造法式》立面示意图。（来源：刘敦桢，《中国古代建筑史》，1980 年）

图 2-34 故宫神武门正立面测绘图。（来源：故宫博物院、中国文化遗产研究院，《北京城中轴线古建筑实测图集》，2017 年）

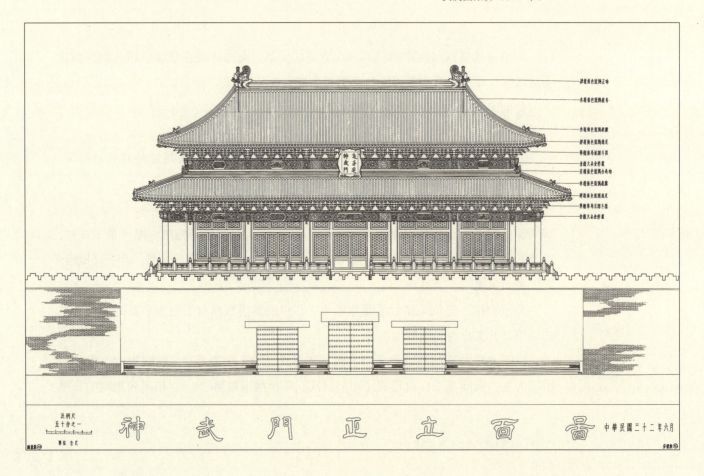

图 2-35　明长陵祾恩殿。王军摄于 2022 年 10 月

攒当数为（5+2）：5=7：5 的"方五斜七"$\sqrt{2}$ 的数理关系。（图 2-34）

明永乐时期的北京长陵祾恩殿，其正立面的斗栱攒当数，明间为九，次间为七，呈现了 9：7 明堂数列。（图 2-35）

于倬云指出，明代建筑施用斗栱数量增多，是建筑开间变大所致：

> 我国建筑史中，建筑的明间面阔最大的是明代永乐年间所造的长陵祾恩殿和北京宫殿的中轴线建筑，其明间多用面阔很宽的间架。祾恩殿明间面阔达 10 米以上，奉天殿在明代的面宽不应小于祾恩殿。现存的太和殿是清康熙时期重建的，改为 11 间，但仍比祾恩殿的通面阔小，所以加大进深。故宫的神武门虽然不算是最主要的建筑，但其明间面阔为 9.78 米。……虽然永乐年间的大木构件的形制基本上与唐宋相同，侧脚、升起依然应用，但斗栱形制出现很大的变化，从补间铺作（平身科）的当心间两朵，一跃做成六攒，甚至八攒，因而斗栱的用材变小了，斗栱由形制雄大变为纤小，……明代建筑在我国建筑史中，具有明间面阔最大的特点。为了满足这个要求，其结构中的斗栱，必须做较大的改动，……唐代建筑的开间最大不过 5 米。[67]

正是因为建筑开间尺度增大，才有在大跨度的开间中增加斗栱数量的需要。（图 2-36）其施用斗栱的具体数量，则取决于斗栱攒当数所表达的与此种建筑相匹配的文化意义。清代建筑继承了这一做法。

图 2-36 故宫神武门城楼（明永乐建）侧立面心间纵跨 12.22 米（数据采自故宫博物院、中国文化遗产研究院编：《北京中轴线古建筑实测图集》，244 号测图），显示了明代建筑在结构技术上的进步。王军摄于 2019 年 9 月

比如，紫禁城多以 7∶6 "天地之中" 比例（即内含等边三角形的矩形）来设计重要的建筑群平面及单体建筑的平、剖、立面造型（图 1-44，图 2-37 至图 2-40），[68] 其相应区域的建筑的斗栱攒当数，亦多取明间为七、次间为六，合于此种比例。[69]

建于明初的承天门（清称天安门）"T"字形广场的深广比为 9∶5，广场南端的大明门（清称大清门，中华民国称中华门）的斗栱攒当数，则以明间、次间为九，梢间为五，与之对应。（图 2-41，图 2-42）

天安门的斗栱攒当数，明间为七，次间为五，合于"方五斜七"天地之和数列。

中国文化遗产研究院存地安门模型显示，地安门的斗栱攒当数，明间为七，次间为六，合于 7∶6 "天地之中" 数列。

紫禁城东华门、西华门的斗栱攒当数与神武门一致，皆明间为七，次间为五，合于"方五斜七"；太和殿、太和门、午门皆明间为九，次间为六，合于乾元用九、坤元用六，包含了丰富的易学思想。

明清北京内城城楼与外城城楼，明间与次间的斗栱攒当数，分为明五次三、明七次五两种情况（图 2-43，图 2-44），如下表。

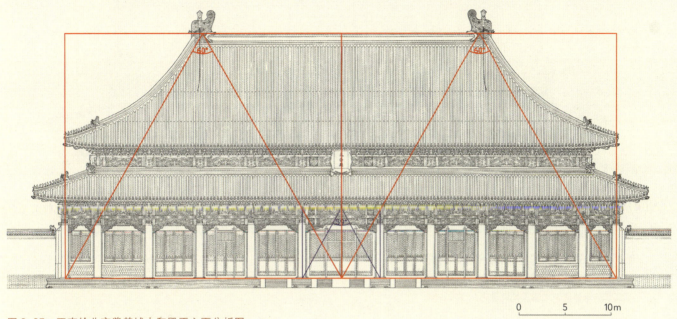

图 2-37　王南绘北京紫禁城太和殿正立面分析图。
（来源：王南，《规矩方圆，天地之和——中国古代都城、建筑群与单体建筑之构图比例研究》，2018 年）

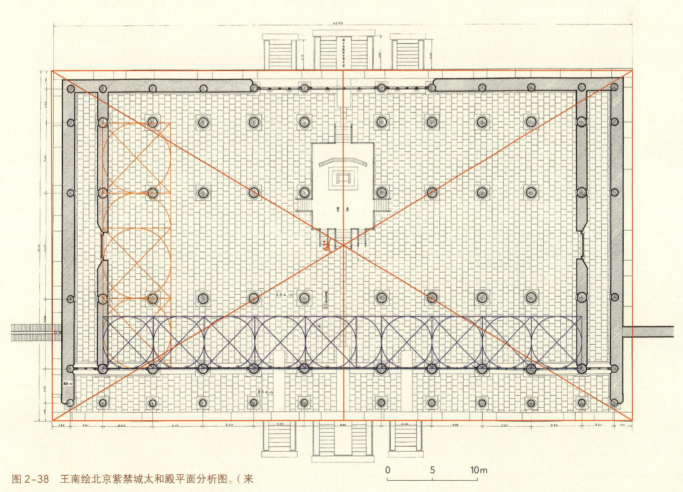

图 2-38　王南绘北京紫禁城太和殿平面分析图。（来源：王南，《规矩方圆，天地之和——中国古代都城、建筑群与单体建筑之构图比例研究》，2018 年）

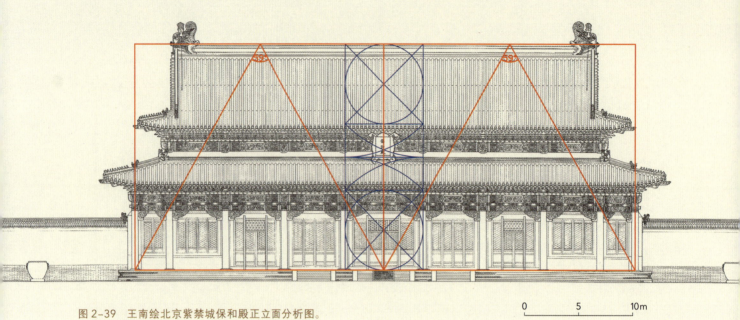

图 2-39 王南绘北京紫禁城保和殿正立面分析图。
（来源：王南，《规矩方圆，天地之和——中国古代都城、建筑群与单体建筑之构图比例研究》，2018 年）

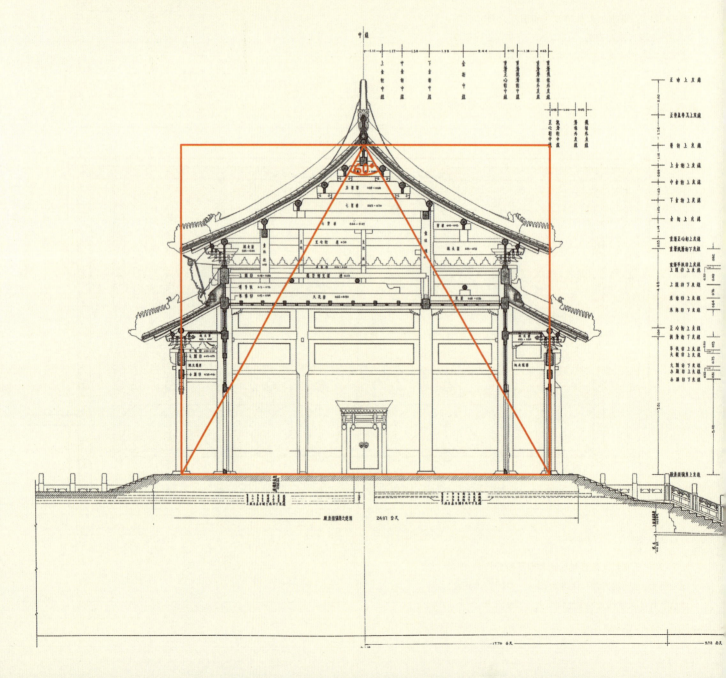

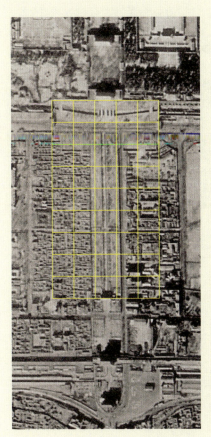

图 2-41 天安门"T"字形广场平面分析,其深广比为 9∶5。王军绘

图 2-42 中华门正立面测绘图,该建筑 1959 年被拆除。(来源:故宫博物院、中国文化遗产研究院,《北京城中轴线古建筑实测图集》,北京:故宫出版社,2017 年)

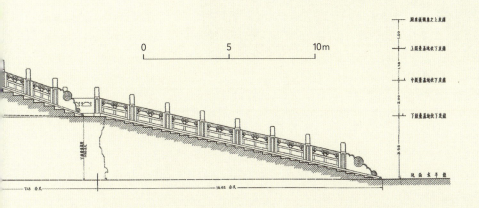

图 2-40 王南绘北京紫禁城保和殿横剖面分析图。(来源:王南,《规矩方圆,天地之和——中国古代都城、建筑群与单体建筑之构图比例研究》,2018 年)

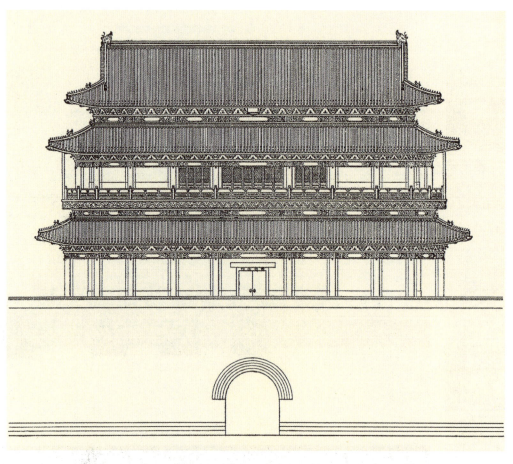

图 2-43 正阳门城楼立面图。可见斗栱攒当明间为五、次间为三。（来源：Osvald Siren，*The Walls and Gates of Peking*，1924）

图 2-44 永定门城楼立面图。可见斗栱攒当明间为七、次间为五。（来源：Osvald Siren，*The Walls and Gates of Peking*，1924）

表2-1 北京内外城城楼明次间斗栱攒当数略览

斗栱攒当数	明间为五，次间为三者	明间为七，次间为五者	未施用斗栱者	不详者
内城	正阳门、崇文门、宣武门、东直门、西直门、安定门、德胜门	朝阳门、阜成门		
外城		永定门、右安门、广安门、广渠门	东便门、西便门	左安门

资料来源：1. 清华大学建筑学院资料室存中国营造学社北京城门图片档案，摄于20世纪30年代；2. 杨茵、旅舜主编：《寻找老北京城》，2005年；3. Osvald Siren: *The Walls and Gates of Peking*. 1924.

由于未找到清晰的图片，外城左安门的斗栱攒当数不详，笔者推测它应与右安门一致，也是明七次五；东便门、西便门未施用斗栱，或是因为其为便门，等级较低之故。

据上表可知，北京内城九门，有七个城门的斗栱攒当数为明五次三，呈现3∶5数列，这也对应了"参伍以变，错综其数"（清代在对城楼的修缮或重建中，应继承了明代制度），与皇城、中轴线和天、地、日、月四坛的3∶5平面布局比例形成呼应，皆是对《周易》筮法的表现。

其余城门的斗栱攒当数皆采用明七次五，则是对"天地之和"意义的表达。其中，内城的朝阳门与春分对应（附近有春分祭日的日坛），阜成门与秋分对应（附近有秋分祭月的月坛），其明七次五的斗栱攒当数，则体现了春秋分阴阳中和，亦即"天地之和"的意义。[70]

五、结　语

明北京内城与宫城的面积比为49∶1，中轴线全长四千九百步，皆取义"大衍之数五十，其用四十有九"，明北京皇城与中轴线、祭坛的建筑布局大量采用3∶5比例，城门的斗栱攒当数多采用三五数列，取义"参伍以变，错综其数"，宫城平面结为一卦，这就完整呈现了《周易》筮法揲蓍求卦的过程，彰显对"大衍之数"的推演是城市设计的灵感源泉。

《周易》筮法以古老的数术呈现了中国古代宇宙观和天文历法，其所承载的知识与思想体系，与万年以来中国所在地区农业文化与文明的形成和发展存在深刻联系。在新石器时代，中华先人已经创造大规模农业剩余、兴建大规模都邑和水利设施，熟练掌握了测定和管理时间与空间的技术方法，基于观象授时的天命观由此衍生，推动中国所在地区早期国家形态的形成，这是研究《周易》筮法不可忽视的文化背景。

明北京城市设计以丰富的手法对《周易》筮法蕴含的宇宙生成思想和天文历法体系加以演绎,塑造了饱蘸易学思想的文化景观,赋予这个城市独特的精神气质和深厚的人文内涵,这是中国古代文化在漫长的历史发展过程中保持高度稳定性与持续性的重要体现。

注 释

1 傅熹年:《中国古代城市规划、建筑群布局及建筑设计方法研究》上册,13—14页。

2 王南:《规矩方圆,天地之和——中国古代都城、建筑群与单体建筑之构图比例研究》(文字版),63页。

3 [魏]王弼、[晋]韩康伯注,[唐]孔颖达疏:《周易正义》卷七《系辞上》,《十三经注疏》,165—166页。

4 朱熹在《周易本义》的《筮仪》篇中对此有详细介绍。参见[宋]朱熹:《周易本义》,3—6页。

5 [魏]王弼、[晋]韩康伯注,[唐]孔颖达疏:《周易正义》卷八《系辞下》,《十三经注疏》,179页。

6 [魏]王弼、[晋]韩康伯注,[唐]孔颖达疏:《周易正义》卷七《系辞上》,《十三经注疏》,169—170页。

7 [魏]王弼、[晋]韩康伯注,[唐]孔颖达疏:《周易正义》卷七《系辞上》,《十三经注疏》,160页。

8 [魏]王弼、[晋]韩康伯注,[唐]孔颖达疏:《周易正义》卷七《系辞上》,《十三经注疏》,167页。

9 [魏]王弼注:《老子道德经》二十五章,《二十二子》,3页。

10 [魏]王弼注:《老子道德经》三十七章,《二十二子》,4页。

11 [魏]王弼注:《老子道德经》三十八章,《二十二子》,4页。

12 [魏]王弼、[晋]韩康伯注,[唐]孔颖达疏:《周易正义》卷七《系辞上》,《十三经注疏》,169页。

13 [魏]王弼、[晋]韩康伯注,[唐]孔颖达疏:《周易正义》卷七《系辞上》,《十三经注疏》,169—170页。

14 [魏]王弼、[晋]韩康伯注,[唐]孔颖达疏:《周易正义》卷七《系辞上》,《十三经注疏》,170页。

15 [魏]王弼、[晋]韩康伯注,[唐]孔颖达疏:《周易正义》卷七《系辞上》,《十三经注疏》,170页。

16 [魏]王弼、[晋]韩康伯注,[唐]孔颖达疏:《周易正义》卷七《系辞上》,《十三经注疏》,170页。

17 [魏]王弼、[晋]韩康伯注,[唐]孔颖达疏:《周易正义》卷七《系辞上》,《十三经注疏》,170页。

18 [魏]王弼、[晋]韩康伯注,[唐]孔颖达疏:《周易正义》卷八《系辞下》,《十三经注疏》,182页。

19 朱伯崑:《易学哲学史》(修订本)第2卷,8页。

20 佟伟华:《磁山遗址的原始农业遗存及其相关的问题》,《农业考古》1984年第1期,194—207页。按:赵志军披露,有学者对磁山遗址小米遗存重新进行了植硅体的鉴定和研究,结果发现,磁山遗址出土的灰化谷物遗存含有粟和黍两种小米,但以黍为主。参见赵志军:《中国农业起源概述》,《遗产与保护研究》2019年1月第4卷,3页。

21 严文明:《中国稻作农业的起源》,《农业考古》1982年第1期,22页。

22 浙江省文物考古研究所编著:《良渚王国》,152页;李力行、柯静:《稻作文明:五千年前的"稻花香"》,杭州网,2019年7月7日。

23 王宁远:《良渚古城及外围水利系统的遗址调查与发掘》,

24 宿白、谢辰生、黄景略、张忠培：《关于良渚遗址申报世界文化遗产、标示中华五千年文明的建议》，2016年6月，未刊稿。

25 冯时：《中国古代物质文化史·天文历法》，61—69页。

26 冯时：《中国天文考古学》（第3版），122—129页。

27 [魏]王弼、[晋]韩康伯注，[唐]孔颖达疏：《周易正义》卷八《系辞下》，《十三经注疏》，181页。

28 冯时：《文明以止——上古的天文、思想与制度》，29、561—562、573—596页。

29 瑶山祭坛平面呈方形，有里外三重土色。最里面的一重土偏于东部，是一座"红土台"；第二重土为灰色土，围绕在"红土台"周围，平面呈"回"字形；在第二重土围沟的西、北、南三面，是黄褐色斑土筑成的"土台"；灰土围沟东面为自然山土。参见浙江省文物考古研究所编著：《良渚遗址群考古报告之一：瑶山》，7页。

30 冯时：《文明以止——上古的天文、思想与制度》，99—103、573—596页。

31 [魏]王弼注：《老子道德经》下篇四十二章，《二十二子》，5页。

32 [魏]王弼、[晋]韩康伯注，[唐]孔颖达疏：《周易正义》卷七《系辞上》，《十三经注疏》，166页。

33 [魏]王弼、[晋]韩康伯注，[唐]孔颖达疏：《周易正义》卷七《系辞上》，《十三经注疏》，166页。

34 [魏]王弼、[晋]韩康伯注，[唐]孔颖达疏：《周易正义》卷九《序卦》，《十三经注疏》，200页。

35 关于《老子》所言宇宙生成论，高亨阐释道："所谓一即混沌元气，二即天地，三即阴阳和三气。老子认为宇宙形成过程，最初道，道产生混沌元素，混沌元素产生天地，天地产生阴气阳气和气，阴气阳气和气产生万物。"参见高亨：《周易杂论》，37页。

36 [隋]杨上善撰注：《黄帝内经太素》卷十九《知针石》，124页。

37 [汉]刘安撰，[汉]高诱注：《淮南子》卷十三《氾论训》，《二十二子》，1265页。

38 [汉]郑玄注，[唐]孔颖达疏：《礼记正义》卷二十二《礼运》，《十三经注疏》，3087页。

39 [魏]何晏注，[宋]邢昺疏：《论语注疏》卷十七《阳货第十七》，《十三经注疏》，5487页。

40 [汉]班固撰，[唐]颜师古注：《汉书》卷二十一下《律历志第一下》，1003页。

41 [魏]王弼、[晋]韩康伯注，[唐]孔颖达疏：《周易正义》卷七《系辞上》，167页。

42 [唐]李鼎祚撰，王丰先点校：《周易集解》，120页。

43 [唐]李鼎祚撰，王丰先点校：《周易集解》，427页。

44 对此，《周易》观卦《彖》记云："观天之神道，而四时不忒。圣人以神道设教，而天下服矣。"（《十三经注疏》，73页）清《钦定书经图说》记云："为治莫大于明时，明时莫先于观象。"（卷二，8页）

45 当今学术界所说的"文明"，是指某一个地区形成了高等级复杂社会，亦即国家形态。但究其本质，实指公权力的诞生。而公权力的诞生，又是以公共服务的提供为前提。

46 冯时：《中国古代物质文化史·天文历法》，53—64页。按：关于人王与上帝相配，《礼记·郊特牲》记云："万物本乎天，人本乎祖，此所以配上帝也。"[汉]郑玄注，[唐]孔颖达疏：《礼记正义》卷二十六《郊特牲》，《十三经注疏》，3149页。

47 [汉]郑玄注，[唐]孔颖达疏：《礼记正义》卷二十六《郊特牲》，《十三经注疏》，3146页。

48 [汉]郑玄注，[唐]贾公彦疏：《周礼注疏》卷四十一《匠人》，《十三经注疏》，2005页。

49 [宋]沈括：《元刊梦溪笔谈》卷七《象数一》，18—19页。

50 [汉]司马迁：《史记》卷二十七《天官书第五》，1289页。

51 这个"一"是由"道"（也就是"无"）生出的，在这个意义上，人格化的"太一"（即上帝）就不是造物主了，它只是天子权力的给予者，这与西方作为造物主的"上帝"完全不同。意大利传教士利玛窦（Matteo Ricci）明朝万历年间来华传教，借用"上帝"一词翻译了天主教的至上神God/Deus。今人若以为"上帝"专指基督教三大派（天主教、新教、东正教）的至上神，当属误会。

52 [魏]王弼、[晋]韩康伯注，[唐]孔颖达疏：《周易正义》卷八《系辞下》，《十三经注疏》，184页。

53 [魏]王弼、[晋]韩康伯注,[唐]孔颖达疏:《周易正义》卷七《系辞上》,《十三经注疏》,168页。

54 [魏]王弼、[晋]韩康伯注,[唐]孔颖达疏:《周易正义》卷八《系辞下》,《十三经注疏》,184页。

55 王南:《规矩方圆,天地之和——中国古代都城、建筑群与单体建筑之构图比例研究》(文字版),59页。

56 《春秋元命包》,《纬书集成》,599页。

57 [汉]刘安撰,[汉]高诱注:《淮南子》卷四《地形训》,《二十二子》,1221页。

58 [隋]萧吉撰:《五行大义》卷五《第二十四论禽虫·第二者论三十六禽》,43页。

59 (日)安居香山、中村璋八辑:《纬书集成》,1090页。

60 王南:《规矩方圆,天地之和——中国古代都城、建筑群与单体建筑之构图比例研究》(文字版),59页。

61 王南:《规矩方圆,天地之和——中国古代都城、建筑群与单体建筑之构图比例研究》(文字版),63页。

62 3∶5=0.6,5∶3≈1.667,近似于0.618、1.618的黄金分割比。为直观之便,笔者以黄金分割比作图法表示3∶5比例。

63 于倬云指出:"从大明门到万岁山(景山)的总长度是5里,而从大明门到太和殿的庭院中心是3.09里,两者的比值为3.09∶5=0.618,正与黄金分割线的比值相同!这足以说明中国古代建筑中运用数字的娴熟和巧妙。"参见于倬云:《紫禁城始建经略与明代建筑考》,《故宫博物院院刊》1990年第3期,21页。

64 [清]于敏中等编纂:《日下旧闻考》卷十九《国朝宫室》,260页。

65 [宋]李诫:《营造法式》卷四《大木作制度一》,9页。

66 关于"参天两地",拙作《尧风舜雨:元大都规划思想与古代中国》乙篇第三章有详细讨论。

67 于倬云:《紫禁城建筑保护回顾与思考》,《中国宫殿建筑论文集》,118—119页。

68 王南:《规矩方圆,天地之和——中国古代都城、建筑群与单体建筑之构图比例研究》(文字版),69—70页;图版,257、259页。

69 拙作《尧风舜雨:元大都规划思想与古代中国》之乙篇第四章对此有详细分析。

70 春秋分昼夜等分,遂有中和之义。对此,《淮南子·氾论训》有云:"天地之气,莫大于和。和者阴阳调,日夜分而生物。春分而生,秋分而成,生之与成,必得和之精。"(《淮南子》卷十三《氾论训》,《二十二子》,1265页)

第三章

紫禁城的时间与空间

2016年9月，笔者应北京市城市规划设计研究院委托，完成北京城市总体规划专项课题《北京历史文化名城保护与文化价值研究》，发现北京日坛与月坛的连接线呈东西走向，与明清北京城市中轴线交会于紫禁城三大殿区域。后又通过航拍及卫星影像分析确认，日坛平面几何中心与月坛平面几何中心的连接线，与城市中轴线交会于太和殿前庭院，由此形成子午、卯酉"二绳"[1]交午格局（图3-1），这为探讨紫禁城的时空意义及其建筑制度提供了清晰线索。

　　在中国古代时空密合的方位体系中，子午卯酉配北南东西之位，各表冬至、夏至、春分、秋分（即二至二分，亦称分至）。明嘉靖九年（1530年）改制，列天地日月四坛于京师南北东西，与子午卯酉方位拴系，行四时之祭。此种制度极为古老，导源于上古观象授时之法，直溯种植农业的原点和君权架构之道，是中国古代宇宙观与时空观的重要体现，意义非同寻常。

一、汉语"中"字之义

（一）中国古代历法体系

　　考古学资料表明，中国所在地区一万年前已产生种植农业。这意味着彼时先人已初步掌握了农业时间。而对时间的精细测定与规划，则需要通过天文观测予以实现。

　　在中国古代观象授时活动中，测定节气至关重要，因为它直接服务于农业生产。众所周知，一个农业周期即一个太阳年（亦称回归年）的时长。中国传统历法以十二个朔望月为一年（一年为三百五十四天或三百五十五天），即太阴年，此为

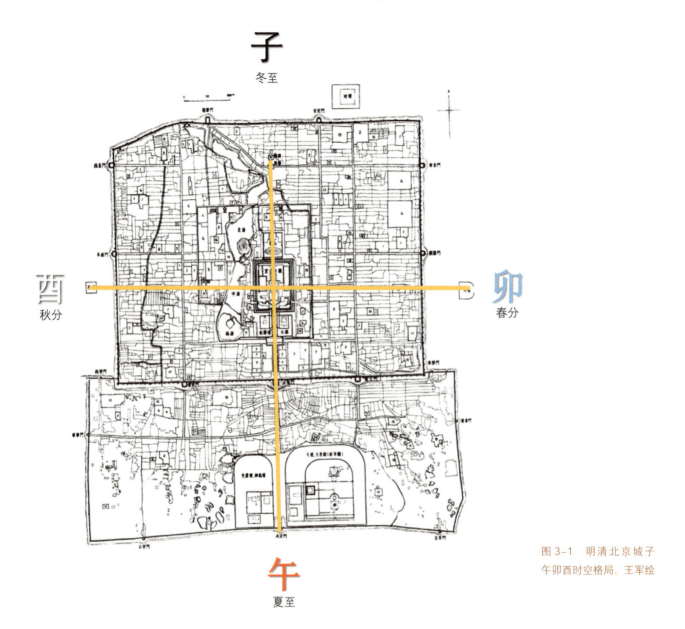

图 3-1 明清北京城子午卯酉时空格局。王军绘

阴历，不能与一个太阳年（约三百六十五又四分之一天）的周期相合。这意味着以阴历记时不能指导农业生产。为解决这一问题，先人创立了一个太阳年阳历系统，把它"挂"在阴历之上，此即二十四节气，亦称二十四气，并通过置闰协调二者周期，形成阴阳合历。

2016年，二十四节气入选联合国教科文组织人类非物质文化遗产代表作名录，其遗产价值被认定为"中国人通过观察太阳周年运动而形成的时间知识体系及其实践"[2]。

二十四节气的划分法有两种，一是将太阳年时长均分为二十四段，每段约15.22天为一个节气，³此为"平气"；二是将黄道（太阳视运动轨道）自冬至起均分为二十四段，太阳每过一个等分点即为一个节气，此为"定气"。

由于地球以椭圆形轨道绕日公转，太阳周年视运动不均匀，定气相隔的时长也就不等，冬至前后一气为十四日有余，夏至前后一气为十六日有余。定气更准确地反映了季节的变化，但与平气相差不大。为方便计算，古人多用平气。清顺治二年（1645年）颁布《时宪历》，定气才得到正式采用。⁴

二十四节气对农业生产极为重要，春播、夏管、秋收、冬藏须以之为据。确定二十四节气，必先测定二至二分，这又须以空间的测定为前提条件，因为只有借助空间才能读出时间。中国古代天文观测以地平方位为坐标体系，所以，"辨方正位"具有重要意义。

（二）"中"字所象之形

《周礼》诸官开篇即言"惟王建国，辨方正位"，把辨方正位列为头等大事，这是因为辨方正位方可定时，此事攸关农业生产、社稷安危，是天子的首要责任。

《周礼·夏官·大司马》记云：

> 大司马之职，掌建邦国之九法，以佐王平邦国。制畿封国，以正邦国。设仪辨位，以等邦国。⁵

所谓"设仪辨位"，就是通过一种仪器测定方位。对此，《周礼·考工记》的"匠人建国"篇有详细记载：

> 匠人建国，水地以县，置槷以县，眡以景。为规，识日出之景与日入之景。昼参诸日中之景，夜考之极星，以正朝夕。⁶

就是说，营建国都须先辨方正位，其方法是通过水平仪参望表杆刻度据以平整土地（图3-2，图3-3），⁷在平地上垂直竖立表杆，以表杆的基点为圆心画圆，太阳东升西落时，表杆之影与圆各有一个交点，将此二点连接，即得正东西之线，将此线的中心点与表杆的基点连接，即得正南北之线。（图3-4）夜晚再通过望筒观测北极星的运行轨迹以测定北极，即可进一步校准方位。（图2-21）

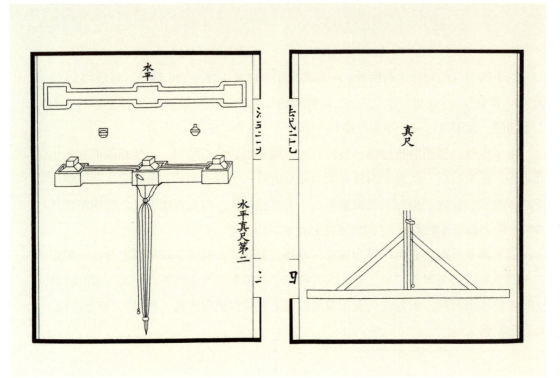

图 3-2 宋人李诫《营造法式》刊印的用于测定水平的水平仪（左）和真尺（右）。（来源：李诫《营造法式》，2006年）

《周髀算经》记载了与之相同的方法：

> 以日始出，立表而识其晷。日入复识其晷。晷之两端相直者，正东西也。中折之指表者，正南北也。[8]

《淮南子·天文训》又记：

> 正朝夕，先树一表，东方操一表却去前表十步，以参望日始出北廉。日直入，又树一表于东方，因西方之表，以参望日方入北廉，则定东方。两表之中与西方之表，则东西之正也。[9]

即先立一定表，在其东侧十步处，立一游表参望。太阳东升西没时，令游表与定表、太阳三点一线，分别标定游表的两个位置，将这两个标点连接，即得正南北之线，将此线的中心点与定表的基点连接，即得正东西之线。（图3-5）

与《周礼·考工记》"匠人建国"之法相比，这一方法可避免因表影模糊而观测不准的情况。

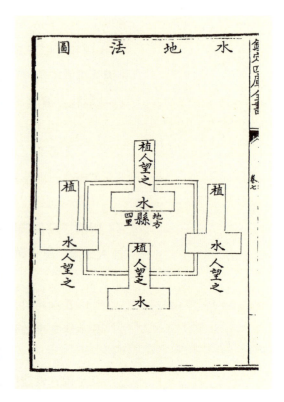

图 3-3 宋人杨甲《六经图》刊印之《水地法图》，显示在所选定的地块的四边（或四角）各立一表，用水平仪参望以确定地势水平之法（四表无水平刻度差则地势水平，否则须平整土地）。（来源：《影印文渊阁四库全书》第183册，1986年）

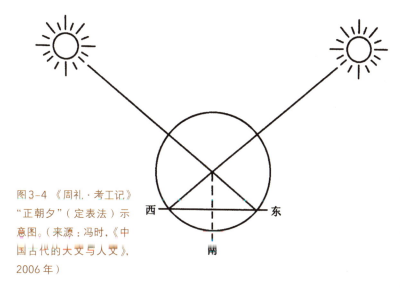

图3-4 《周礼·考工记》"正朝夕"（定表法）示意图。（来源：冯时，《中国古代的天文与人文》，2006年）

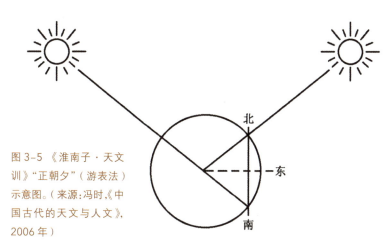

图3-5 《淮南子·天文训》"正朝夕"（游表法）示意图。（来源：冯时，《中国古代的天文与人文》，2006年）

采用以上方法，测定了四方五位——东西南北中，就可以进一步规划八方九宫，进而不断析分，设定周天历度（一个圆周的刻度），用以观测天体运行的位置以获得时间，指导农业生产。

萧良琼在《卜辞中的"立中"与商代的圭表测景》一文中，综合诸家解释指出，汉语"中"字的结构是象征着一根插入地下的杆子（杆上或带斿），一端垂直立在一块四方或圆形的地面的中心点上。"中"表示了一种最古老最原始的天文仪器——测影之表，通过杆上所附带状物，在无风的晴天，可测察杆子是否垂直（笔者按：其法见《周礼》贾公彦疏"以八绳县之，其绳皆附柱，则其柱正矣"[10]），再以杆子为中心坐标点，作圆形或方形，使它的每一边表示一个方向。这些都是对圭表测影法最简单而形象的反映。[11]

就是说，《周礼·考工记》的"匠人建国"篇记载的立表测影的表和规，是汉语"中"字所象之形，"中"表示了辨别正位定时的方法（图3-6），这是中国古代文化最为核心的知识要义，因为测定不了空间与时间，就不可能发展种植农业，农业文明更是不可能发生。

图3-6 甲骨文的"中"字。（来源：王本兴，《甲骨文字典》修订版，2014年）

中 zhōng

第三章 紫禁城的时间与空间

二、基于天文观测的时空观

在中国古代文化中，时间与空间合一，东南西北即春夏秋冬。这样的时空观源自中华先人获得时间的方法，迥异于西方，对中国古代思想艺术产生深远影响。

中国古代观象授时，概而言之，即昼测日行，夜观星象，以地平方位为坐标测定时间是最主要的方法，这衍生了时间与空间合一的观念。

（一）昼测日行

1. 立表测影

在立表测影的观测活动中，子午线是最重要的观测轴，表杆之影与子午线重合即为正午，此时表杆的影长（古人称晷长）为一日最短。

在中国所在的北半球中纬度地区，子午线上，表影最长，时为冬至；表影最短，时为夏至。观测表影在冬至与夏至两点之间游行，即可测定太阳年的时长。（图3-7至图3-13）其观测之法，见载于《周髀算经》：

> 于是三百六十五日，南极影长，明日反短，以岁终日影反长，故知之。三百六十五日者三，三百六十六日者一，故知一岁三百六十五日四分日之一，岁终也。[12]

又《后汉书·律历志》：

> 历数之生也，乃立仪、表，以校日景。景长则日远，天度之端也。日发其端，周而为岁，然其景不复，四周千四百六十一日，而景复初，是则日行之终。以周除日，得三百六十五四分度之一，为岁之日数。[13]

又《元史·历志》：

> 周天之度，周岁之日，皆三百六十有五。全策之外，又有奇分，大率皆四分之一。自今岁冬至距来岁冬至，历三百六十五日，而日行一周；凡四周，历

图3-7 河南登封告成镇"周公测景台"唐代石表。王军摄于2014年11月

图3-8 河南登封"观星台"——元代天文学家郭守敬所建高台式圭表。王军摄于2014年11月

千四百六十,则余一日,析而四之,则四分之一也。[14]

就是说,观测冬至的表影,每年的长度都不一样,历四个三百六十五天再加一天,表影的长度和第一年的相等,表明这是一个周期,把多出来的这一天析分到四个三百六十五天之中,就可确定一岁的时长为三百六十五又四分之一天。

这意味着要准确地测定太阳年的时长,至少需要四年时间,再予以校核,则需八年。这是极其繁重的工作,在夸父逐日的神话故事中有真实的反映。

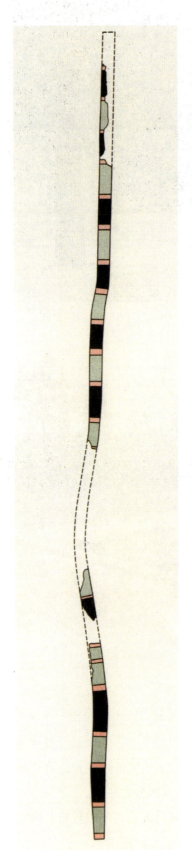

图 3-10 山西陶寺遗址 22 号墓出土的红色土圭（左）和青色土圭（右）。（来源：冯时，《文明以止——上古的天文、思想与制度》，2018 年）

图 3-11 东汉铜制圭表。（来源：中国社会科学院考古研究所，《中国古代天文文物图集》，1980 年）

图 3-9 山西陶寺遗址（距今约四千年）22 号墓出土的漆表。（来源：冯时，《文明以止——上古的天文、思想与制度》，2018 年）

图 3-12 清光绪《钦定书经图说》刊印之《夏至致日图》，显示羲叔在夏至日用土表测度日影。（来源：孙家鼐等，《钦定书经图说》，1997年）（左）

图 3-13 婆罗洲某部落的两个人在夏至日使用表杆和土圭这两种仪器测量日影长度。（来源：李约瑟，《中国科学技术史》第四卷《天学》第一分册，1975年）（右）

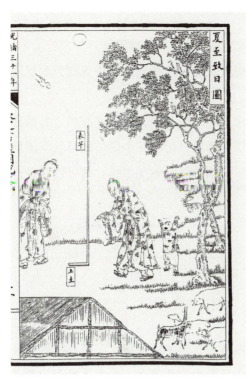

《山海经·海外北经》记：

> 夸父与日逐走，入日。渴欲得饮，饮于河渭，河渭不足，北饮大泽。未至，道渴而死。弃其杖，化为邓林。[15]

又《山海经·大荒北经》：

> 大荒之中，有山名曰成都，载天。有人珥两黄蛇，把两黄蛇，名曰夸父。后土生信，信生夸父。夸父不量力，欲追日景，逮之于禺谷。将饮河而不足也，将走大泽，未至，死于此。[16]

又《列子·汤问》：

> 夸父不量力，欲追日影，逐之于隅谷之际。渴欲得饮，赴饮河、渭。河、渭不足，将走北饮大泽。未至，道渴而死。弃其杖，尸膏肉所浸，生邓林。邓林弥广数千里焉。[17]

第三章 紫禁城的时间与空间

夸父逐日是"欲追日影",也就是测量日影。夸父为此日日操劳,甚至献出生命。这一则神话故事,保留了上古观象授时的记忆,其中的艰辛不难想象。[18]

测定了太阳年的周期,再将其析分,便可确定春分与秋分,进而规划分至启闭八节、二十四节气。

成书于西汉初期的《周髀算经》记有二十四节气的晷长,两汉之际的《易纬通卦验》对此亦有记载,但都不是实测数据。[19] 现知最早记录二十四节气晷长实测数据的,是东汉的四分历。[20] 测定了某一地区二十四节气的标准晷长,就可以在任意一天,通过立表测影,探查节气。

在立表测影的活动中,夏至正午表影最短,靠南;冬至正午表影最长,靠北;春分太阳正东而起,正西而落,秋分亦然。(图3-14)这样,东南西北就成为春夏秋冬的授时方位,就衍生东南西北即春夏秋冬、时间与空间合一的观念。

对此,冯时在《中国古代的天文与人文》一书中指出:

> 当四正方位建立之后,古人通过长期的实践便不难懂得,一年之中惟春分与秋分二日,太阳东升和西落的方向是在正东正西的端线上;而夏至时太阳的视位置很高,日中时日影最短;冬至时太阳的视位置很低,日中时日影最长。于是人们渐渐习惯于用东、西、南、北四正方位寓指春分、秋分、夏至和冬至四气,因此,四方既有方位的含义,同时也具有了四气的含义,反之亦然,时间与方

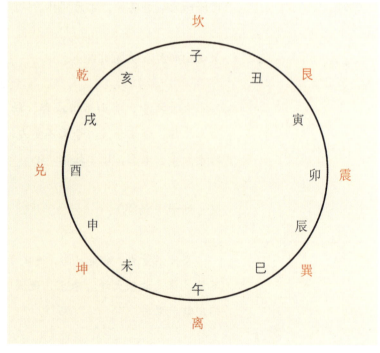

图3-14 2019年秋分从故宫西华门门洞观太阳正西而落。王军摄(左)

图3-15 十二地支、八卦方位图。王军绘(右)

位的概念在此得到了统一。[21]

这样的时空观，源自观象授时的生产实践，极为朴素。

2. 测日出日没

《周髀算经》记云：

> 冬至昼极短，日出辰而入申，阳照三，不覆九，东西相当正南方；夏至昼极长，日出寅而入戌，阳照九，不覆三，东西相当正北方。日出左而入右，南北行。故冬至从坎，阳在子，日出巽而入坤，见日光少，故曰寒；夏至从离，阴在午，日出艮而入乾，见日光多，故曰暑。[22]

赵爽《注》：

> 分十二辰于地所圆之周，合相去三十度十六分度之七。子午居南北，卯酉居东西。日出入时立一游仪以望中央表之晷，游仪之下即日出入。[23]

古人以三百六十五又四分之一度为一个圆周的度数，合一岁时长，称周天历度，[24] 以十二地支（即十二辰）将其等分（图3-15），相邻两个地支之间的度数为"三十度十六分度之七"[25]。

"立一游仪以望中央表之晷"，即前引《淮南子·天文训》所记辨方正位之法，以此测日出日没，则冬至日照角度最低，太阳从东南方的辰位（八卦的巽位）出、西南方的申位（八卦的坤位）没；夏至日照角度最高，太阳从东北方的寅位（八卦的艮位）出、西北方的戌位（八卦的乾位）没。

冬至之时，太阳普照南方的三个方位（巳、午、未），不能普照其北的九个方位（子、丑、寅、卯、辰、申、酉、戌、亥），此即"阳照三，不覆九"；夏至之时，太阳不能普照北方的三个方位（亥、子、丑），能够普照其南的九个方位（寅、卯、辰、巳、午、未、申、酉、戌），此即"阳照九，不覆三"。

关于"冬至从坎，阳在子"，赵爽《注》：

> 冬至十一月，斗建子位在北方，故曰从坎。坎亦北也，阳气所始起，故曰在子。[26]

关于"夏至从离,阴在午",赵爽《注》:

> 夏至五月,斗建午位南方,故曰离;离亦南也,阴气始生,故曰在午。[27]

在《周易》八卦与地支方位中,坎与子配正北之位,离与午配正南之位。

初昏时,北斗指子(斗建子位),即指向北方的坎位,时为冬至。冬至阳气始生(冬至之后,昼渐长,夜渐短),所以,"阳在子"。

初昏时,北斗指午(斗建午位),即指向南方的离位,时为夏至。夏至阴气始生(夏至之后,昼渐短,夜渐长),所以,"阴在午"。[28]

《尚书·尧典》记春分"寅宾出日,平秩东作",夏至"平秩南讹",秋分"寅饯纳日,平秩西成",冬至"平在朔易",[29] 都是通过观察太阳出没的位置测定时间。

冯时考证,"寅宾出日,平秩东作"是指春分之时,迎接东升的太阳,观测东方地平线上依次升起的星宿;"平秩南讹"是指夏至之时,太阳于东方极北之点升起,尔后向南方转行;"寅饯纳日,平秩西成"是指秋分之时,为落日送行,观测依次没入西方地平线的星宿;"平在朔易"是指冬至之时,太阳于东方极南之点升起,尔后向北转行。[30]

观察太阳出没的位置,是较为简易的测定分至之法,却不能像立表测影那样,精确地测定三百六十五又四分之一天的太阳年时长,当是更为原始的观测方法。

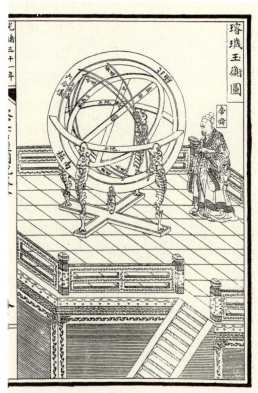

图3-16 清光绪《钦定书经图说》刊印之《璇玑玉衡图》,描绘帝舜通过浑仪观象授时。(来源:孙家鼐等,《钦定书经图说》,1997年)

(二)夜观星象

夜观星象,即《尚书·尧典》所记"历象日月星辰,敬授人时"[31]。这是更加精细的观测方法,须设定周密的地平坐标与天球坐标,具备相应的数学知识。(图3-16)

《周髀算经》记周公问商高:

> 窃闻乎大夫善数也,请问古者包牺立周天历度,夫天不可阶而升,地不可得尺寸而度,请问数安从出?[32]

赵爽《注》:

> 包牺三皇之一，始画八卦。以商高善数，能通乎微妙，达乎无方，无大不综，无幽不显。闻包牺立周天历度，建章蔀之法。《易》曰："古者包牺氏之王天下也，仰则观象于天，俯则观法于地。"此之谓也。[33]

这是说，早在上古三皇时代，包牺（即伏羲）就设定了周天历度，也就是天球坐标，用以观象授时。

在三百六十五又四分之一度的周天历度中，[34] 每天在固定的时间（古人多在昏旦二时观测，以初昏为主）观测恒星，会发现其日行一度，这是地球的自转和公转所引发的视运动使然。对此，《尚书考灵曜》记云：

> 周天三百六十五度四分度之一，而日日行一度，则一期三百六十五日四分度之一。[35]

又《尔雅》邢昺《疏》：

> 诸星之转，从东而西，凡三百六十五日四分日之一，星复旧处。星既左转，日则右行，亦三百六十五日四分日之一，至旧星之处。即以一日之行而为一度，计二十八宿一周天，凡三百六十五度四分度之一，是天之一周之数也。天如弹丸，围圜三百六十五度四分度之一。[36]

先人发现，分布于天球赤道和太阳黄道一带的二十八组恒星，即二十八宿，与北斗、北极星等拱极星拴系，是理想的观测对象，遂建立二十八宿天球坐标体系，发展出多种观测方法。

昏旦之时，通过地平方位测定二十八宿、拱极星的运行位置，或以二十八宿为天球坐标，观测日月五星的运行位置，都可以获得时间。主要方法包括：

（1）观测南中天星象。这是中国古代特有的观测方法。

（2）观测天球中央的紫微垣星象。主要是观测北斗的指向，这也是中国古代特有的观测方法。

（3）观测地平线及偕日星象。这是中国与西方通用的观测方法。

（4）观测月亮、五星。这是相对次要的方法。

在以上四种方法中，第一、二种方法，是中国古代观象授时的主要方法。

兹将《吕氏春秋·十二月纪》《礼记·月令》《大戴礼记·夏小正》《淮南子·时则训》记录的天文观测资料列表如下，再加以讨论。

表3–1 先秦西汉典籍天文记录略览[37]

观测法	南中天观测				偕日观测			地平线观测	北斗观测	
史籍 夏历月	吕氏春秋	礼记·月令	大戴礼记·夏小正	淮南子·时则训	吕氏春秋	礼记·月令	大戴礼记·夏小正	大戴礼记·夏小正	大戴礼记·夏小正	淮南子·时则训
孟春正月	昏参中,旦尾中	昏参中,旦尾中	初昏参中	昏参中,旦尾中	日在营室	日在营室		鞠则见	斗柄县在下	招摇指寅
仲春二月	昏弧中,旦建星中	昏弧中,旦建星中		昏弧中,旦建星中	日在奎	日在奎				招摇指卯
季春三月	昏七星中,旦牵牛中	昏七星中,旦牵牛中		昏七星中,旦牵牛中	日在胃	日在胃		参则伏		招摇指辰
孟夏四月	昏翼中,旦婺女中	昏翼中,旦婺女中	初昏南门正	昏翼中,旦婺女中	日在毕	日在毕		昴则见		招摇指巳
仲夏五月	昏亢中,旦危中	昏亢中,旦危中	初昏大火中	昏亢中,旦危中	日在东井	日在东井		参则见		招摇指午
季夏六月	昏心中,旦奎中	昏火中,旦奎中		昏心中,旦奎中	日在柳	日在柳			初昏斗柄正在上	招摇指未
孟秋七月	昏斗中,旦毕中	昏建星中,旦毕中		昏斗中,旦毕中	日在翼	日在翼		初昏织女正东乡	斗柄县在下则旦	招摇指申
仲秋八月	昏牵牛中,旦觜觽中	昏牵牛中,旦觜觽中	参中则旦	昏牵牛中,旦觜觽中	日在角	日在角		辰则伏		招摇指酉
季秋九月	昏虚中,旦柳中	昏虚中,旦柳中		昏虚中,旦柳中	日在房	日在房	内火,辰系于日			招摇指戌
孟冬十月	昏危中,旦七星中	昏危中,旦七星中	织女正北乡则旦	昏危中,旦七星中	日在尾	日在尾		初昏南门见		招摇指亥
仲冬十一月	昏东壁中,旦轸中	昏东壁中,旦轸中		昏壁中,旦轸中	日在斗	日在斗				招摇指子
季冬十二月	昏娄中,旦氐中	昏娄中,旦氐中		昏娄中,旦氐中	日在婺女	日在婺女				招摇指丑

1. 二十八宿观测

由于地球自转并绕日公转,初昏时,通过地平方位观测,二十八宿诸星渐次移行,即可据此测定时间。

为便于观测,古人在春分的初昏,根据地平方位,将二十八宿分为四个部分,分别名之为"东宫苍龙""南宫朱雀""西宫白虎""北宫玄武"。[38] 根据岁差计算,完成四宫规划是在六千年前。[39]（图3–17）

规划了二十八宿四宫,以此对应地平方位,就可以通过地平方位观测四宫的移行,获得时间。

（1）东宫苍龙观测

在二十八宿四宫之中,东宫苍龙是最主要的观测对象。

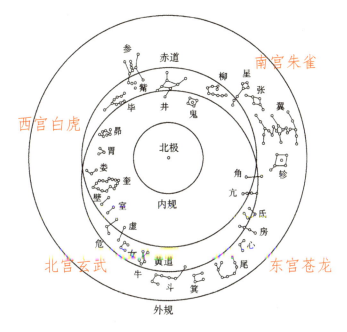

图 3-17 东汉二十八宿星官图。四宫名称为王军添注。（底图来源：冯时，《中国天文考古学》，2017 年）

初昏之时，东宫苍龙位于东方即春，移行至南方即夏，移行至西方即秋，移行至北方即冬，回到东方即为一岁。（图 3-18）

《周易》乾卦记录了东宫苍龙初昏时移行的六个位置，对应了六个节气，此即"时乘六龙以御天"[40]。

冯时考证，甲骨文、金文的"龙"字所象之形，就是东宫苍龙七宿。（图 3-19）[41] 乾卦爻辞所记六龙，实为四千年前初昏的授时天象。

图 3-18 南宋马和之（传）《豳风图》卷绘有观测"七月流火"（东宫苍龙的心宿二即大火星于七月初昏西斜流下）的场景。（来源：故宫博物院）

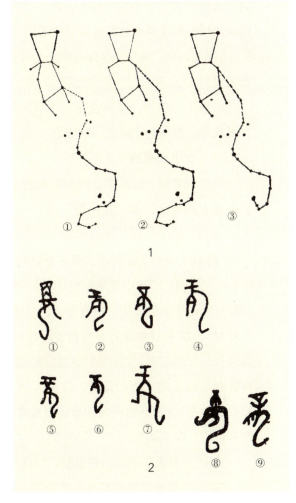

图 3-19 冯时绘苍龙之象构想图与甲骨文及金文"龙"字：1.苍龙之象构想图三种；2.甲骨文及金文"龙"字，①—⑦为甲骨文，⑧—⑨为金文。（来源：冯时，《中国早期星象图研究》，1990 年）

第三章 紫禁城的时间与空间

其中，初九"潜龙"，为秋分东宫苍龙隐入地下的天象；九二"见龙在田"，即"二月二，龙抬头"，为立春之后东宫苍龙的角宿从地平线上升起的天象；九四"或跃在渊"，为春分东宫苍龙毕现东方的天象；九五"飞龙在天"，为立夏之后东宫苍龙昏中天的天象；上九"亢龙"，为夏至东宫苍龙西斜流下的天象；用九"群龙无首"，为立秋之后日躔东宫苍龙的"龙首"——角、亢二宿的天象；九三"君子终日乾乾，夕惕若厉，无咎"，则表现了先人在授时活动中对东宫苍龙的观测。

坤卦爻辞则记录了四千年前东宫苍龙的房宿在黎明时的运行位置，及其所提示的时间与用事制度。

其中，初六"履霜，坚冰至"，指房宿朝见，时为霜降，此后隆冬盛寒渐至；六二"直方，大不习，无不利"，指房宿旦中天，时为冬至，占事无须习卜，无有不利；六四"括囊，无咎无誉"，指冬至当行闭藏之令；六五"黄裳，元吉"，指春分祭社，其时房宿晨伏西方；上六"龙战于野，其血玄黄"，描述的是黎明日躔房宿（太阳位于房宿）的天象，时值秋分，须祭社报功；用六"利永贞"，意为东宫苍龙终而复始，天行有常，卜事利于长久；六三"含章可贞，或从王事，无成有终"，则阐释了因观象授时制度所导致的地载万物的用事结果，体现了乾主坤顺的易理。[42]

《说文》释"龙"："春分而登天，秋分而潜渊。"[43] 这是春分与秋分东宫苍龙的标准星象。

在地平方位中，东宫苍龙在东南西北指示着春夏秋冬，这也催生了东南西北即春夏秋冬、时间与空间合一的观念。

（2）南中天观测

南中天观测，即昏旦二时仰望南方天空，观测运行至天球子午线上的星宿（称"昏中星"或"旦中星"），以获得时间。（图3-20）

《尚书·尧典》记载了二至二分观测昏中星的授时方法（图3-21），[44] 包括："日中星鸟以殷仲春"，即南宫朱雀的张宿初昏时运行至南中天的位置，昼夜等分，时为春分；[45] "日永星火以正仲夏"，即东宫苍龙的心宿初昏时运行至南中天的位置，白昼最长，时为夏至；"宵中星虚以殷仲秋"，即北宫玄武的虚宿初昏时运行至南中天的位置，昼夜等分，时为秋分；"日短星昴以正仲冬"，即西宫白虎的昴宿初昏时运行至南中天的位置，白昼最短，时为冬至。

其中，"日永"表示白昼最长，"日短"表示白昼最短，"日中""宵中"都表示昼夜等分。昼为阳，夜为阴，春为阳，秋为

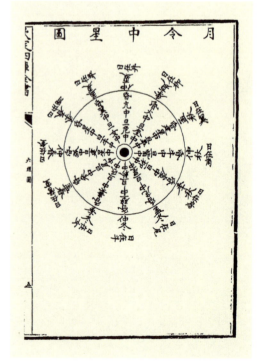

图3-20 宋人杨甲《六经图》刊印之《月令中星图》，显示十二月昏旦中星与日躔情况。（来源：《影印文渊阁四库全书》第183册，1986年）

图3-21 《尚书·尧典》以昏中天星象测二至二分示意图。王军绘。（底图来源：冯时，《中国天文考古学》，2017年）

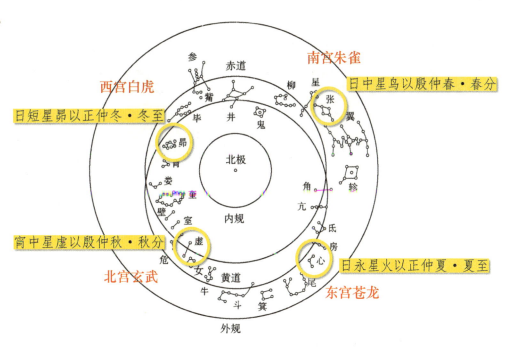

图3-22 北周庾季才原撰、宋王安礼等重修《灵台秘苑》刊印之《紫微垣图》。（来源：《影印文渊阁四库全书》第807册，1986年）

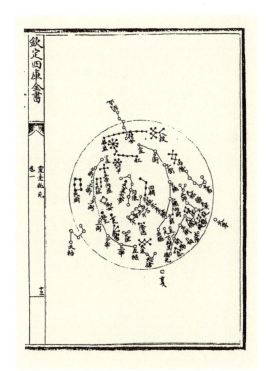

阴，以"日中"表示春分，以"宵中"表示秋分，合于阴阳之义。

通过观测南中天星象获得时间，明确用事制度，据以施政，就是《周易·说卦》所说的"圣人南面而听天下，向明而治"[46]。

这就衍生了南面为君、北面为臣的政治制度，因为观象授时是君王的责任，他须面向南方观测，其臣僚须朝向北方面对着他，听从其指令。[47]

2. 紫微垣观测

二十八宿所拱绕的天球中央之区，即紫微垣（图3-22），又称中宫、紫宫。其中的北斗和北极星皆具有授时意义，北斗是最为重要的授时天体。

（1）北斗观测

《淮南子·天文训》记云：

紫宫执斗而左旋，日行一度，以周于天，……反复三百六十五度四分度之一，而成一岁。[48]

又《史记·天官书》：

斗为帝车，运于中央，临制四乡，分阴阳，建四时，均五行，

第三章 紫禁城的时间与空间

图 3-23 山东嘉祥东汉武氏祠北斗帝车石刻画像。(来源:巴黎大学北京汉学研究所,《汉代画像全集·二编》,1951 年)

移节度,定诸纪,皆系于斗。[49]

紫微垣偕北斗周行于天,日行一度,历三百六十五又四分之一度,星回于天,而成一岁,即可据此授时。

在先人看来,上帝常居天中北极,其附近的北斗,就是上帝的车驾。(图 3-23)上帝乘北斗巡天,在东南西北指示着时间,主宰着万民的生养。析分阴阳,测定四时,均齐五行,推移节气,制定纲纪,都需要根据北斗的指示。

《史记·天官书》:"杓携龙角。"[50] 北斗的斗杓与东宫苍龙的角宿拴系,北斗所指即苍龙所在。(图 3-24)

与观测东宫苍龙相比,观测北斗更为方便。在北半球中纬度地区,北斗位于北极恒显圈,四时可见,当东宫苍龙没入地下之时,北斗依然指示着时间,十分便于观

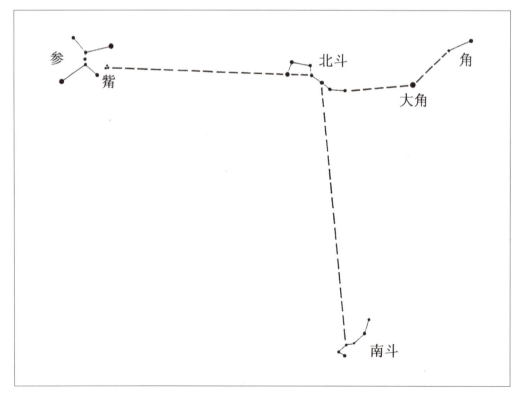

图 3-24 北斗拴系二十八宿示意图,显示《史记·天官书》所记"杓携龙角,衡殷南斗,魁枕参首",即北斗的斗杓与东宫苍龙的龙角拴系,玉衡与北宫玄武的斗宿拴系,斗魁与西宫白虎的参宿拴系。(来源:冯时,《中国天文考古学》,2017 年)

测,遂成为授时主星。

《鹖冠子·环流》记云:

> 斗柄东指,天下皆春;斗柄南指,天下皆夏;斗柄西指,天下皆秋;斗柄北指,天下皆冬。[51]

北斗与东宫苍龙一样,在东南西北指示着春夏秋冬,这也催生东南西北即春夏秋冬、时间与空间合一的观念。

如果将地平方位均分为一圆周二十四个"刻度",如罗盘的二十四山,于初昏观测,北斗每十五天就会移指一"山"的中央,即可据此测定二十四节气。(图3-25)

《淮南子·天文训》记录了北斗指示二十四节气的观测方法,如下表。

表3-2 《淮南子·天文训》记北斗指示二十四节气表[52]

北斗每十五天所指方位	北斗所指节气
斗指子	冬至
加十五日指癸	小寒
加十五日指丑	大寒
加十五日指报德之维	立春
加十五日指寅	雨水
加十五日指甲	惊蛰
加十五日指卯	春分
加十五日指乙	清明
加十五日指辰	谷雨
加十五日指常羊之维	立夏
加十五日指巳	小满
加十五日指丙	芒种
加十五日指午	夏至
加十五日指丁	小暑
加十五日指未	大暑
加十五日指背阳之维	立秋
加十五日指申	处暑
加十五日指庚	白露
加十五日指酉	秋分
加十五日指辛	寒露
加十五日指戌	霜降
加十五日指蹄通之维	立冬
加十五日指亥	小雪
加十五日指壬	大雪

在这样的授时体系中，北斗如同时间的指针，地平方位如同时间的"刻度"，所有的空间，都被北斗赋予时间的意义，这对中国古代营造制度产生极为深刻的影响，在紫禁城与明清北京城的规划设计中有着极为经典的体现，详见后文。

（2）北极星观测

古人通过最靠近北极的一颗恒星标识北极，称它为北极星。

北极星虽然十分靠近北极，却与其他恒星一样，都围绕着北极做旋周运动，如《吕氏春秋·有始览》所记："极星与天俱游，而天枢不移。"[53]

《周髀算经》更加详细地记录了彼时北极星围绕北极运行的情况：

> 欲知北极枢璇周四极，常以夏至夜半时，北极南游所极；冬至夜半时，北游所极；冬至日加酉之时，西游所极；日加卯之时，东游所极。此北枢璇玑四游，正北极枢璇玑之中，正北天之中，正极之所游。[54]

《周礼正义》孙诒让《疏》：

> 《周髀》之说与《吕览》正同。璇玑者，即极星，故《续汉志注》引《星经》云，"璇玑谓北极星也"，《尚书大传》云"璇玑谓之北极"，是也。北极枢

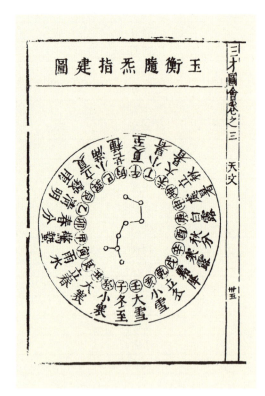

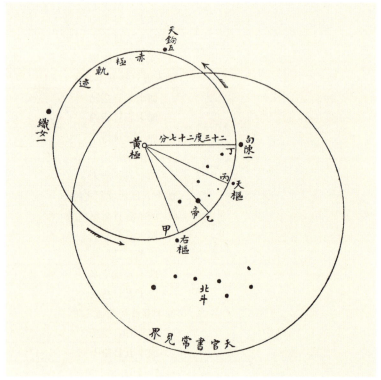

图 3-25 明人王圻、王思义《三才图会》刊印之《玉衡随气指建图》，显示北斗初昏在二十四山方位指示二十四节气。（来源：王圻、王思义，《三才图会》，1988 年）（左）

图 3-26 赤极绕黄极之岁差图。（来源：朱文鑫，《史记天官书恒星图考》，1934 年）（右）

者,即天极也。然则极星绕极四游,非不移者。其不移者,乃天极耳。[55]

《周髀算经》所说的"北极枢",就是《吕氏春秋》所说的"天枢",指北极;《周髀算经》所说的"北极",就是《吕氏春秋》所说的"极星",指北极星。

北极星围绕北极旋转,就是"璇周四极""璇玑四游",北极岿然不动,所以说"极星与天俱游,而天枢不移"。

北极星夏至子时,移行于午位,这就是"夏至夜半时,北极南游所极";冬至子时,移行于子位,这就是"冬至夜半时,北游所极";冬至酉时,移行于西位,这就是"冬至日加酉之时,西游所极";冬至卯时,移行于卯位,这就是"日加卯之时,东游所极"。它指示着冬至与夏至。

其测定之法,是垂直立表,从表首引绳参望,令北极星、表首、引绳着地点三点一线,即"冬至日加酉之时,立八尺表,以绳系表颠,希望北极中大星,引绳致地而识之。又到旦明日加卯之时,复引绳希望之,首及绳致地而识"[56],以此测定北极星移行的位置。

由于地球的赤道面向外凸起,天体移行至赤道一线时,对地球产生更大的吸引力,导致地球的北极绕黄极缓慢移行,约两万五千八百年移行一周,这使得靠近北极的恒星渐次变换(图3-26),北极星不断更替,这就是岁差现象。[57]

陈遵妫根据岁差推算,列出北极星表,显示公元前1097年的周公时代,帝星最靠近北极,[58]得出结论:"周秦时代,以帝星为极星,《史记·天官书》所载'其一明者'就是它。"[59]

由此可知,《周髀算经》所记"璇玑四游"的北极星,就是这颗帝星。

3. 日月五星观测

(1) 测日躔之位

建立了二十八宿天球坐标体系,就可以此为背景,观测日月五星的移行位置,以获得时间。

太阳的视运动黄道与月亮围绕地球公转的白道,都在二十八宿恒星带内。古人将二十八宿视为太阳与月亮的驿站,称"二十八舍"[60]。

在黄道上,太阳约日行一度,移行一周即为一岁。这样,就可以通过观测太阳在二十八宿中的位置,获得时间。这种观测方法,古人称为日躔。(图3-20,图3-27)

《礼记·月令》:"孟春之月,日在营室","仲春之月,日在奎","季春之月,日在胃","孟夏之月,日在毕","仲夏之月,日在东井","季夏之月,日在柳","孟秋之月,日在翼","仲秋之月,日在角","季秋之月,日在房","孟冬之月,日在尾",

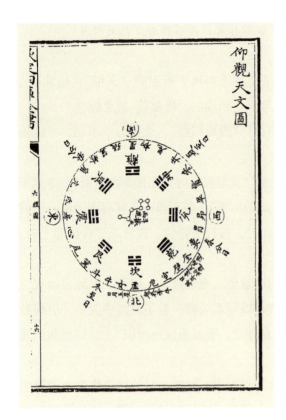
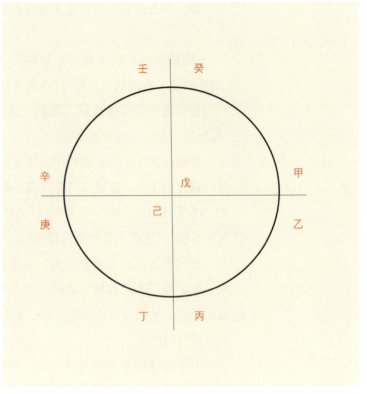

"仲冬之月,日在斗","季冬之月,日在婺女",[61]记录的是太阳一年十二个月在二十八宿中的位置,也就是日躔,以此授时。

古人以南方的午位为正朝向,以北方的子位为方位的起始点。面向南方,从身后的子位开始,则"天左旋,地右动"[62],以左行为顺,右行为逆。

在二十八宿坐标体系中,太阳呈右行之势,有逆行之忌。所以,在中国古代,观测日躔,没有像西方那样,成为主要的授时方式。

(2)测月相月离

东汉魏伯阳《参同契》记录了一种在天干方位(图3-28)中观测月相记时的方法,称"月体纳甲"[63],有谓:

> 三日出为爽,震庚受西方;八日兑受丁,上弦平如绳;十五乾体就,盛满甲东方;蟾蜍与兔魄,日月气双明;蟾蜍视卦节,兔者吐生光;七八道已讫,屈折低下降;十六转受统,巽辛见平明;艮直于丙南,下弦二十三;坤乙三十日,东北丧其朋;节尽相禅与,继体复生龙;壬癸配甲乙,乾坤括始终。[64]

就是说,每月三日初昏,月亮从西方的庚位升起,状若蛾眉,如同一阳初生的

图3-27 宋人杨甲《六经图》刊印之《仰观天文图》,显示春分日躔娄、胃二宿,夏至日躔参、井二宿,秋分日躔轸、角二宿,冬至日躔斗、牛二宿。(来源:《影印文渊阁四库全书》第183册,1986年)(左)

图3-28 天干方位图。王军绘(右)

震卦☳；每月八日初昏，月亮行至南方的丁位，其上弦月的形象，如同二阳一阴的兑卦☱；每月十五日初昏，月亮行至东方的甲位，其望月的形象，如同三爻皆阳的乾卦☰；每月十六日黎明，月亮从西方的辛位升起，如同一阴初生的巽卦☴；每月二十三日黎明，月亮行至南方的丙位，其下弦月的形象，如同二阴一阳的艮卦☶；每月三十日黎明，月亮行至东方的乙位与太阳重合，其晦月形象，如同三爻皆阴的坤卦☷。

月亮在每个月的不同时段，显现不同的形象，出没于不同的方位，即可据此授时。

在二十八宿坐标体系中，月亮约日行一宿，其所在位置称月离，观测月离也可获得时间。

《周礼·春官·冯相氏》记云：

> 冬夏致日，春秋致月，以辨四时之叙。[65]

郑玄《注》：

> 冬至，日在牵牛，景丈三尺；夏至，日在东井，景尺五寸，此长短之极。极则气至，冬无愆阳，夏无伏阴，春分日在娄，秋分日在角，而月弦于牵牛、东井，亦以其景知气至不。春秋冬夏气皆至，则是四时之叙正矣。[66]

贾公彦《疏》：

> 春分日在娄，其月上弦在东井，圆于角，下弦于牵牛；秋分日在角，上弦于牵牛，圆于娄，下弦东井。[67]

就是说，春分之时，太阳位于娄宿，上弦月位于东井，望月位于角宿，下弦月位于牛宿；秋分之时，太阳位于角宿，上弦月位于牛宿，望月位于娄宿，下弦月位于东井。

这是观测月亮在二十八宿中的位置获得时间的方法。[68]

（3）测五星之位

二十八宿诸宿距度不一，不能等分一周天。古人便在其基础之上，将天球赤道等分为十二份，称"十二次"，将二十八宿配列其中，形成更加系统的坐标体系（表3-3），[69]这为行星的观测带来便利。（图3-29）

甲　观测木星

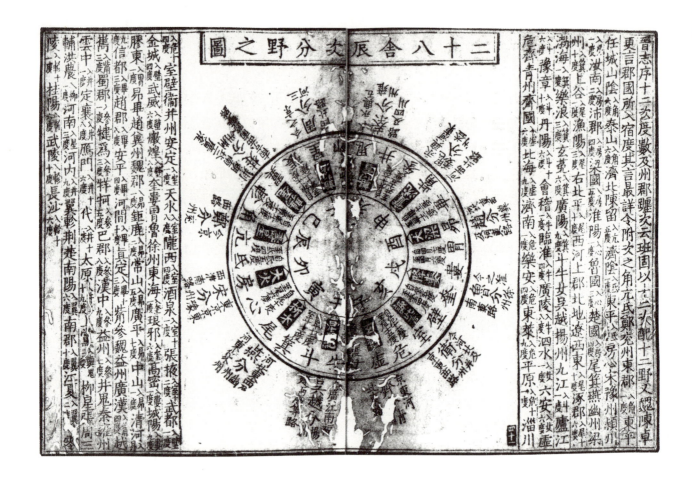

图 3-29 《二十八舍辰次分野之图》（来源：《宋本历代地理指掌图》，1989 年）

古人以十二次为坐标观察，发现木星一年约移行一次，十二年约移行一周，遂称木星为岁星，以木星所行之次纪年，称岁星纪年。

在十二次中，木星自西向东移行，有逆行之忌，其围绕地球的公转周期为 11.86 年，不能尽合十二年，以此纪年，又存在误差。

为解决这个问题，古人虚拟了一个自东向西顺行的天体，称太岁，将十二地支与十二次相配，称十二辰（表 3-3）。令太岁一年移行一辰，十二年移行一周，以此纪年，称太岁纪年。

乙　观测土星

《史记·天官书》："历斗之会以定填星之位。"《索隐》引晋灼曰："常以甲辰之元始建斗，岁填一宿，二十八岁而周天。"[70]《淮南子·天文训》："镇星以甲寅元始建斗，岁镇行一宿。"[71]

填与镇通，填星即镇星，就是土星。土星围绕地球的公转周期为 29.46 年，每年在二十八宿中约移行一宿，这就是"岁镇行一宿"，可以此授时。

《淮南子》所记"甲寅元始"与《索隐》所引"甲辰元始"异。查《易纬乾凿度》："历元无名，推先纪曰甲寅。"[72]《春秋命历序》："设元岁在甲寅。"[73] 当以"甲寅元始"为是。这是古人修订历法时所推定的历元。

丙　观测金星

《史记·天官书》:"察日行以处位太白","其大率,岁一周天"。[74]《索隐》:"太白晨出东方曰启明,故察日行以处太白之位也。"又引《韩诗》云:"太白晨出东方为启明,昏见西方为长庚。"[75]

太白即金星,是太阳系第二靠近太阳的行星,因其近日,与日偕行,所以与太阳一样,在二十八宿之中,经过一年的移行,回到同一个星宿的位置,即"其大率,岁一周天"。

丁　观测水星

《史记·天官书》:"察日辰之会,以治辰星之位。"《索隐》引宋均曰:"辰星正四时之位,得与北辰同名也。"[76]

辰星即水星,是太阳系最靠近太阳的行星,可根据它测定日躔。《淮南子·天文训》记云:

> 辰星正四时,常以二月春分效奎、娄;……以五月夏至效东井、舆鬼;以八月秋分效角、亢;以十一月冬至效斗、牵牛。[77]

这是说,水星在春分时,位于奎、娄二宿;夏至时,位于井、鬼二宿;秋分时,位于角、亢二宿;冬至时,位于斗、牛二宿。皆贴近日躔之位,可据此测定分至。

戊　观测火星

《淮南子·天文训》:"太白元始,以正月甲寅,与荧惑晨出东方。"[78]荧惑就是火星,它与太阳同时在东方升起,日月五星一线相直,同起牵牛初度之时,就是古人所推求的理想中的历元。

综上所述,中国古代观象授时的主要方法,是通过地平方位观测天体移行的位置以获得时间,在立表测影和对东宫苍龙、北斗的观测中,东南西北皆为春夏秋冬的授时方位,这三种观测之法是中国古代观象授时最主要的方法,这就衍生了东南西北即春夏秋冬、时间与空间合一的观念,形成中国古代文化特有的时空观。

(三)东西方时空观的差异

与中国不同,欧洲古代观象授时的主要方式是在对应二十八宿的黄道十二宫坐标体系中观测太阳的移行位置以获得时间(如同中国的日躔观测),其方法源出古巴比伦,是将二十八宿恒星带等分为十二个星座,称黄道十二宫(与中国的十二次相

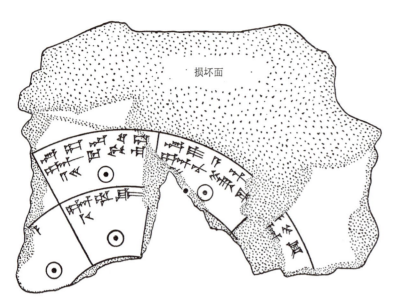

图 3-30 巴比伦平面球形星图（约公元前 1200 年）的一部分。（来源：李约瑟，《中国科学技术史》第四卷《天学》第一分册，1975 年）

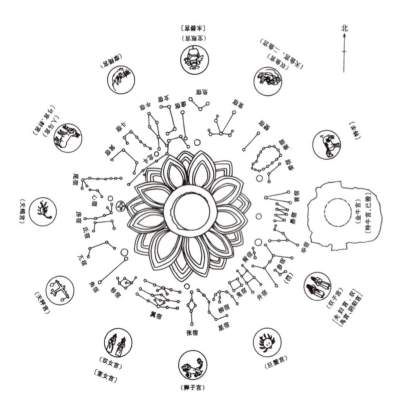

图 3-32 河北宣化辽天庆六年（1116 年）张世卿墓（M1）后室室顶星象图，由内向外分布二十八宿、黄道十二宫图案，融合了东方与西方两种天文观测体系。（来源：河北省文物研究所，《宣化辽墓：1974—1993 年考古发掘报告》，2001 年）

图 3-31 大英博物馆藏约公元前 1100 年的美索不达米亚界石，中央部分是黄道十二宫的天蝎和狮子星座图案，顶部为金星、月亮和太阳图案。（来源：米歇尔·霍斯金，《剑桥插图天文学史》，2003 年）

似，表3-3）。以此为坐标观测，会发现太阳每个月移行一宫，移行十二宫即为一岁。
（图3-30至图3-32）

在这样的观测体系中，时间与地平方位脱离了联系，就不会产生时间与空间合一的观念。此种时空观差异，对东西方思想艺术产生了根本影响。

表3-3 中国与欧洲黄赤道天区规划略览[79]

中国			欧洲
十二次	十二辰	二十八宿	十二宫
星纪	丑	初：斗12度；中：牵牛初；终：婺女7度	摩羯
玄枵	子	初：婺女8度；中：危初；终：危15度	宝瓶
诹訾	亥	初：危16度；中：营室14度；终：奎4度	双鱼
降娄	戌	初：奎5度；中：娄4度；终：胃6度	白羊
大梁	酉	初：胃7度；中：昴8度；终：毕11度	金牛
实沈	申	初：毕12度；中：井初；终：井15度	双子
鹑首	未	初：井16度；中：井31度；终：柳8度	巨蟹
鹑火	午	初：柳9度；中：张3度；终：张17度	狮子
鹑尾	巳	初：张18度；中：翼15度；终：轸11度	室女
寿星	辰	初：轸12度；中：角10度；终：氐4度	天秤
大火	卯	初：氐5度；中：房5度；尾9度	天蝎
析木	寅	初：尾10度；中：箕7度；终：斗11度	人马

古罗马建筑师维特鲁威（Vitruvii）在其撰写于公元前32—前22年的《建筑十书》中，对黄道十二宫的授时方法，做了这样的记录：

> 北极高出地面，南极没入地下，天穹中部向南倾斜的区域，有一条由十二个星座组成的宽广环带，它们将一周天等分为十二个部分，人们以大自然的图景描述其外观。这十二个星座与天穹、其他星宿一样，以闪闪发光的列阵周行于陆地与海洋之间，其运行轨道与天穹贴合。……十二个星座占据了一周天的十二个部分，自东向西周行不已，月亮、水星、金星、太阳，以及火星、木星、土星，位于不同层级的轨道，巡游于天梯中的不同位置，但皆以相反的方向，自西向东周行于天。……太阳每个月穿行一个星座，即一周天的十二分之一，十二个月就穿行十二个星座，回到其起始星座，完成一年的旅行。[80]

以这样的方法授时，就需要在黄昏和黎明的时候，观测与太阳偕行的星宿，以确定太阳在黄道十二宫中的位置，东与西遂成为主要的观测方向。雅典古城的帕提农神庙坐西朝东（图3-33），西方城市的轴线多取东西走向，与中国城市南北向的轴

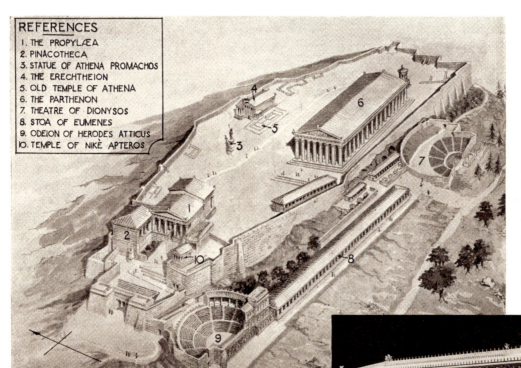

图 3-33 雅典卫城复原图（上，从西南方鸟瞰）和帕提农神庙复原模型（下）。（来源：Sir Banister Fletcher, *A history of architecture on the comparative method*, 1950）

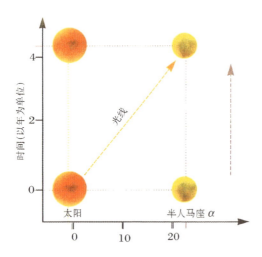

图 3-34 一个光信号（对角线）从太阳到达半人马座 α 的时空图。（来源：史蒂芬·霍金，《时间简史》，2008 年）

图 3-35 南宋刘履中《田畯醉归图》，表现了田畯（管理农事的官员）参加村庆社饮告别、醉归、扶行时的三个场景。（来源：故宫博物院）

线迥异，源出于此。

西方产生时间与空间合一的观念，还是在文艺复兴之后，因天文望远镜的发明，西方学者发现光速，认识到因为光速的存在，不同距离的空间存在时差，空间的距离也就是时间的距离。基于此义，爱因斯坦在二维空间之上叠加时间维度（图3-34），为相对论奠定科学基础，成为西方世界的一大发明。[81]

时空观是思想艺术的基础，时空观的差异导致东西方思想艺术的差异。对此，宗白华有精辟的论述：

> 中国人与西洋人同爱无尽空间（中国人爱称太虚太空无穷无涯），但此中有很大的精神意境上的不同。西洋人站在固定地点，由固定角度透视深空，他的视线失落于无穷，驰于无极。他对这无穷空间的态度是追寻的、控制的、冒险的、探索的。近代无线电、飞机都是表现这控制无限空间的欲望。而结果是彷徨不安，欲海难填。中国人对于这无尽空间的态度却是如古诗所说的："高山仰止，景行行止，虽不能至，而心向往之。"[82] 人生在世，如泛扁舟，俯仰天地，容与中流，灵屿瑶岛，极目悠悠。中国人面对着平远之境而很少是一望无边的，像德国浪漫主义大画家菲德烈希（Friedrich）所画的杰作《海滨孤僧》那样，代表着对无穷空间的怅望。在中国画上的远空中必有数峰蕴藉，点缀空际，正如元人张秦娥诗云："秋水一抹碧，残霞几缕红，水穷云尽处，隐隐两三峰。"或以归雁晚鸦掩映斜阳，如陈国材诗云："红日晚天三四雁，碧波春水一双鸥。"我们向往无穷的心，须能有所安顿，归返自我，成一回旋的节奏。我们的空间意识的象征不是埃及的直线甬道，不是希腊的立体雕像，也不是欧洲近代人的无尽空间，而是潆洄委曲，绸缪往复，遥望着一个目标的行程（道）！我们的宇宙是时间率领着空间，因而成就了节奏化、音乐化了的"时空合一体"。这是"一阴一阳

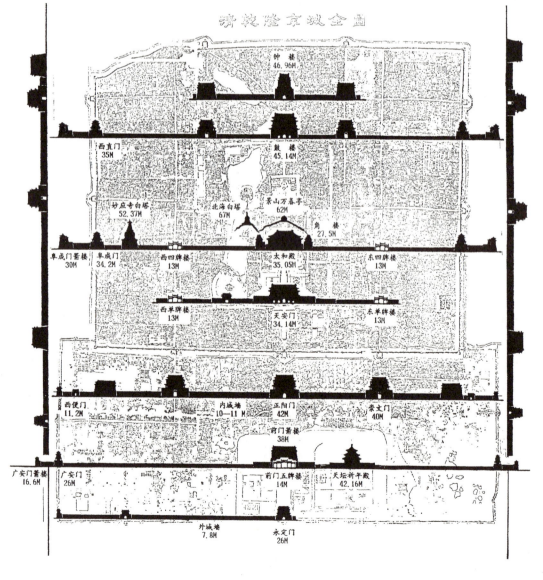

图 3-36 明人《清明上河图》局部。（来源：故宫博物院）

图 3-37 明清北京城建筑节点示意图。（来源：董光器，《北京规划战略思考》，1998 年）

之谓道"。[83]

中国画的散点透视,以高远、深远、平远之"三远"为法,流动的空间就是流动的时间。(图3-35,图3-36)西洋画的焦点透视,则是从一个固定的角度透视"一远"[84],一个空间即为一个时间。此种时空观差异,对建筑艺术也造成深刻影响(图3-37至图3-39),如梁思成所言:

> 从古代文献、绘画一直到全国各地存在的实例看来,除了极贫苦的农民住宅外,中国每一所住宅、宫殿、衙署、庙宇……等等都是由若干座个体建筑和

图3-38 明清北京城中轴线城市轮廓示意图。(来源:董光器,《北京规划战略思考》,1998年)

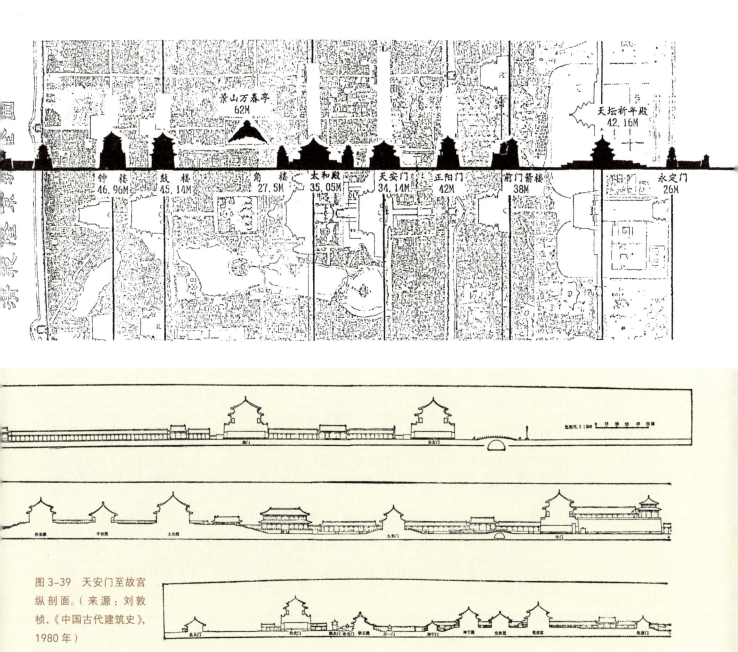

图3-39 天安门至故宫纵剖面。(来源:刘敦桢,《中国古代建筑史》,1980年)

一些回廊、围墙之类环绕成一个个庭院而组成的。一个庭院不能满足需要时，可以多数庭院组成。一般地多将庭院前后连串起来，通过前院到达后院。……这样由庭院组成的组群，在艺术效果上和欧洲建筑有着一些根本的区别。一般的说，一座欧洲建筑，如同欧洲的画一样，是可以一览无遗的；而中国的任何一处建筑，都像一幅中国的手卷画。手卷画必须一段段地逐渐展开看过去，不可能同时全部看到。走进一所中国房屋，也只能从一个庭院走进另一个庭院，必须全部走完才能全部看完。[85]

这样的时空观，不但塑造了中国古代特有的艺术形态，还催生了顺时施政的用事制度与天人合一的哲学思想。

《礼记·月令》记十二月用事制度如下表。

表3-4 《礼记·月令》记十二月用事制度略览[86]

十二月	用事制度
孟春正月	立春之日，天子亲帅三公、九卿、诸侯、大夫以迎春于东郊。还反，赏公、卿、诸侯、大夫于朝。命相布德和令，行庆施惠，下及兆民。庆赐遂行，毋有不当。乃命大史守典奉法，司天日月星辰之行，宿离不贷，毋失经纪，以初为常。是月也，天气下降，地气上腾，天地和同，草木萌动。王命布农事，命田舍东郊，皆修封疆，审端径术，善相丘陵、阪险、原隰，土地所宜，五谷所殖，以教道民，必躬亲之。田事既饬，先定准直，农乃不惑。是月也，命乐正入学习舞，乃修祭典，命祀山林川泽。牺牲毋用牝。禁止伐木。毋覆巢，毋杀孩虫、胎、夭、飞鸟，毋麛，毋卵。毋聚大众，毋置城郭。掩骼埋胔。是月也，不可以称兵，称兵必天殃。兵戎不起，不可从我始。毋变天之道，毋绝地之理，毋乱人之纪。
仲春二月	是月也，安萌芽，养幼少，存诸孤。择元日，命民社。命有司省囹圄，去桎梏，毋肆掠，止狱讼。是月也，玄鸟至。至之日，以大牢祠于高禖，天子亲往，后妃帅九嫔御。乃礼天子所御，带以弓韣，授以弓矢于高禖之前。是月也，日夜分，雷乃发声，始电，蛰虫咸动，启户始出。先雷三日，奋木铎以令兆民曰："雷将发声，有不戒其容止者，生子不备，必有凶灾。"日夜分，则同度量，钧衡石，角斗甬，正权概。是月也，耕者少舍，乃修阖扇，寝庙毕备，毋作大事以妨农之事。是月也，毋竭川泽，毋漉陂池，毋焚山林。
季春三月	是月也，生气方盛，阳气发泄，勾者毕出，萌者尽达，不可以内。天子布德行惠，命有司发仓廪，赐贫穷，振乏绝；开府库，出币帛，周天下。勉诸侯，聘名士，礼贤者。是月也，命司空曰："时雨将降，下水上腾，循行国邑，周视原野，修利隄防，道达沟渎，开通道路，毋有障塞。田猎罝罘、罗罔、毕翳、餧兽之药，毋出九门。"是月也，命野虞无伐桑柘。鸣鸠拂其羽，戴胜降于桑，具曲、植、篷、筐。后妃斋戒，亲东乡躬桑。禁妇女毋观，省妇使，以劝蚕事。蚕事既登，分茧称丝效功，以共郊庙之服，无有敢惰。是月也，命工师，令百工，审五库之量，金、铁、皮、革、筋、角、齿、羽、箭、幹、脂、胶、丹、漆，毋或不良。百工咸理，监工日号，毋悖于时，毋或作为淫巧，以荡上心。是月之末，择吉日大合乐，天子乃率三公、九卿、诸侯、大夫亲往视之。是月也，乃合累牛腾马，游牝于牧。牺牲、驹、犊，举书其数。命国难，九门磔攘，以毕春气。
孟夏四月	立夏之日，天子亲帅三公、九卿、大夫以迎夏于南郊。还反，行赏，封诸侯。庆赐遂行，无不欣说。乃命乐师习合礼乐。命大尉赞桀俊，遂贤良，举长大，行爵出禄，必当其位。是月也，继长增高，毋有坏堕，毋起土功，毋发大众，毋伐大树。是月也，天子始絺，命野虞出行田原，为天子劳农劝民，毋或失时。命司徒巡行县鄙，命农勉作，毋休于都。是月也，驱兽毋害五谷，毋大田猎。农乃登麦，天子乃以彘尝麦，先荐寝庙。是月也，聚畜百药。靡草死，麦秋至。断薄刑，决小罪，出轻系。蚕事毕，后妃献茧。乃收茧税，以桑为均，贵贱长幼如一，以给郊庙之服。是月也，天子饮酎，用礼乐。

	续表
仲夏五月	命有司为民祈祀山川百源，大雩帝，用盛乐。乃命百县雩祀百辟卿士有益于民者，以祈谷实。农乃登黍。是月也，天子乃以雏尝黍，羞以含桃，先荐寝庙。令民毋艾蓝以染，毋烧灰，毋暴布，门闾毋闭，关市毋索。挺重囚，益其食。游牝别群，则絷腾驹，班马政。是月也，日长至，阴阳争，死生分。君子斋戒，处必掩身，毋躁，止声色，毋或进，薄滋味，毋致和，节耆欲，定心气。百官静，事毋刑，以定晏阴之所成。鹿角解，蝉始鸣，半夏生，木堇荣。是月也，毋用火南方。可以居高明，可以远眺望，可以升山陵，可以处台榭。
季夏六月	是月也，树木方盛，乃命虞人入山行木，毋有斩伐。不可以兴土功，不可以合诸侯，不可以起兵动众，毋举大事以摇养气，毋发令而待，以妨神农之事也。水潦盛昌，神农将持功，举大事则有天殃。是月也，土润溽暑，大雨时行，烧薙行水，利以杀草，如以热汤，可以粪田畴，可以美土疆。
孟秋七月	立秋之日，天子亲帅三公、九卿、诸侯、大夫以迎秋于西郊。还反，赏军帅、武人于朝。天子乃命将帅选士厉兵，简练桀俊，专任有功，以征不义，诘诛暴慢，以明好恶，顺彼远方。是月也，命有司修法制，缮囹圄，具桎梏，禁止奸，慎罪邪，务搏执。命理瞻伤，察创，视折，审断，决狱讼必端平，戮有罪，严断刑。天地始肃，不可以赢。是月也，农乃登谷。天子尝新，先荐寝庙。命百官始收敛，完堤防，谨壅塞，以备水潦，修宫室，坏墙垣，补城郭。是月也，毋以封诸侯、立大官，毋以割地、行大使、出大币。
仲秋八月	是月也，养衰老，授几杖，行糜粥饮食。乃命司服具饬衣裳，文绣有恒，制有小大，度有长短，衣服有量，必循其故，冠带有常。乃命有司申严百刑，斩杀必当，毋或枉桡;枉桡不当，反受其殃。是月也，乃命宰、祝循行牺牲，视全具，案刍豢，瞻肥瘠，察物色，必比类，量小大，视长短，皆中度。五者备当，上帝其飨。天子乃难，以达秋气，以犬尝麻，先荐寝庙。是月也，可以筑城郭，建都邑，穿窦窖，修囷仓。乃命有司趣民收敛，务畜菜，多积聚。乃劝种麦，毋或失时。其有失时，行罪无疑。是月也，日夜分，雷始收声，蛰虫坏户，杀气浸盛，阳气日衰，水始涸。日夜分，则同度量，平权衡，正钧石，角斗甬。是月也，易关市，来商旅，纳货贿，以便民事。四方来集，远乡皆至，则财不匮，上无乏用，百事乃遂。凡举大事，毋逆大数，必顺其时，慎因其类。
季秋九月	是月也，申严号令，命百官贵贱无不务内，以会天地之藏，无有宣出。乃命冢宰，农事备收，举五谷之要，藏帝藉之收于神仓，祗敬必饬。是月也，霜始降，则百工休。乃命有司曰："寒气总至，民力不堪，其皆入室。"上丁，命乐正入学习吹。是月也，大飨帝，尝牺牲，告备于天子。合诸侯，制百县，为来岁受朔日，与诸侯所税于民轻重之法，贡职之数，以远近土地所宜为度，以给郊庙之事，无有所私。是月也，天子乃教于田猎，以习五戎，班马政。命仆及七驺咸驾，载旌旐，授车以级，整设于屏外，司徒搢扑，北面誓之。天子乃厉饰，执弓挟矢以猎，命主祠祭禽于四方。是月也，草木黄落，乃伐薪为炭。蛰虫咸俯在内，皆墐其户。乃趣狱刑，毋留有罪。收禄秩之不当，供养之不宜者。是月也，天子乃以犬尝稻，先荐寝庙。
孟冬十月	立冬之日，天子亲帅三公、九卿、大夫以迎冬于北郊。还反，赏死事，恤孤寡。是月也，命大史衅龟筴，占兆审卦吉凶，是察阿党，则罪无有掩蔽。是月也，天子始裘。命有司曰："天气上腾，地气下降，天地不通，闭塞而成冬。"命百官谨盖藏，命司徒循行积聚，无有不敛。坏城郭，戒门闾，修楗闭，慎管籥，固封疆，备边竟，完要塞，谨关梁，塞蹊径。饬丧纪，辨衣裳，审棺椁之薄厚，茔丘垄之小大、高卑、薄厚之度，贵贱之等级。是月也，命工师效功，陈祭器，按度程，毋或作为淫巧，以荡上心，必功致为上。物勒工名，以考其诚，功有不当，必行其罪，以穷其情。是月也，大饮烝。天子乃祈来年于天宗，大割祠于公社及门闾，腊先祖、五祀，劳农以休息之。天子乃命将帅讲武，习射御、角力。是月也，乃命水虞、渔师收水泉池泽之赋，毋或敢侵削众庶兆民，以为天子取怨于下。其有若此者，行罪无赦。
仲冬十一月	命有司曰："土事毋作，慎毋发盖，毋发室屋及起大众，以固而闭。地气沮泄，是谓发天地之房，诸蛰则死，民必疾疫，又随以丧，命之曰畅月。"是月也，命奄尹申宫令，审门闾，谨房室，必重闭，省妇事，毋得淫，虽有贵戚近习，毋有不禁。乃命大酋，秫稻必齐，麹糵必时，湛炽必絜，水泉必香，陶器必良，火齐必得。兼用六物，大酋监之，毋有差贷。天子命有司祈祀四海、大川、名源、渊泽、井泉。是月也，农有不收藏积聚者，马牛畜兽有放佚者，取之不诘。山林薮泽，有能取蔬食、田猎禽兽者，野虞教道之。其有相侵夺者，罪之不赦。是月也，日短至，阴阳争，诸生荡，君子斋戒，处必掩身，身欲宁，去声色，禁耆欲，安形性事欲静，以待阴阳之所定，芸始生，荔挺出，蚯蚓结，麋角解，水泉动。日短至，则伐木，取竹箭。是月也，可以罢官之无事，去器之无用者。涂阙廷、门闾，筑囹圄，此所以助天地之闭藏也。
季冬十二月	命有司大难，旁磔，出土牛，以送寒气。征鸟厉疾，乃毕山川之祀及帝之大臣、天之神祇。是月也，命渔师始渔，天子亲往，乃尝鱼，先荐寝庙。冰方盛，水泽腹坚，命取冰，冰以入。令告民出五种。命农计耦耕事，修耒耜，具田器。命乐师大合吹而罢。乃命四监收秩薪柴，以共郊庙及百祀之薪燎。是月也，日穷于次，月穷于纪，星回于天，数将几终，岁且更始，专而农民，毋有所使。天子乃与公卿大夫共饬国典，论时令，以待来岁之宜。乃命大史次诸侯之列，赋之牺牲，以共皇天上帝、社稷之飨。乃命同姓之邦共寝庙之刍豢。命宰历卿大夫至于庶民土田之数，而赋牺牲，以共山林名川之祀。凡在天下九州之民者，无不咸献其力，以共皇天上帝、社稷寝庙、山林名川之祀。

所规定的用事制度，皆以合时宜为法，以不误农时为纲。春时万物生长，故不能田猎刑杀；秋时万物生成，方可行教于田猎。兴土功，举大事，不能悖于时令，不可妨碍农事。这就将人之所欲，节制于天地秩序之中。

《周易》节卦《彖》曰："天地节而四时成，节以制度，不伤财，不害民。"《象》曰："泽上有水，节。君子以制度数，议德行。"孔颖达《正义》："君子象节以制其礼数等差，皆使有度，议人之德行任用，皆使得宜。"[87] 先人的用事制度宗奉"有度""得宜"，无度即失宜，遂不以无节之用为人生寄托。

所以，先人不追求"欲海难填"的无穷空间，而是秉持万事万物如同星回于天，都有一个循环周期的理念，笃信人文秩序须遵从自然秩序，顺时施政，这就是天人合一。

反观今日之世界，源出西方的增长主义生产生活方式横行天下——以无节制的欲望刺激无节制的需求和无节制的生产。资源化为了产品，产品却无法还原为资源，人人关系虽然得到了发展，天人关系却遭到了恶化，这个系统无法自我循环，终有崩溃的一天。

而中国古代有大规模的人口增长，至清朝末期已拥有四亿同胞，[88] 却不以伤害生态环境、破坏天人关系为增长的前提。此种与自然和谐共生的生产生活方式，对于校正当今人类社会存在的增长主义偏差，推动可持续发展，具有重要的借鉴意义。

三、时空观与营造制度

中国古代时间与空间合一的观念，深刻定义了营造制度。在地平方位上，不同的空间对应着不同的时间，被时间赋予不同的人文意义，时间就成为空间的"规划师"，为空间的设计提供依据。

既然东南西北就是春夏秋冬，在东南西北表现春夏秋冬，就是规划设计需要完成的任务。《周礼》诸官开篇即言"惟王建国，辨方正位"，就是因为测定了空间才能测定时间，进而通过空间来表现时间，完成国都的营建。

这就决定了中心点的确定（古代堪舆家称之为"点穴"），是规划设计面对的最具基础性的工作（图3-40），因为中心点一旦确定，东南西北就能据此排定，所有方位就能与时间对应，建筑的性质及其分布就能获得时间的"指导"。

这样的规划设计方法，在紫禁城和明清北京城的空间营造中，得到极为充分的运用，本章开篇提到的子午卯酉时空格局，即为明证。对这一格局的发现，为讨论

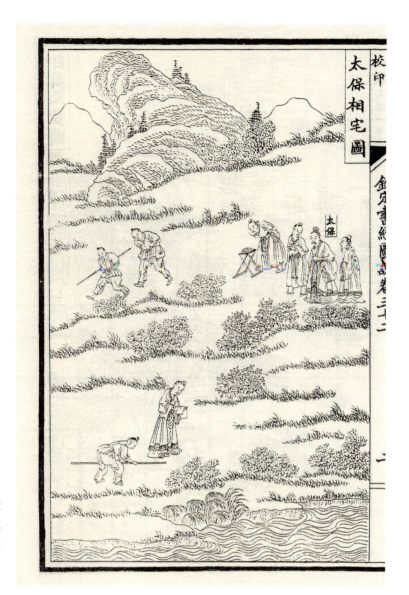

图3-40 清光绪《钦定书经图说》刊印之《太保相宅图》。(来源:孙家鼐等,《钦定书经图说》,1997年)

紫禁城的空间意义及其规划设计方法,提供了一条重要线索。

(一)子午卯酉时空格局

明清两朝,冬至祭天于天坛,迎阳气之生;夏至祭地于地坛,迎年谷顺成;春分祭日于日坛,迎日于东;秋分祭月于月坛,迎月于西。(图3-41至图3-44)

《春明梦余录》卷十四《天坛》记:"建圜丘,以冬至礼昊天上帝","祭时上帝南向"。[89] 卷十六《地坛》记:"夏至,祭皇地祇,北向。"[90] 同卷《朝日坛》记:"春分之日,祭大明之神,神西向。"[91] 同卷《夕月坛》记:"秋分之日,祭夜明之神,神东向。"[92]

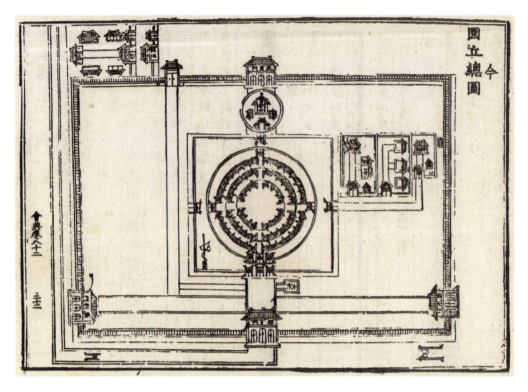

图 3-41 《大明会典》载北京天坛圜丘总图。(李东阳、申时行等,《大明会典》,1976 年)

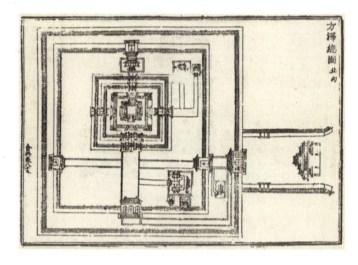

图 3-42 《大明会典》载北京地坛(方泽)总图。(李东阳、申时行等,《大明会典》,1976 年)

图 3-43 《大明会典》载北京日坛(朝日坛)总图。(李东阳、申时行等,《大明会典》,1976 年)(左下)

图 3-44 《大明会典》载北京月坛(夕月坛)总图。(李东阳、申时行等,《大明会典》,1976 年)(右下)

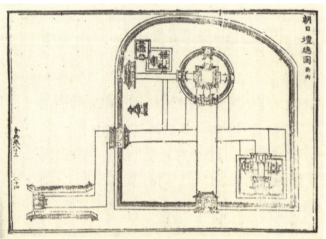

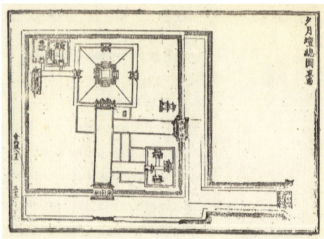

古以南面为尊，所以，礼昊天上帝，"祭时上帝南向"；以北面为顺，坤道资生，乃顺承天，所以，"祭皇地祇，北向"。

朝日坛即日坛，夕月坛即月坛。大明是太阳的神名，夜明是月亮的神名。太阳每天东升西没，所以，大明之神坐东朝西。月亮每月西升东没，所以，夜明之神坐西朝东。

天坛、地坛分别对应冬至、夏至，在城市中轴线左近；日坛、月坛分别对应春分、秋分，列于城市东西。画线连接日坛与月坛的平面几何中心，连接线与城市中轴线交会于太和殿庭院，呈现测定二至二分的坐标体系，彰显三大殿区域乃"中"之所在。（图3-1）

前文已述，汉字"中"表示的是辨方正位定时的方法，观象授时是天子权力的来源，三大殿居京城子午卯酉时空格局之"中"，就显示了天子受天明命，其拥有的权力具有神圣的合法性。

太和殿所悬"建极绥猷"匾、中和殿所悬"允执厥中"匾、保和殿所悬"皇建有极"匾（图3-45至图3-47），皆乾隆皇帝御笔，此三匾文字撷自《尚书》"建用皇极""允执厥中""皇建其有极""克绥厥猷惟后"。其中，"建用皇极""允执厥中""皇建其有极"，皆立表正位定时之意。[93]

关于"建用皇极"，伪孔《传》曰："皇，大；极，中也。凡立事，当用大中之道。"[94] 关于"皇建其有极"，伪孔《传》曰："大中之道，大立其有中，谓行九畴之义。"[95]《汉书·五行志》："皇，君也。极，中；建，立也。"[96]"建用皇极""皇建其有极"即"立中"，甲骨文卜辞常见的"立中"二字，就是立表正位定时。[97]

图3-45 太和殿"建极绥猷"匾。王军摄于2016年9月（左）

图3-46 中和殿"允执厥中"匾。王军摄于2016年9月（右）

第三章 紫禁城的时间与空间

图 3-47 保和殿"皇建有极"匾。王军摄于 2016 年 9 月

这样,就能准确理解"允执厥中"了——忠实地掌握"中"这个立表测影、正位定时的方法,才是建立最高原则的根本,如果不能正位定时,春耕、夏耘、秋敛、冬藏就会失去时间的指导,农业生产就无以为据。

关于"克绥厥猷惟后",伪孔《传》曰:"能安立其道教,则惟为君之道。"[98] 意即惟天子推行教化之治。

可见,三大殿所悬三匾,都是对《周礼》"惟王建国,辨方正位"的阐释,表明了天子权力的来源及其合法性。

明嘉靖改制,分列天、地、日、月四坛于京师四郊,这之后,重建三大殿,改奉天殿为皇极殿(今太和殿),改华盖殿为中极殿(今中和殿),改谨身殿为建极殿(今保和殿),更是直白地宣示三大殿在子午、卯酉"二绳"交午的中心"建用皇极"的意志。

《尚书·洪范》记载了治理国家的九条根本大法,称"洪范九畴",其中,"建用皇极"位列第五。汉儒称《洪范》为《洛书》,[99] "建用皇极"排序第五,即居《洛书》九宫的中宫。三大殿取"建用皇极"之义位于京城子午卯酉时空格局之"中",正是对《洛书》的演绎。(图 3-48)

《尚书》是中国传世最早的史籍,亦名书经。清康熙皇帝在《日讲书经解义》的序言中写道:

盖治天下之法,见于虞夏商周之书,其详且密如此,宜其克享天心,而致时雍太和之效也。[100]

乾隆皇帝撷《尚书》之语，题三大殿匾，显示的正是其平治天下、时雍太和的意志，也彰显"为治莫大于明时，明时莫先于观象"[101]，阐明了中国古代君权架构之道。

明清北京城子午卯酉时空格局，在彰显三大殿建筑意义之时，还为城市的平面规划提供了重要的坐标。本书第一章已经讨论，子午、卯酉"二绳"的交会点位于太和殿庭院——紫禁城"龙穴"所在；德胜门至太庙的连接线、社稷坛至地坛的连接线于此点交会，是对乾坤二卦的表现；该交会点与皇穹宇、地坛、西直门等距，内城西北"天门"缺角与外城东南"地户"缺角的连接线也穿过此点，皆是对紫禁城乃"天地之中"的表现。（图3-49）

事实上，将十三陵陵区总门——大红门——与太庙连接，连接线也穿过太和殿庭院，同样阐释了乾卦卦辞"元亨利贞"，显示了天子权力的合法性。（图3-50至图3-52）这些空间意象的塑造，皆依托于子午卯酉时空格局，后者在城市规划中发挥着极具基础性的支撑作用。

图3-48　宋人杨甲《六经图》刊印之《洪范九畴图》。（来源：《影印文渊阁四库全书》第183册，1986年）（左）

图3-49　明清北京城"天地之中"模式分析总图。王军绘（右）

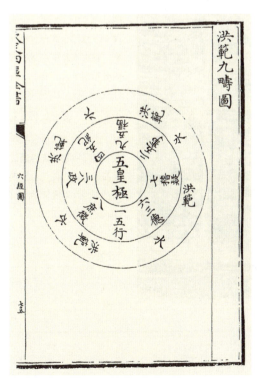

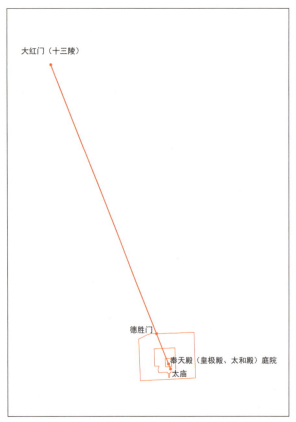

图 3-50 明帝陵（十三陵）大红门至太庙平面中心连线分析图。王军绘

图 3-51 明帝陵（十三陵）大红门至太庙、祈年殿、皇穹宇建筑连线在城内分布情况。（底图来源：Quick Bird，2003 年）

图 3-52 明帝陵（十三陵）大红门至太庙、祈年殿、皇穹宇建筑连线通过太和殿庭院、午门、天安门的情况。（底图来源：Quick Bird，2003 年）

需要指出的是，这一坐标体系虽然是经嘉靖皇帝之手得以显现，却在紫禁城与明北京城建设之初就发挥了作用，表明彼时它已存在于规划者的心中，嘉靖皇帝只是通过日坛和月坛的增设将其标示出来。

此种时空格局所蕴含的知识与思想，更不是嘉靖皇帝的发明。距今九千至七千八百年的河南舞阳贾湖遗址出土的十字形刻槽垂球之上，已清晰呈现"二绳"图像。（图2-11）该遗址还出土炭化稻米（图3-53），可推知"二绳"图像是对方位的规划，这是从事观象授时、发展种植农业的空间基础。

此外，距今七千年的浙江余姚河姆渡遗址出土的陶器也刻有十字纹（图3-54），同时期的安徽蚌埠双墩遗址出土的陶器也刻有"二绳"及积绳渐成的"亞"形图像。（图2-12）冯时指出，这些图像反映了早期先民对于空间与时间的朴素认知。[102]

汉代竹简将"二绳"图像与表示四隅的"四钩"图像相配，称"日廷"。[103]（图3-55）

《说文》释"廷"："朝中也。"段玉裁《注》："朝中者，中于朝也。古外朝、治朝、燕朝皆不屋，在廷。"[104]

太和殿庭院位于京城子午、卯酉"二绳"交会之"中"，是一个露天广场，不建房屋，是为了天地交通，这就是"朝中"。

距今六千年的西安半坡陶盆已显示"日廷"图像（图3-56，图5-13），这些新石器时代先人规划时空的图像，在明清北京城及紫禁城的规划设计中，以超大尺度的空间得以呈现，诚为令人浩叹的文化现象。

图3-53　河南舞阳贾湖遗址（距今九千至七千八百年）出土的炭化稻米。（来源：河南省文物考古研究所，《舞阳贾湖》，1999年）（左）

图3-54　浙江余姚河姆渡文化遗址（公元前5000—前3300年）陶器上的十字纹。（来源：冯时，《中国古代的天文与人文》，2006年）（右）

（二）建筑规划的时空法式

明清北京城子午卯酉时空格局，是中国古代时空观的产物，代表了以空间测定时间，以时间统领空间的中国古代建筑与城市规划的基本理念与方法。此种理念与方法，可称为时空法式，在紫禁城和明清北京城的空间营造中有着极为经典的表现（图3-57，图3-58）。

1. 象天法地

中国古代观象授时以地平方位观测天体移行的位置，形成天地对应的模式，这对建筑与城市的空间营造，产生了深刻影响——以辽阔的地理空间象天法地，[105] 成为规划设计的任务，《周易》所记"在天成象，在地成形""以制器者尚其象""法象莫大乎天地"，[106] 成为设计原则。

紫禁城名出紫微垣，后者即其所法之象，意在以"地中"对应"天中"，显示天子受命于天。子午、卯酉"二绳"交会于太和殿庭院，塑造的就是"天地之中"的意象。这个意象在空间上标定之后，拱绕紫微垣的二十八宿就成为将城市与山水对应的设计灵感来源。

《日下旧闻考》记："北京青龙水为白河，出密云南流至通州城。白虎水为玉河，出玉泉山，经大内，出都城，注通惠河，与白河合。朱雀水为卢沟河，出大同桑乾，入宛平界，出卢沟桥。元

图3-55 汉简《日廷图》。（来源：冯时，《中国古代物质文化史·天文历法》，2013年）

图3-56 西安半坡遗址（距今六千年）出土的陶盆口沿上绘有二绳、四钩、四维图像。（来源：中国科学院考古研究所、陕西省西安半坡博物馆，《西安半坡》，1963年）

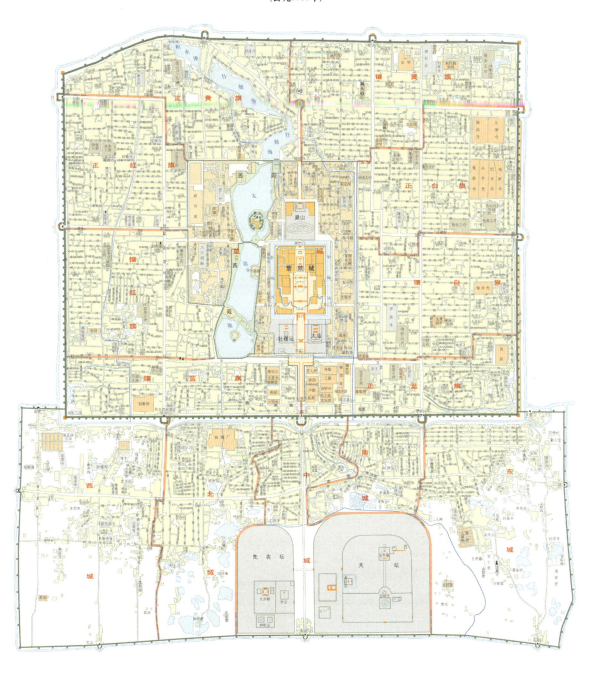

图 3-57 清乾隆十五年（1750年）北京城图。（来源：北京市测绘设计研究院）

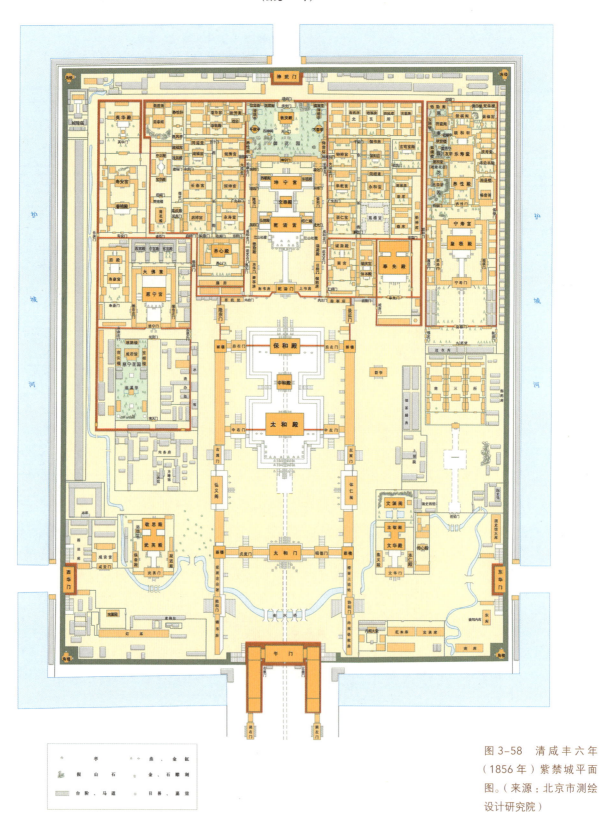

图 3-58 清咸丰六年（1856年）紫禁城平面图。（来源：北京市测绘设计研究院）

图3-59 明清北京城象天法地图。王军标注。（底图来源：侯仁之，《侯仁之文集》，1998年）

武[107]水为湿余、高梁、黄花镇川、榆河，俱绕京师之北，而东与白河合。"[108]这是以河道取义青龙、白虎、朱雀、玄武四象，表示二十八宿四宫。

燕山山脉在北京的西、北、东三个方向，呈环绕之势，与城市南部的河流呼应，也呈现二十八宿四宫格局（图3-59），这进一步强化了紫禁城作为"大地之中"的空间意象，彰显"为政以德，譬如北辰，居其所而众星共之"[109]。

二十八宿的四宫，在紫禁城内也有体现。紫禁城北设神武门（明称玄武门，清避康熙帝讳改今名）、钦安殿（供玄武大帝），取义北宫玄武；文华殿、武英殿取义青龙、白虎；[110]午门以五凤楼的形象取义朱雀。二十八宿四宫备矣。

钦安殿为盝顶，呈覆斗状，上置宝顶，状若璇玑，取义北斗、北极（图3-60，图3-61）；殿前天一门外，立诸葛拜斗石，朝向北斗。（图3-62）

钦安殿呈现的"璇玑+斗魁"样式，可溯源至五千年前良渚文化的神徽（图2-8，图5-73），其至上神的面部为斗状，羽冠顶端为璇玑造型，就是对北斗、北极的表现。

距今八千年的湖南澧县八十垱彭头山文化高台式建筑F1的平面为斗形，有七

图3-60 故宫钦安殿屋顶。王军摄于2019年2月

第三章 紫禁城的时间与空间

图 3-61 钦安殿正立面测绘图。(来源:故宫博物院、中国文化遗产研究院,《北京城中轴线古建筑实测图集》,2017 年)

图 3-62 故宫御花园诸葛拜斗石。王军摄于 2023 年 1 月

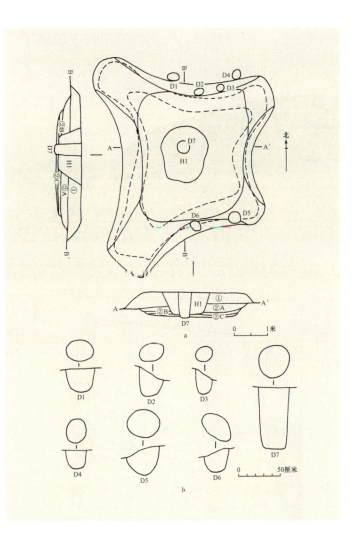

个柱洞(图3-63);距今五千年的甘肃大地湾F901大房子,平面亦为斗形(图3-64,图5-7);距今四千年的陕西石峁古城,其核心部位的皇城台呈覆斗状(图3-65),内城、外城以斗形外扩(图3-66);[111] 距今三千八百至三千五百年的河南二里头遗址,宫城平面为斗状(图3-67);秦始皇陵为"璇玑+覆斗"造型(图3-68);汉帝陵亦为覆斗造型(图3-69);南宋皖南宏村以斗形外扩(图3-70),宏村《汪氏家谱》记之为"取扩而成太乙象"[112]。太乙即太一,北斗崇拜即上帝崇拜,新石器时代以降,一以贯之。

图3-63 湖南澧县八十垱彭头山文化高台式建筑F1及其柱洞平、剖面图(a. F1平、剖面图;b. F1柱洞平、剖面图)。建筑平面为斗形,布有七个柱洞,取义北斗七星。(来源:湖南省文物考古研究所,《彭头山与八十垱》,2006年)

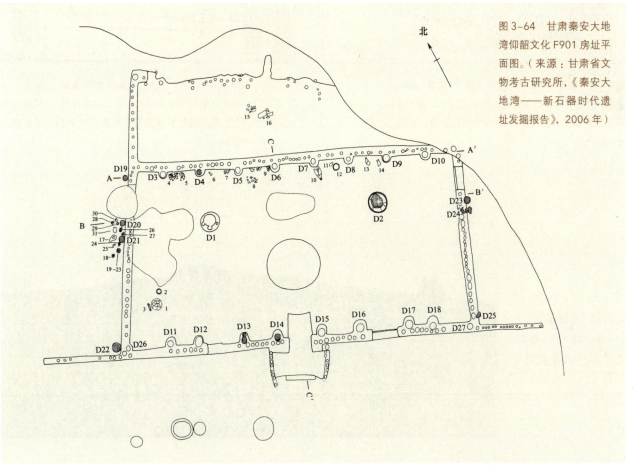

图3-64 甘肃秦安大地湾仰韶文化F901房址平面图。(来源:甘肃省文物考古研究所,《秦安大地湾——新石器时代遗址发掘报告》,2006年)

图 3-65 陕西神木石峁古城皇城台。王军摄于 2017 年 8 月

图 3-66 陕西神木石峁古城平面图。(来源：陕西省考古研究院、榆林市文物考古勘探工作队、神木县石峁遗址管理处，《陕西神木县石峁城址皇城台地点》，2017 年)

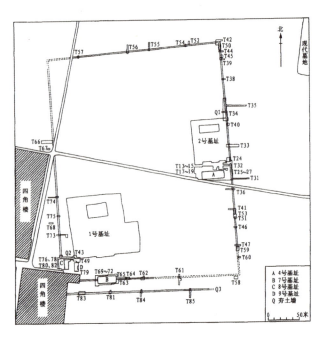

图 3-67 河南偃师二里头宫城平面图。(来源：中国社会科学院考古研究所二里头工作队，《河南偃师市二里头遗址宫城及宫殿外围道路的勘察与发掘》，2004 年)

图 3-68 秦始皇陵。(来源：塚本靖、伊东忠太、关野贞，《支那建筑》，1928 年)

图3-69 汉代帝陵。
1. 汉惠帝安陵；2. 汉景帝阳陵；3. 汉元帝渭陵。（来源：塚本靖、伊东忠太、关野贞，《支那建筑》，1928年）

图3-70 皖南宏村斗形平面。（来源：段进、揭明浩，《世界文化遗产宏村古村落空间解析》，2009年）

175

图 3-71 故宫二十四气望柱头。王军摄于 2023 年 1 月（左）

图 3-72 故宫二十四气望柱头将一圆周等分为二十四份。王军摄于 2023 年 1 月（右）

紫禁城前朝区域广布二十四气望柱头（图 3-71，图 3-72），这也是对北斗授时的表现。望柱头的尖部为北极璇玑造型，其旋转之纹，将一圆周等分为二十四份，即斗建二十四气方位，彰显"定诸纪，皆系于斗"[113]。（图 3-73 至图 3-75）

古代宫室营建不得侵犯农时。《诗经·鄘风》："定之方中，作于楚宫。"郑玄《笺》："楚宫，谓宗庙也。定星昏中而正，于是可以营制宫室，故谓之营室。定昏中而正，谓小雪时。"[114]《国语·周语中》："营室之中，土功其始。"韦昭《注》："定谓之营室也，谓建亥小雪中，定星昏正于午，土功可以治也。"[115]

定星昏中天，值小雪节气农闲之时，宫室方可营建。定星也称营室，即二十八宿的室、壁二宿，它是宫室营建的授时主星，有"清庙""天庙"之谓，[116] 又称"天子之宫"[117]。

《史记·天官书》记紫宫"后六星绝汉抵营室，曰阁道"[118]，说阁道六星跨银河联系紫微垣与营室。紫微垣是上帝的居所，营室是"天子之宫"，阁道跨银河联系二

176　　天下文明

图3-73 北京中轴线元代万宁桥的二十四气望柱头。王军摄于2019年7月

图3-74 明人《明皇斗鸡图》绘有二十四气望柱头。（来源：故宫博物院）

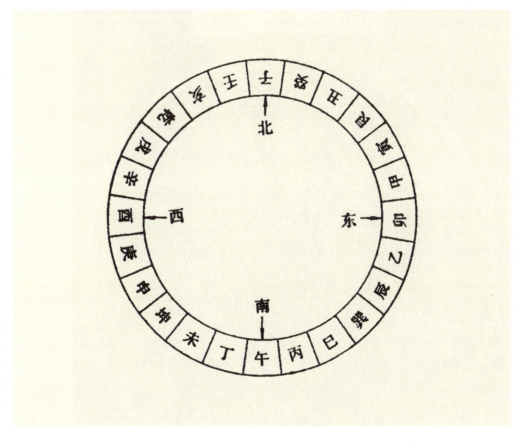

图3-75 二十四山地平方位图，显示了斗建二十四节气方位。（来源：中国天文学史整理研究小组，《中国天文学史》，1981年）

者，就喻示了天命的抵达。（图 3-76）

秦始皇营建帝都，以渭河取象银河，以渭河南北的宫殿取象北极、营室，修复道取象阁道，跨渭河联系南北，就呈现了"天极阁道绝汉抵营室"[119]，显示了天命的抵达。

忽必烈法此，在元大都的建设中，以齐政楼取象北极，以万宁桥取象阁道，以通惠河取象银河，[120] 以元大内对应营室，亦呈现"天极阁道绝汉抵营室"。[121]（图 3-77）

紫禁城对此也有表现。交泰殿悬乾隆皇帝摹康熙皇帝御笔"无为"匾，与北极对应，内置二十五方宝玺，象征天命。（图 3-78）由此向南，逾乾清宫，设丹陛桥高台御道，取象阁道（图 3-79），通往三大殿"天子之宫"，同样表现了"天极阁道绝汉抵营室"。（图 3-80）

此种因天文而人文的景观，充盈着紫禁城的空间。紫禁城午门的左掖门、右掖门，午门前的端门，皆为太微垣星官之名；[122] 紫禁城御道、雕刻和建筑彩画中广见的升龙与降龙形象，皆为春分与秋分东宫苍龙的标准星象。（图 3-81）

紫禁城在不同层级的空间象天法地，承载了与农业生产密切相关的观象授时知

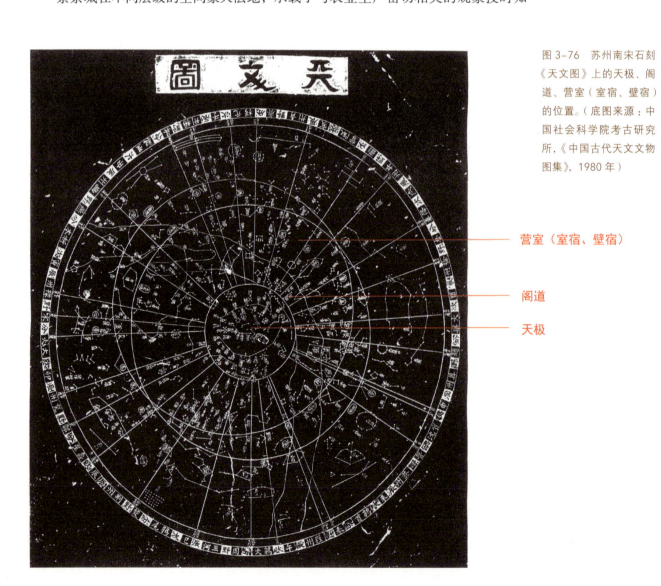

图 3-76 苏州南宋石刻《天文图》上的天极、阁道、营室（室宿、壁宿）的位置。（底图来源：中国社会科学院考古研究所，《中国古代天文文物图集》，1980 年）

营室（室宿、壁宿）

阁道

天极

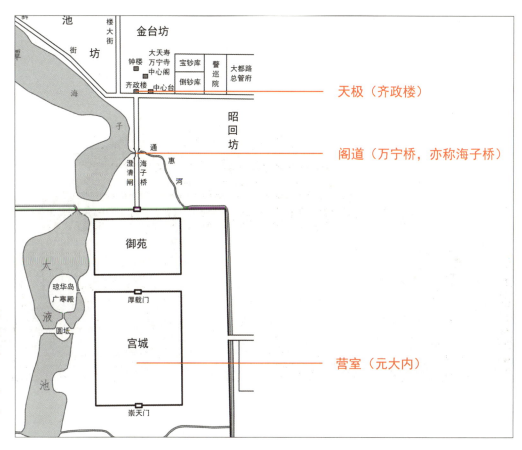

图 3-77 元大都齐政楼、万宁桥、元大内对应天极、阁道、营室图。王军绘

图 3-78 交泰殿"无为"匾与皇帝宝玺。王军摄于 2024 年 2 月

识体系，堪称中国古代天文学的"百科全书"。

2. 时空合一

太和殿庭院子午、卯酉"二绳"的交会点，在紫禁城和北京城的规划设计中，发挥着定海神针般的支撑作用。

这个位置一经设定，时空秩序就据此排定，规划设计就有章可循——

太和殿庭院东为体仁阁，西为弘义阁，这是对春生属仁、秋收属义的表现。

从太和殿向南眺望，棋盘街及前门商业街买卖兴隆，南苑麋鹿成群、鸟兽出没，呈现了夏时万物皆相见的景象。[123]

从太和殿北望，中轴线北端的钟楼与鼓楼，又是冬至授时的象征。[124]

这样的时空秩序随着子午线、卯酉

第三章 紫禁城的时间与空间

179

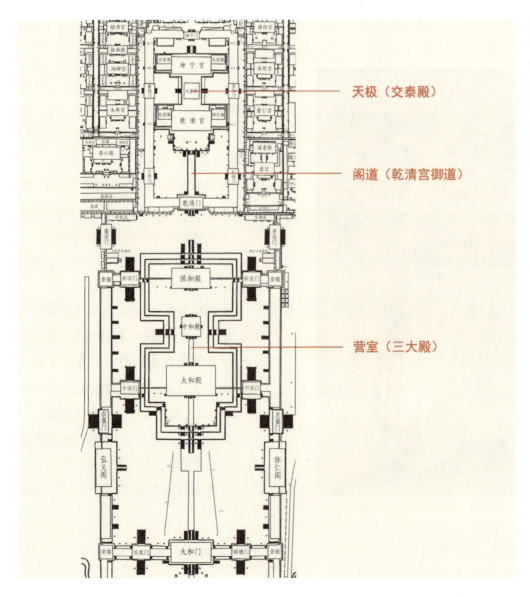

图 3-79 乾清宫御道。王军摄于 2023 年 1 月（上）

图 3-80 紫禁城交泰殿、乾清宫御道、三大殿对应天极、阁道、营室图。王军标注（底图来源：故宫博物院古建部）（左）

图 3-81 太和殿南御路石上的升龙与降龙雕刻，呈现"春分而登天，秋分而潜渊"的东宫苍龙形象。王军摄于 2018 年 5 月

线的延伸，定义了紫禁城和整个城市的空间。

在紫禁城前朝区域，东有文华殿，西有武英殿，这是对"文事在左，武事在右"[125]，"君子居则贵左，用兵则贵右"[126]的表现，取义左春右秋。

清朝皇帝及其子孙练习骑马射箭、举行武科殿试的箭亭，位于中轴线东侧，则显示操演技勇、兴办武科，旨在保民。

在紫禁城内廷区域，乾清宫庭院东有日精门，西有月华门，前者对应春分，后者对应秋分，呈现一个小规模的子午卯酉时空格局，喻示此处为内廷"朝中"。

乾清宫两侧，东有东六宫，西有西六宫，合为十二宫，纪一岁之大数；御花园东有万春亭，西有千秋亭，时间与空间合一。

第三章 紫禁城的时间与空间

表3-5　紫禁城中轴两侧建筑略览

	东	西
自南向北	东华门	西华门
	文华殿	武英殿
	体仁阁	弘义阁
	箭亭	
	日精门	月华门
	东六宫	西六宫
	万春亭	千秋亭

这样的时空法式，在明清北京城中轴线东西两侧，也清晰可见，如下表。

表3-6　明清北京城中轴线两侧建筑略览[127]

		东	西
自南向北		左安门	右安门
		天坛	先农坛
		广渠门	广安门
		东便门	西便门
		崇文门	宣武门
		敷文牌楼（棋盘街东）	振武牌楼（棋盘街西）
	明代	宗人府、吏部、户部、礼部、兵部、工部、鸿胪寺、钦天监、太医院、御药库、銮驾库、上林苑监、翰林院、会同南馆	中军都督府、左军都督府、右军都督府、前军都督府、后军都督府、太常寺、通政使司、锦衣卫
	清代	宗人府、吏部、户部、礼部、兵部、工部、鸿胪寺、钦天监、太医院、銮驾库、骚达子馆、翰林院、庶常馆	銮仪卫、太常寺、都察院、刑部、大理寺
		长安左门	长安右门
		太庙	社稷坛
		日坛	月坛
		朝阳门	阜成门
		东直门	西直门
		文庙	
		安定门	德胜门
		地坛	

这些建筑的分布原则，也是取义左春右秋——东为春为文为阳，西为秋为武为阴。

天坛祭天在东，先农坛祭神农、山川在西，太庙以祖配天在东，社稷坛祭社神、谷神在西，日坛朝日于东，月坛夕月于西，皆合左春右秋阴阳之义。

地坛居中轴线北延长线的东侧，是对《周易》坤卦"东北丧朋"的表现。《周易》八个经卦的东北之卦皆为阳卦，地坛属阴，居东北之位，阴阳合和，即有"东北丧朋，安贞吉"之义。

崇文门、敷文牌楼、文庙居东，宣武门、振武牌楼居西，取义左文右武、左春右秋。千步廊两侧官署，文职在东，武职在西，亦取此义。其中，兵部在东，显示国家用兵旨在保民。这些机构设于皇城以南，紫禁城与之相对，形成南面为君、北面为臣的格局。

朝阳门寓意春时朝阳，阜成门寓意秋时生成；左安门、右安门、广安门、安定门、德胜门，寓意国泰民安、德胜天下。

卯酉线南北两侧的建筑分布，则取义天南地北、南阳北阴，如天坛居南、地坛居北，天安门居南、地安门居北，内城南设三门、北设二门，表示"参天两地"[128]。

各个城门的门道设计，亦取南阳北阴之义。卯酉线以南，天安门、内城前三门（正阳门、崇文门、宣武门），门道为"天圆"造型；卯酉线以北，朝阳门、阜成门、东直门、安定门、德胜门，门道为"地方"造型；西直门位于西北，有"天门"之义，门道为"天圆"造型。（图 3-82）

外城七门，皆在城南，其中的东便门、西便门位于内城与外城的交界处，遂以"天圆"与"地方"相含的门道造型，表示阴阳中和（图 3-83）；其余城门的门道皆为"天圆"造型，合于南阳之义。（图 3-84）

紫禁城四门，皆外方内圆，取义阴阳合和、天地贯通，明人金幼孜《皇都大一统赋》赞曰："天地洞开，驰道相连。"[129]（图 3-85）

可见，子午卯酉时空格局的设定，是紫禁城与北京城规划设计的匠心所在，它使整个城市的空间安排井然有序，显示出极为严谨的时空法式。

（三）对万物生养的哲学阐释

阴阳哲学是中华先人对万物生养原因的一般性解释。《淮南子·天文训》："一而不生，故分而为阴阳，阴阳合和而万物生。"[130]《春秋繁露·五行相生》："天地之气，合而为一，分为阴阳，判为四时，列为五行。"[131] 四时为阴阳所判，空间与时间为一，二者皆有阴阳之义。

《周易·系辞上》："一阴一阳之谓道。"[132] 这意味着在空间上表现了时间，也就表现了阴阳，表现了"道"。

中国古代建筑与城市的空间营造，归根结底，是在构建一个具有终极意义的思想体系，这是中国古代营造活动思想性的体现，寄托了古人对世界的根本看法（图 3-86），这在北京城子午卯酉时空格局中清晰可见。

图 3-82 北京西直门 1969 年被拆除，可见其"天圆"形门道。罗哲文摄（上）

图 3-83 北京外城西便门。（来源：Osvald Siren，*The Walls and Gates of Peking*，1924）（左下）

图 3-84 北京外城广渠门。（来源：Osvald Siren，*The Walls and Gates of Peking*，1924）（右下）

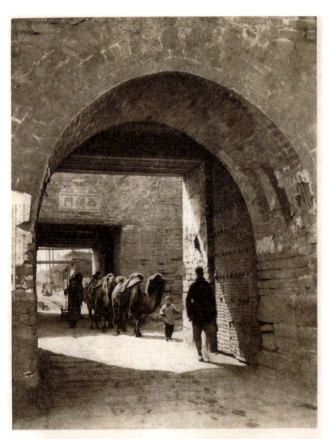

图 3-85 故宫东华门门道。王军摄于 2016 年 12 月

图 3-86 元大都乾坤交泰分析图。（来源：王军，《尧风舜雨：元大都规划思想与古代中国》，2022 年）

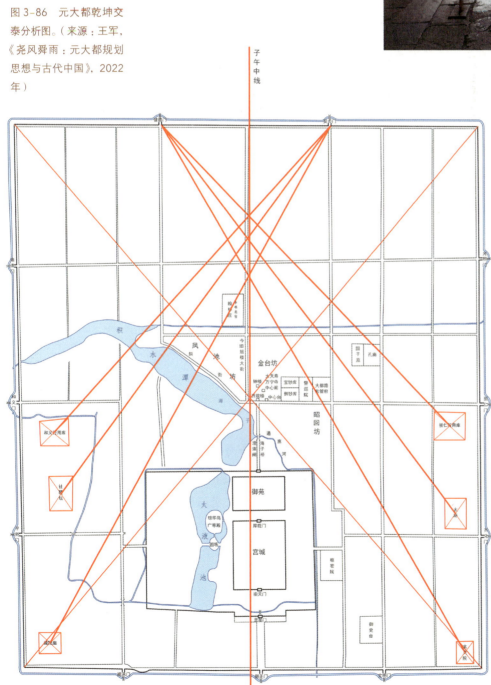

185

1. 阴阳交接

在北京城子午卯酉时空格局之中,中轴线呈逆时针微旋之势,卯酉线呈顺时针微旋之势,这是对阴阳的表现。

《礼记·月令》记十天干配五行方位,即东方甲乙木,南方丙丁火,中央戊己土,西方庚辛金,北方壬癸水。[133](图3-28)

十天干中,序位为奇数者属阳,序位为偶数者属阴。城市中轴线逆时针微旋,呈子午兼壬丙之向,壬、丙的天干序位皆奇数属阳(丙序三、壬序九),此轴即为阳轴;卯酉线顺时针微旋,呈卯酉兼乙辛之向,乙、辛的天干序位皆偶数属阴(乙序二、辛序八),此轴即为阴轴。

此阴阳二轴交会于太和殿庭院,即如《文子》所言"阴阳交接,乃能成和"[134],亦如《荀子》所言"天地合而万物生,阴阳接而变化起"[135],这就赋予太和殿庭院阴阳中和的文化意义。(图1-32)

可与之类比的是,明嘉靖南扩外城,在城市中轴线南端设永定门,永定门以东墙段呈卯酉兼乙辛之向(乙序二、辛序八),属性为阴;永定门以西墙段呈卯酉兼甲庚之向(甲序一、庚序七),属性为阳。

这两段城墙交会于永定门,也就赋予了居中轴线南端的永定门阴阳合和的文化意义。

2. 任德远刑

《管子·四时》云:

> 德始于春,长于夏;刑始于秋,流于冬。刑德不失,四时如一;刑德离乡,时乃逆行。作事不成,必有大殃。[136]

又《春秋繁露·王道通三》:

> 阳,天之德;阴,天之刑也。阳气暖而阴气寒,阳气予而阴气夺,阳气仁而阴气戾,阳气宽而阴气急,阳气爱而阴气恶,阳气生而阴气杀。是故阳常居实位而行于盛,阴常居空位而行于末。天之好仁而近,恶戾之变而远,大德而小刑之意也。先经而后权,贵阳而贱阴也。[137]

又《春秋繁露·如天之为》:

> 为人主者，予夺生杀，各当其义，若四时；列官置吏，必以其能，若五行；好仁恶戾，任德远刑，若阴阳。此之谓能配天。[138]

即以东为春为阳，主生为德；西为秋为阴，主杀为刑。四时有刑德之义，行仁政须趋阳避阴，任德远刑。

基于此种刑德观，东尊于西、左尊于右成为一种建筑现象。在一组建筑之中，东西、左右相对的建筑，所遵循的空间秩序是东尊西卑、左尊右卑，即所谓"青龙"尊于"白虎"。[139]

太和殿庭院东侧的体仁阁高于西侧的弘义阁，[140] 文华殿、武英殿东西相对，中轴线更靠近东侧的文华殿（图3-87），[141] 皆体现任德远刑的观念。

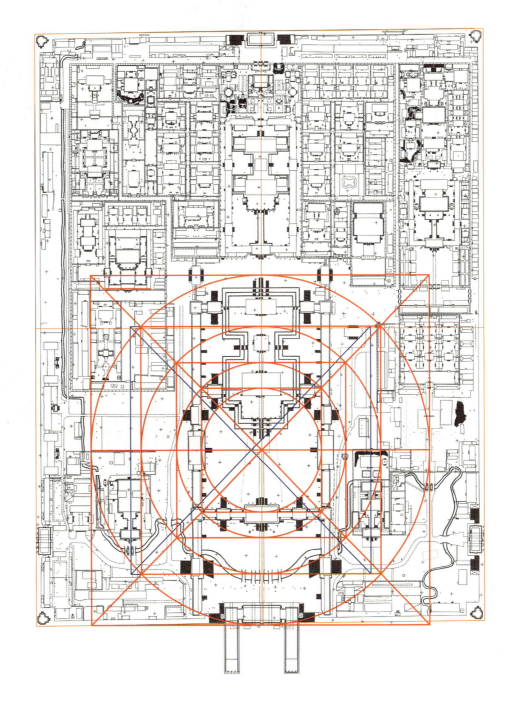

图3-87 王南绘北京紫禁城平面分析图，显示紫禁城外朝区域建筑以太和殿庭院为中心，以√2比例扩张布局的情况。其中，中轴线东至文华殿建筑东墙的距离，与中轴线西至武英殿建筑东墙的距离相等。经此规划，中轴线更靠近其东侧的文华殿。（来源：王南，《规矩方圆，天地之和——中国古代都城、建筑群与单体建筑之构图比例研究》，2018年）

中轴线位于城市子午中线之东,从紫禁城正中穿过,与紫禁城整体东移,也是任德远刑观念的体现,包含了祈生避杀的精神诉求。

3. 天一生水

紫禁城在以多种方式表现阴阳之时,也对阴阳的本源——道——做出了具有终极意义的阐释。"天一生水"意境的营造,即为一例。

紫禁城御花园西北角设有澄瑞亭水池,东北角设有浮碧亭水池,两个水池之间,设有天一门,这是对"天一生水"的表现。（图3-88至图3-90）

五行以水配冬,时为立冬至立春。立冬和立春的斗建方位分别为西北和东北,也就是澄瑞亭、浮碧亭在御花园中的方位,这两个亭子的水池取义五行以水配冬,内设藻井亦取此义（图3-91）,与天一门呼应,就形成"天一生水"格局。

"天一"有着丰富的文化含义。《洛书》以天数一配北方,北方又是冬至一阳生之位,"天一"又称"大一""太一",是上帝的别名,[142]这些意义又被哲学上的"道生一"所统领。

战国中期的郭店竹书《太一生水》开篇即云："大（太）一生水,水反辅大（太）一,是以成天。天反辅大（太）一,是以成地","是故大（太）一藏于水,行于时"。[143]即言天一生水,再生天地,这就明确表示了"天一生水"就是"道生一"。

五行以水配冬,是因为水色透明,浸润而下,如冬时阳气潜藏,蕴含万物

图3-88　故宫御花园天一门。王军摄于2023年1月

图3-89　故宫御花园澄瑞亭。王军摄于2023年1月

图3-90　故宫御花园浮碧亭。王军摄于2023年1月

生机。《老子》记云:"上善若水,水善利万物而不争,居众人之所恶,故几于道。"^144 即将水比拟为道,视为生命之源。

五味以咸配水,亦取此义,因为"润下作咸","水卤所生",^145 盐为生命必需。^146《天工开物》记云:

> 口之于味也,辛酸甘苦,经年绝一无恙。独食盐,禁戒旬日,则缚鸡胜匹,倦怠恹然。岂非天一生水,而此味为生人生气之源哉?^147

"天一"的"一"为数字之始,有初

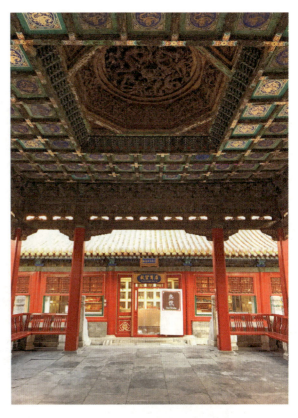

图 3-91　澄瑞亭藻井。王军摄于 2017 年 12 月

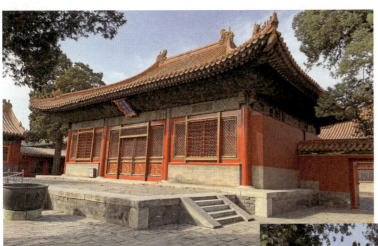

图 3-92　故宫西六宫咸福宫。王军摄于 2023 年 3 月

图 3-93　故宫东六宫景阳宫。王军摄于 2023 年 3 月

图 3-94　玄穹宝殿居紫禁城东北艮位,甬道铺八块石板,与《洛书》九宫艮八之数相合。王军摄于 2023 年 3 月

图3-95 故宫钦安殿。王军摄于2023年1月

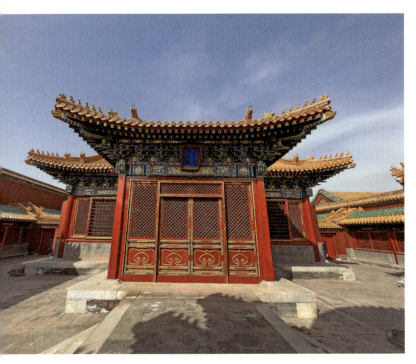

图3-96 故宫中正殿（2012年复建）。王军摄于2023年3月

始之义，"道生一"即取此义。由澄瑞亭、天一门、浮碧亭所呈现的"天一生水"，与"道生一"同义，在紫禁城内塑造了具有终极意义的哲学空间。

与之形成呼应，御花园天一门至坤宁门御道铺十六块石板，以9∶7明堂数列（9+7=16）寓意"道生一"；天一门内、坤宁门内御道各铺两块石板，又是对"一生二"的表现。

这样的空间组合，紫禁城内还有两组：

一是东西六宫。咸福宫居西六宫西北，景阳宫居东六宫东北，分别对应立冬、立春的斗建方位。这两处建筑皆覆庑殿顶，卓尔不群，为东西六宫之特例。庑殿顶状若天宇，是对"天一"的表现。咸福宫取义五行之水"润下作咸"，即以"咸福"寓意水德，景阳宫取义立春阳气生成，"天一生水"之义明矣。[148]（图3-92，图3-93）

二是三处道观。在紫禁城西北部的中正殿区域，明代设玄极宝殿，对应立冬；与其相对称的紫禁城东北部，明代设玄穹宝殿，对应立春（图3-94）；两殿之间，明代设钦安殿供奉玄武大帝，对应冬至。（图3-95）这是道教宗奉"上善若水"经义的体现，也表现了"天一生水"。

钦安殿、玄穹宝殿今存，玄极宝殿在清代被改建为宫廷藏传佛教的中心——中正殿，见证了释道合流，彰显"天一生水"的宇宙观具有强大的包容性。（图3-96）

四、结　语

中国古代观象授时的主要方式，是通过地平方位测定天体的位置以获得时间，在立表测影和对北斗、东宫苍龙的观测中，东南西北是春夏秋冬的授时方位，由此衍生东南西北即春夏秋冬、时间与空间合一的观念。

此种时空观迥异于西方，对中国古代思想艺术造成根本影响，不但塑造了独具中国文化特色的物质形态，还催生了顺时施政的用事制度、天人合一的思想观念。其对建筑制度的影响，突出体现在时间统领空间的设计，由此形成建筑设计与城市规划的时空法式，以及与天地环境整体生成的设计理念，这在紫禁城与明清北京城的空间营造中有着极为经典的体现。

明清北京城的子午卯酉时空格局，为整个城市的空间安排提供了坐标，支撑了因天文而人文的文化景观，深刻阐释了中国古代文化与文明赖以生存和发展的知识与思想体系。

这样的时空观念源出新石器时代，伴随着种植农业的发生和发展，在紫禁城和明清北京城凝固为不朽的建筑乐章，彰显中国古代文化与文明惊人的连续性与适应性。

注　释

1　古人称子午、卯酉为"二绳"，《淮南子·天文训》记云："子午、卯酉为二绳，丑寅、辰巳、未申、戌亥为四钩。"《二十二子》，1216页。

2　《"二十四节气"列入联合国教科文组织人类非物质文化遗产代表作名录》，新华网，2016年11月30日。

3　《周髀算经》赵爽《注》："节候不正十五日，有三十二分日之七。"即一节气为15.21875天，这是将一年365.25天均分为二十四段的结果。参见[汉]赵爽注，[北周]甄鸾重述：《周髀算经》卷下，14页。按：《四部丛刊初编子部·周髀算经》误将"三十二分日之七"刻为"二十二分日之七"。

4　《清史稿·时宪志》记顺治二年颁布《时宪历》，采用汤若望新法，"求真节气，旧法平节气，非真节气，今改定"，即以定气注历。参阅赵尔巽等撰：《清史稿》卷四十五《志二十·时宪一》，1661页。

5　[汉]郑玄注，[唐]贾公彦疏：《周礼注疏》卷二十九《大司马》，《十三经注疏》，1803页。

6　[汉]郑玄注，[唐]贾公彦疏：《周礼注疏》卷四十一《匠人》，《十三经注疏》，2005页。

7 宋人李诫《营造法式·看详》记测水平之法："定平之制，既正四方，据其位置，于四角各立一表，当心安水平。其水平长二尺四寸，广二寸五分，高二寸，下施立桩，长四尺，上面横坐水平。两头各开池，方一寸七分，深一寸三分。身内开槽子，广深各五分，令水通过。于两头池子内，各用水浮子一枚。方一寸五分，高一寸二分；刻上头令侧薄，其厚一分；浮于池内。望两头水浮子之首，遥对立表处，于表身内画记，即知地之高下。凡定柱础取平，须用真尺较之。其真尺长一丈八尺，广四寸，厚二寸五分；当心上立表，高四尺。于立表当心，自上至下施墨线一道，垂绳坠下，令绳对墨线心，则其下地面自平。"（5—6页）清人李斗《扬州画舫录》卷一《工段营造录》亦记："造屋者先平地盘，平地盘又先于画屋样；尺幅中画出阔狭浅深高低尺寸，搭签注明，谓之图说。又以纸褙使厚，按式做纸屋样，令工匠依格放线，谓之烫样。工匠守成法，中立一方表，下作十字，拱头蹄脚，上横过一方，分作三分，开水池。中表安二线垂下，将小石坠正中心，水池中立水鸭子三个，所以定木端正。压尺十字，以平正四方也。"（373页）

8 [汉]赵爽注，[北周]甄鸾重述：《周髀算经》卷下，4页。

9 [汉]刘安撰，[汉]高诱注：《淮南子》卷三《天文训》，《二十二子》，1220页。

10 [汉]郑玄注，[唐]贾公彦疏：《周礼注疏》卷四十一《匠人》，《十三经注疏》，2005页。

11 萧良琼：《卜辞中的"立中"与商代的圭表测景》，《科技史文集》第10辑，27—44页。

12 [汉]赵爽注，[北周]甄鸾重述：《周髀算经》卷下，27页。

13 [南朝宋]范晔撰，[唐]李贤等注：《续汉书·律历志下》，《历代天文律历等志汇编》，1511页。

14 [明]宋濂等撰：《元史·历志一》，《历代天文律历等志汇编》，3310页。

15 [晋]郭璞传，[清]毕沅校：《山海经》卷八《海外北经》，《二十二子》，1371页。

16 [晋]郭璞传，[清]毕沅校：《山海经》卷十七《大荒北经》，《二十二子》，1384页。

17 [周]列御寇撰，[晋]张湛注，[唐]殷敬顺释文：《列子》卷五《汤问》，《二十二子》，210页。

18 冯时：《中国古代物质文化史·天文历法》，21页；郑文光：《中国天文学源流》，38页。

19 晷长为太阳高度的函数，《周髀算经》《易纬》将子午线二至点之间的晷长等分以纪节气显然不确，或只是在喻示二十四节气在时间上等分太阳年周期。唐人李淳风指出《周髀算经》晷长及赵爽注"求二十四气影列损益九寸九分六分分之一，以为定率。检勘术注，有所未通"，认为其误在以为"二十四气率乃足平迁"，如移步平行，"日近影短，日远影长"，事实上，"日高影短，日卑影长"，"今此文，自冬至毕芒种，自夏至毕大雪，均差每气损九寸有奇，是为天体正平，无高卑之异。而日但南北均行，又无升降之殊，即无内衡高于外衡六万里，自相矛盾"。参见[汉]赵爽注，[北周]甄鸾重述：《周髀算经》卷下，14—15页。

20 [南朝宋]范晔撰，[唐]李贤等注：《后汉书》，3077—3079页；张培瑜、陈美东、薄树人、胡铁珠：《中国古代历法》，34—35页。

21 冯时：《中国古代的天文与人文》（修订版），39页。

22 [汉]赵爽注，[北周]甄鸾重述：《周髀算经》卷下，22—23页。

23 [汉]赵爽注，[北周]甄鸾重述：《周髀算经》卷下，22页。

24 《周髀算经》记："周天三百六十五度四分度之一"。参见[汉]赵爽注，[北周]甄鸾重述：《周髀算经》卷下，6页。

25 三百六十五又四分之一度除以十二即得30.4375度，合三十又十六分之七度。

26 [汉]赵爽注，[北周]甄鸾重述：《周髀算经》卷下，23页。

27 [汉]赵爽注，[北周]甄鸾重述：《周髀算经》卷下，23页。

28 子午线上，表影的消长也喻示着阴阳二气的变化，所以，立表测影的活动被古人称为"测阴阳"。参见清华大学出土文献研究与保护中心编，李学勤主编：《清华大学藏战国竹简（壹）》，143页；冯时：《〈保训〉故事与地中之变迁》，《考古学报》2015年第2期，129—156页。

29 [唐]孔颖达疏：《尚书正义》卷二《尧典》，《十三经注疏》，251页。

30 冯时：《中国古代物质文化史·天文历法》，4—5页。

31 [唐]孔颖达疏：《尚书正义》卷二《尧典》，《十三经注疏》，

32 [汉]赵爽注,[北周]甄鸾重述:《周髀算经》卷上,1页。

33 [汉]赵爽注,[北周]甄鸾重述:《周髀算经》卷上,1页。

34 [汉]赵爽注,[北周]甄鸾重述:《周髀算经》卷下,6页。

35 (日)安居香山、中村璋八辑:《纬书集成》,348页。

36 [晋]郭璞注,[宋]邢昺疏:《尔雅注疏》卷六《释天》,《十三经注疏》,5670页。

37 [秦]吕不韦撰,[汉]高诱注:《吕氏春秋》第一至十二卷,《二十二子》,628、632、625、638、641、644、648、650、653、656、659、662页;[汉]郑玄注,[唐]孔颖达疏:《礼记正义》卷十四至十七《月令》,《十三经注疏》,2928、2947、2951、2954、2964、2967、2971、2973、2986、2989、2993、2995页;[汉]戴德著:《大戴礼记》卷二《夏小正》,《增订汉魏丛书·汉魏遗书钞》第1册,468、469、470页;[汉]刘安撰,[汉]高诱注:《淮南子》卷五《时则训》,《二十二子》,1225、1226、1227、1228、1229页。

38 北宫早期以麒麟相配,至战国时期改为玄武。参阅冯时:《中国古代物质文化史·天文历法》,157—163页。

39 根据岁差计算,这是距今六千年前春分初昏时的天象,正值河南濮阳西水坡45号墓所在时代,后者呈现了目前已知世界最早的二十八宿星图。参阅冯时:《中国天文考古学》(第3版),386—387页。

40 [魏]王弼、[晋]韩康伯注,[唐]孔颖达疏:《周易正义》卷一《乾》,《十三经注疏》,23页。

41 冯时:《中国早期星象图研究》,《自然科学史研究》1990年第9卷第2期,112页。

42 冯时:《〈周易〉乾坤卦爻辞研究》,《中国文化》2010年第32期,65—93页。

43 [汉]许慎撰,[宋]徐铉校定:《说文解字》,245页。

44 [唐]孔颖达疏:《尚书正义》卷二《尧典》,《十三经注疏》,251页。

45 《尚书正义》孔颖达《疏》引《书传》记四仲中星,包括"主春者张,昏中,可以种谷"(253页)。关于"星鸟"所指之星,古代注家还有其他解释,如马融、郑玄称"春分之昏,七星中"(《尚书古今文注疏》,16页),"七星"即星宿。《礼记·月令》记仲春之月"昏弧中"(2947页),"弧"即弧矢,靠近井宿。以上不同表述,反映了不同时期的春分天象,与岁差有关。《礼记·月令》所记四仲中星与《尧典》所记皆不相同,即岁差使然。

46 [魏]王弼、[晋]韩康伯注,[唐]孔颖达疏:《周易正义》卷九《说卦》,《十三经注疏》,197页。

47 对此,《礼记·月令》郑玄《注》云:"凡记昏明中星者为人君,南面而听天下,视时候以授民事。"(《十三经注疏》,2928—2929页)《仪礼·士相见礼》:"凡燕见于君,必辨君之南面。"(《十三经注疏》,2108页)

48 [汉]刘安撰,[汉]高诱注:《淮南子》卷三《天文训》,《二十二子》,1216页。

49 [汉]司马迁:《史记》卷二十七《天官书第五》,1291页。

50 [汉]司马迁:《史记》卷二十七《天官书第五》,1291页。

51 [宋]陆佃解:《鹖冠子》,21页。

52 [汉]刘安撰,[汉]高诱注:《淮南子》卷三《天文训》,《二十二子》,1217页。

53 [秦]吕不韦撰,[汉]高诱注:《吕氏春秋》卷十三《有始览第一》,《二十二子》,666页。

54 [汉]赵爽注,[北周]甄鸾重述:《周髀算经》卷下,2页。

55 [清]孙诒让:《周礼正义》,3421页。

56 [汉]赵爽注,[北周]甄鸾重述:《周髀算经》卷下,2—3页。

57 公元前2世纪,古希腊天文学家喜帕恰斯(Hipparchus)发现这一天文现象。公元4世纪,中国东晋天文学家虞喜也发现这一天文现象。《宋史·律历志》载虞喜云:"尧时冬至日短星昴,今二千七百余年,乃东壁中,则知每岁渐差之所至。"又记南朝宋天文学家何承天所言:"《尧典》:'日永星火以正仲夏,宵中星虚以正仲秋。'今以中星校之,所差二十七八度,即尧时冬至,日在须女十度。"参阅[元]脱脱等撰:《宋史》卷七十四《律历》,1689页。

58 陈遵妫:《中国天文学史》,199页。

59 陈遵妫:《中国天文学史》,593页。

60 《史记·律书》:"书曰:七正二十八舍。律历,天所以通五行八正之气,天所以成熟万物也。舍者,日月所舍。舍者,舒气也。"[汉]司马迁:《史记》卷二十五《律书》,1243页。

61 [汉]郑玄注，[唐]孔颖达疏：《礼记正义》卷十四至卷十七《月令》，《十三经注疏》，2928、2947、2951、2954、2964、2967、2971、2986、2989、2993、2995 页。

62 《春秋元命包》，《纬书集成》，599 页。

63 朱伯崑：《易学哲学史》（修订本），247—273 页。

64 [汉]魏伯阳著：《参同契·圣人上观章第二》，《增订汉魏丛书·汉魏遗书钞》第五册，57—58 页。

65 [汉]郑玄注，[唐]贾公彦疏：《周礼注疏》卷二十八《冯相氏》，《十三经注疏》，1767—1768 页。

66 [汉]郑玄注，[唐]贾公彦疏：《周礼注疏》卷二十六《冯相氏》，《十三经注疏》，1768 页。

67 [汉]郑玄注，[唐]贾公彦疏：《周礼注疏》卷二十六《冯相氏》，《十三经注疏》，1768 页。

68 月离之离，通丽，乃附丽之义。月周行于天，渐次移行所附丽之宿，被古人赋予了丰富的意义。《诗经·小雅·渐渐之石》记周幽王之时荆、舒之叛，有谓："有豕白蹢，烝涉波矣。月离于毕，俾滂沱矣。"毛亨《传》："月离阴星则雨。"郑玄《笺》："将有大雨，征气先见于天。以言荆、舒之叛，萌渐亦由王出也。豕既波矣，今又雨使之滂沱，疾王甚也。"（《十三经注疏》，1075 页）蹢即蹄，白蹢即白蹄。荆、舒之人，如白蹄之猪，其性能水，唐突难制。毕乃西宫白虎之宿，西方属金，金生水，故"俾滂沱矣"。《诗经》以此喻指幽王失德，又不能预察荆、舒之叛，终致祸乱。顾炎武《日知录》记云："三代以上，人人皆知天文。'七月流火'，农夫之辞也；'三星在天'，妇人之语也；'月离于毕'，戍卒之作也；'龙尾伏辰'，儿童之谣也。"（《日知录集释（外七种）》，2203 页）"七月流火"典出《诗经·豳风》"七月流火，九月授衣"（《十三经注疏》，830 页），指秋七月东宫苍龙的大火星（心宿二）于初昏时西坠；"三星在天"典出《诗经·绸缪》"绸缪束薪，三星在天"（《十三经注疏》，772 页），指冬十月西宫白虎之参宿昏见于东方。《诗经·绸缪》："绸缪束薪，三星在天。"毛亨《传》："三星，参也。在天，谓始见东方也。男女待礼而成，若薪刍待人事而后束也。三星在天，可以嫁娶矣。"郑玄《笺》："三星，谓心星也。心有尊卑，夫妇父子之象，又为二月之合宿，故嫁娶者以为候焉。昏而火星不见，嫁娶之时也。今我束薪于野，乃见其在天，则三月之末，四月之中，见于东方矣，故云'不得其时'。"孔颖达《正义》："毛以为，不得初冬、冬末、开春之时，故陈婚姻之正时以刺之。郑以为，不得仲春之正时，四月五月乃成婚，故直举失时之事以刺之。毛以为，婚之月自季秋尽于孟春，皆可以成婚。三十之男，二十之女，乃得以仲春行嫁。自是以外，余月皆不得为婚也。今此晋国之乱，婚姻失于正时。三章皆举婚姻正时以刺之。三星者，参也。首章言在天，谓始见东方，十月之时，故干肃述毛云：'三星在天，谓十月也。'"（《十三经注疏》，772 页）综上所述，毛亨谓三星为西宫白虎之参宿，"三星在天"即参宿昏见东方，时为孟冬十月，此后至次年孟春，皆宜嫁娶。三十之男，二十之妇，宜于仲春行嫁。郑玄谓三星为东宫苍龙之心宿，"三星在天"即心宿昏见东方，时为季春三月之末、孟夏四月之中，此时嫁娶，不得于时。皆谓婚嫁之正时，对二星之解释虽然不同，但意义相通；"月离丁毕"典出《诗经·渐渐之石》；"龙尾伏辰"典出《左传·僖公五年》"童谣云：'丙之晨，龙尾伏辰。'"（《十三经注疏》，3897 页）指秋分之后日躔东宫苍龙的尾宿，苍龙伏而不见。顾炎武感慨："三代以上，人人皆知天文。"即言在推步历法成熟之前，观测天象乃寻常之事，有了历书之后，观测天象已非人人必须，则成非常之事。及至今日，随着经学之废，辨星考域已是冷门绝学矣！

69 [汉]班固撰，[唐]颜师古注：《汉书》卷二十一下《律历志第一下》，1005—1006 页。

70 [汉]司马迁：《史记》卷二十七《天官书第五》，1319 页。

71 [汉]刘安撰，[汉]高诱注：《淮南子》卷三《天文训》，《二十二子》，1216 页。

72 （日）安居香山、中村璋八辑：《纬书集成》，38 页。

73 （日）安居香山、中村璋八辑：《纬书集成》，886 页。

74 [汉]司马迁：《史记》卷二十七《天官书第五》，1322、1323 页。

75 [汉]司马迁：《史记》卷二十七《天官书第五》，1322 页。

76 [汉]司马迁：《史记》卷二十七《天官书第五》，1327 页。

77 [汉]刘安撰，[汉]高诱注：《淮南子》卷三《天文训》，《二十二子》，1216 页。

78 [汉]刘安撰，[汉]高诱注：《淮南子》卷三《天文训》，《二十二子》，1216 页。

79 资料来源：[汉]班固撰，[唐]颜师古注：《汉书》卷二十一下《律历志第一下》，1005—1006 页；陈遵妫：《中国天文学史》，991页。

80 Vitruvius: *The Ten Books on Architecture*. New York: Dover Publications, Inc. 1960: 257—258.

81 Stephen Hawking: *A Brief History of Time*. New York: Bantam Books. 2005: 35.

82 语出《史记》卷四十七《孔子世家》："太史公曰：诗有之：'高山仰止，景行行止。'虽不能至，然心乡往之。余读孔氏书，想见其为人。"（1947页）

83 宗白华：《中国诗画中所表现的空间意识》，《宗白华全集》第二册，436—437页。

84 宗白华：《中国诗画中所表现的空间意识》，《宗白华全集》第2册，432页。

85 梁思成：《〈中国古代建筑史〉（六稿）绪论》，《梁思成全集》第5卷，459—460页。

86 引自[汉]郑玄注，[唐]孔颖达疏：《礼记正义》卷第十四至卷十七《月令》，《十三经注疏》，2935—2938、2938—2939、2952—2954、2956—2957、2965—2967、2968—2969、2972—2973、2974—2976、2986—2989、2990—2998页。

87 [魏]王弼、[晋]韩康伯注，[唐]孔颖达疏：《周易正义》卷六《节》，《十三经注疏》，145页。

88 费正清：《美国与中国》（第4版），38页。

89 [清]孙承泽著，王剑英点校：《春明梦余录》卷十四《天坛》，191、192页。

90 [清]孙承泽著，王剑英点校：《春明梦余录》卷十六《地坛》，232页。

91 [清]孙承泽著，王剑英点校：《春明梦余录》卷十六《朝日坛》，238页。

92 [清]孙承泽著，王剑英点校：《春明梦余录》卷十六《夕月坛》，239页。

93 王军：《建极绥猷——北京历史文化价值与名城保护》，33页。

94 [唐]孔颖达疏：《尚书正义》卷十二《洪范》，《十三经注疏》，398页。

95 [唐]孔颖达疏：《尚书正义》卷十二《洪范》，《十三经注疏》，402页。

96 [汉]班固撰，[唐]颜师古注：《汉书》卷二十七《五行志》，1458页。

97 萧良琼：《卜辞中的"立中"与商代的圭表测景》，《科技史文集》第10辑，27—38页；冯时：《中国古代的天文与人文》（修订版），9、245页；冯时：《陶寺圭表及相关问题研究》，《考古学集刊》第19卷，27—58页。

98 [唐]孔颖达疏：《尚书正义》卷八《汤诰》，《十三经注疏》，342页。

99 [汉]班固撰，[唐]颜师古注：《汉书》卷二十七上《五行志第七上》，1315页。

100 《日讲书经解义》，《影印文渊阁四库全书》第65册，1—2页。

101 [清]孙家鼐等撰：《钦定书经图说》卷二，8页。

102 冯时：《中国古代的天文与人文》，12页；冯时：《中国古代物质文化史·天文历法》，41页。

103 冯时：《中国古代物质文化史·天文历法》，45页。

104 [汉]许慎等著：《汉小学四种》，83页。

105 "象天法地"一词，见《吴越春秋》卷四《阖闾内传》，其记："子胥乃使相土尝水，象天法地，造筑大城，周回四十七里。陆门八，以象天八风。水门八，以法地八聪。"[汉]赵晔著，苗麓点校：《吴越春秋》，2页。

106 [魏]王弼、[晋]韩康伯注，[唐]孔颖达疏：《周易正义》卷八《系辞上》，《十三经注疏》，156、167、170页。

107 清避康熙玄烨之讳改玄武为元武。

108 [清]于敏中等编纂：《日下旧闻考》卷五《形胜》，81页。

109 [魏]何晏注，[宋]邢昺疏：《论语注疏》卷二《为政》，《十三经注疏》，5346页。

110 明人帅机《北京赋》："殿则华盖、谨身、文华、武英。皇极中极，世宗易名。青龙蚴蟉于东厢，白虎蹲跽于西清。"参见[清]于敏中等编纂：《日下旧闻考》卷七《形胜》，110页。

111 陕西省考古研究院、榆林市文物考古勘探工作队、神木县石峁遗址管理处：《陕西神木县石峁城址皇城台地点》，《考古》2017年第7期，46—56页。

112 段进、揭明浩:《世界文化遗产宏村古村落空间解析》,7页。

113 [汉]司马迁:《史记》卷二十七《天官书第五》,1291页。

114 [汉]毛亨传,[汉]郑玄笺,[唐]孔颖达疏:《毛诗正义》卷三《定之方中》,《十三经注疏》,665页。

115 [三国吴]韦昭注:《宋本国语》第1册,64页。

116 参见《史记·天官书》:"营室为清庙。"(《史记》卷二十七,1309页)《诗经·周颂·清庙》郑玄《笺》:"清庙者,祭有清明之德者之宫也。"(《十三经注疏》,1256页)《国语·周语》:"日月底于天庙。"韦昭《注》:"天庙,营室也。"(《宋本国语》第1册,17页)

117《晋书·天文志》:"营室二星,天子之宫也。"参见《历代天文律历等志汇编》,187页。

118 [汉]司马迁:《史记》卷二十七《天官书第五》,1290页。

119 [汉]司马迁:《史记》卷六《秦始皇本纪》,256页。

120《元一统志》记:"自至元三十年浚通惠河成,上自昌平白浮村之神山泉下流,有王家山泉、昌平西虎眼泉、孟村一亩泉、西来马眼泉、侯家庄石河泉、灌石村南泉、榆河温汤、龙泉、冷水泉、玉泉诸水毕合,遂建澄清闸于海子之东,有桥南直御园,通惠河碑有云'取象星辰紫宫之后,阁道横贯天之银汉'也。"(赵万里校辑本,15页。笔者略改句读并添加引号)即言元大都中轴线上的万宁桥取义阁道六星,其所跨越的通惠河取义银河。

121 拙作《尧风舜雨:元大都规划思想与古代中国》对此已有讨论。

122 参见《春秋元命包》:"太微为天廷,理法平乱,监计援德,列宿受符,神考节书,情稽疑者也。南蕃二星,东星曰左执,法廷尉之象也;西星曰右执,法御史大夫之象也,执法所以举刺中奸者也。两星之间,南端门也。左执法之东,左掖门也。右执法之西,右掖门也。东蕃四星,南第一星曰上相,上相之北,东门也;第二星曰次相,次相之北,中华门也;第三星曰次将,次将之北,太阴门也;第四星曰上将,所谓四辅也。西蕃四星,南第一星曰上将,上将之北,西门也;第二星曰次将,次将之北,中华门也;第三星曰次相,次相之北,太阴门也;第四星曰上相,亦为四辅也。"纬书集成,645页。

123《日下旧闻考》引《穀城山房笔麈》:"大明门前棋盘天街,百货云集,乃向离之景也。"又引《长安客话》:"棋盘街府部对列街之左右。天下士民工贾各以牒至,云集于斯,肩摩毂击,竟日喧嚣。此亦见国家丰豫之景。"(卷四十三《城市》,674页)在《周易》八卦方位中,离居正南之位,与夏至对应。"向离之景"即盛夏之景。对此,《周易·说卦》有谓:"离也者,明也,万物皆相见,南方之卦也。圣人南面而听天下,向明而治,盖取诸此也。"(《十三经注疏》,197页)棋盘街位于正阳门以北,大明门(清称大清门,中华民国称中华门)以南。大明门"大明"之名,为明朝国号,又是太阳之神名,皆与"离也者,明也"相合。永乐定都北京之后,于正阳门外开辟廊房,"召民居住,召商居货"(《人海记》,91页),形成今廊房头条至四条格局。《日下旧闻考》"臣等谨按"云:"今正阳门前棚房比栉,百货云集,较前代尤盛。足微皇都景物殷繁,既庶且富云。"(卷五十五《城市》,887页)"臣等"即清乾隆朝大学士于敏中、英廉等,其谓正阳门前廊房街市"较前代尤盛",即寓意本朝"向明而治"功逾前朝。永定门外,有元代下马飞放泊,即明之南海子、清之南苑。这处皇家苑囿,经明永乐帝增扩后"方一百六十里"(《帝京景物略》,134页),草木繁茂,禽兽出没,麋鹿成群,呈现的正是"万物皆相见"之盎然景象。"万物皆相见"是对夏时万物竞相生长的描述。天子居紫禁城南面而治,即见"国家丰豫之景",这正是对"圣人南面而听天下,向明而治"的表现。

124 今北京钟鼓楼所在,即元大都钟鼓楼所在。对此,王灿炽已有考证,诚不易之论,参见氏著《元大都钟鼓楼考》(《故宫博物院院刊》1985年第4期)。元大都鼓楼名曰齐政楼,源出《尚书·尧典》"在璇玑玉衡以齐七政",这是对舜帝得天命的记载。忽必烈于元大都中央造此建筑对应天中,以表示其为尧舜传人,继承了中华道统。明永乐十八年(1420年),明成祖"以迁都北京诏天下","北京郊庙宫殿成"(《明史》卷七《本纪第七·成祖三》,99—100页),同年改建象征元帝受命于天的鼓楼与钟楼(《大明一统志》卷一《京师·宫室》,10页),显有革命创制、改正易服之义。重建后的鼓楼与钟楼南北相望,居城市中轴线北端,与元大都齐政楼、钟楼格局一致。《尧典》所记"在璇玑玉衡以齐七政",意即通过观测北斗、北极星测定冬至,再推算日月五星同度,确定历元。齐政楼居宫城以北的子位,与冬至对应,即与"在璇玑玉衡以齐七政"之义相合。今鼓楼以南,万宁桥以北路西,有火神庙,即火德真君庙。火神乃大火星(心宿二)的化身。在《尧典》所记时代，初昏时，大火星行至午位即为夏至，行至子位即为冬至。火神庙居宫城以北之子位，亦是对冬至的表现。

125 [唐]房玄龄注：《管子》卷二十一《版法解》，《二十二子》，171页。

126 [晋]王弼注：《老子道德经》下篇第三十一章，《二十二子》，4页。

127 天安门广场两侧官署名称引自《北京历史地图集》（侯仁之主编）。

128 [魏]王弼、[晋]韩康伯注，[唐]孔颖达疏：《周易正义》卷九《说卦》，《十三经注疏》，195页。

129 [明]金幼孜：《皇都大一统赋》，《日下旧闻考》第1册，93页。

130 [汉]刘安撰，[汉]高诱注：《淮南子》卷三《天文训》，《二十二子》，1218页。

131 [汉]董仲舒撰：《春秋繁露》卷十三《五行相生》，《二十二子》，798页。

132 [魏]王弼、[晋]韩康伯注，[唐]孔颖达疏：《周易正义》卷七《系辞上》，《十三经注疏》，161页。

133 [汉]郑玄注，[唐]孔颖达疏：《礼记正义》卷十四至卷十七《月令》，《十三经注疏》，2927—2998页。按：《淮南子》卷三《天文训》亦记："甲乙寅卯，木也；丙丁巳午，火也；戊己四季，土也；庚辛申酉，金也；壬癸亥子，水也。"（《二十二子》，1219页）

134 [宋]杜道坚撰：《文子缵义》卷十《上仁》，《二十二子》，867页。

135 [周]荀况撰，[唐]杨倞注：《荀子》卷十三《礼论篇第十九》，《二十二子》，336页。

136 [唐]房玄龄注：《管子》卷十四《四时》，《二十二子》，149页。

137 [汉]董仲舒撰：《春秋繁露》卷十一《王道通三》，《二十二子》，794—795页。按：这段文字清人苏舆撰《春秋繁露义证》录于卷十一《阳尊阴卑》。

138 [汉]董仲舒撰：《春秋繁露》卷十七《如天之为第八十》，《二十二子》，808页。按：这段文字清人苏舆撰《春秋繁露义证》录于卷十七《天地阴阳第八十一》。

139 《葬书》记云："夫葬以左为青龙，右为白虎，前为朱雀，后为玄武。玄武垂头，朱雀翔舞，青龙蜿蜒，白虎驯俯。"已明确表示白虎须显驯俯之态。参见[晋]郭璞：《葬书》，《四库术数类丛书》第6册，29页。笔者近年在北京、广东、安徽的农村调查发现，西邻房屋不能超过东邻，所谓"白虎"不能压过"青龙"，仍是顽固的乡土观念。这样的观念甚至对佛教造像也产生影响，四川乐山大佛呈坐姿双手抚膝，左手即高于右手。承乐山大佛石窟研究院张宇副院长惠告。

140 清华大学2004年测绘结果显示，体仁阁高24.137米，弘义阁高23.989米。体仁阁与弘义阁形制一致，体量各异，等比例伸缩变造，是以材分°模数制设计的结果。

141 王南：《象天法地，规矩方圆——中国古代都城、宫殿规划布局之构图比例探析》，《建筑史》第40辑，113页。

142 《史记索隐》引宋均云："天一、太一，北极神之别名。"[汉]司马迁：《史记》卷二十八《封禅书》，1386页。

143 冯时：《中国古代的天文与人文》，230页。

144 [晋]王弼注：《老子道德经》上篇第八章，《二十二子》，1页。

145 [唐]孔颖达疏：《尚书正义》卷十二《洪范》，《十三经注疏》，399页。

146 李水城：《中国盐业考古》，6页。

147 [明]宋应星：《天工开物》卷上《作咸》，109页。

148 东西六宫合为十二宫，表示了十二个朔望月，为阴历。咸福宫、景阳宫位于其中，对应二十四节气的立冬、立春，为阳历。这就表现了阴阳合历，赋予了东西六宫阴阳合和的意义。

第四章

琉璃与五行

中国古代建筑使用带釉砖瓦的历史超过两千年,后世广用的低温铅釉琉璃建材,盖从西方舶来,迅速与中国文化发生深层联系,成为中国古代时空观的重要载体。

清乾隆时期改建的北京社稷坛琉璃墙垣,与五色土祭坛相配,以青、赤、白、黑,对应东、南、西、北,[1] 五色土祭坛也是东青、南赤、西白、北黑,黄土居中,呈现了标识四方五位(东南西北中)、四时(春夏秋冬)四季(四时之末)的五色体系,古人称其为五行方色。(图4-1,图4-2)

图4-1 北京社稷坛五色土。王军摄于2018年8月

图 4-2 北京社稷坛琉璃墙垣。各随方色。图中左为西垣,色白;右为北垣,色黑。王军摄于 2018 年 8 月

　　以色彩标识时空,是导源于新石器时代的文化传统,琉璃融入这一传统,也就融入了中华文脉。对色彩的使用是中国古代文化的重要内容。紫禁城的空间意义,在许多方面是通过琉璃的色彩加以呈现的,这涉及对琉璃与五行的理解,很有必要做一番探究。

一、琉璃考

(一)古代文献中的琉璃

1. 罽宾、大秦诸域有琉璃

　　古代文献把玻璃质物品和釉陶质物品统称为琉璃,亦写作流离。琉璃属于制作玻璃性质的工艺,琉璃砖瓦则属于釉陶性质的工艺,前者早于后者。

　　当琉璃被大量应用于建筑之中,有了固定配比的"药材"和严格的烧制工艺之时,它即专指以氧化铅、石英为主要原料的建筑陶釉,[2] 也就是低温铅釉。

　　古代文献关于琉璃的记载,较早见诸《汉书·西域传》,有谓:

> 罽宾地平,温和,有目宿、杂草奇木、檀、槐、梓、竹、漆。种五谷、蒲陶诸果,粪治园田。地下湿,生稻,冬食生菜。其民巧,雕文刻镂,治宫室,织罽,

刺文绣，好治食。有金银铜锡，以为器。市列。以金银为钱，文为骑马，幕为人面。出封牛、水牛、象、大狗、沐猴、孔爵、珠玑、珊瑚、虎魄、璧流离。它畜与诸国同。³

其中的"璧流离"，就是琉璃。罽宾是中亚内陆国家，位于喀尔布河流域的犍陀罗和呾叉始罗，在今巴基斯坦境内，⁴ 汉朝与之交通。

《汉书》孟康注"璧流离"："流离青色如玉。"颜师古曰："《魏略》云大秦国出赤、白、黑、黄、青、绿、缥、绀、红、紫十种流离。孟言青色，不博通也。此盖自然之物，采泽光润，逾于众玉，其色不恒。"⁵

孟康是三国时期学者，他说琉璃青色如玉。唐朝学者颜师古则认为，青色只是琉璃的一种色彩，大秦国（古罗马）所产琉璃有十种色彩，青色是其中之一，琉璃的光泽超过各种玉石，但色彩不恒定。

古罗马使用琉璃，又见《晋书·四夷列传》：

大秦国一名犁鞬，在西海之西，其地东西南北各数千里。有城邑，其城周回百余里。屋宇皆以珊瑚为棁棳，琉璃为墙壁，水精为柱础。⁶

即记古罗马以珊瑚做梁架，以琉璃做墙壁，以水晶做柱础。在这里，琉璃已是一种建筑材料。

《隋书·西域列传》又记波斯产琉璃：

土多良马，大驴，师子，白象，大鸟卵，真珠，颇黎，兽魄，珊瑚，琉璃，玛瑙，水精，瑟瑟，呼洛羯，吕腾，火齐，金刚，金，银……⁷

《三国志·吴书》又记交阯有琉璃：

交阯糜泠、九真都庞二县，皆兄死弟妻其嫂，世以此为俗，长吏恣听，不能禁制。日南郡男女倮体，不以为羞。由此言之，可谓虫豸，有腼面目耳。然而土广人众，阻险毒害，易以为乱，难使从治。县官羁縻，示令威服，田户之租赋，裁取供办，贵致远珍名珠、香药、象牙、犀角、玳瑁、珊瑚、琉璃、鹦鹉、翡翠、孔雀、奇物，充备宝玩，不必仰其赋入，以益中国也。⁸

交阯即交趾，在五岭之南，汉代设有交趾郡。此地民风粗犷，产琉璃等宝物。秦汉之际，南越国统领交趾之地，位于广州老城中心的南越国宫署遗址出土有带釉砖瓦，交趾琉璃或与之相关，其工艺可能是通过海上丝绸之路自西方舶来。（图4-3至图4-7）

2. 琉璃施用于建筑

宋人何薳《春渚纪闻》记魏武帝曹操建邺城（宋代属相州），筑铜雀台，以琉璃瓦覆盖，有谓：

> 相州，魏武帝故都，所筑铜雀台，其瓦初用铅丹杂胡桃油捣治火之，取其不渗，雨过干耳。[9]

图4-3 1954年广州横枝岗西汉墓出土的舶自罗马的蓝琉璃碗（中国国家博物馆藏）。王军摄于2023年2月

图4-4 1955年广西贵县出土的东汉钠钙玻璃杯（中国国家博物馆藏），与罗马玻璃成分相符，显示了罗马帝国的琉璃制造技术对汉朝合浦地区玻璃制造业的影响。王军摄于2023年2月

204　　　　　　　　　　　　　　　　　　　　　　　　　　　　　　　　天下文明

图 4-5 1948年河北景县北魏封氏墓群出土的舶自罗马的钠钙玻璃杯（中国国家博物馆藏）。王军摄于2023年2月

图 4-6 1948年河北景县北魏封氏墓群出土的舶自罗马的绿琉璃碗（中国国家博物馆藏）。王军摄于2023年2月

图 4-7 1965年福州出土的五代十国时期闽国王后刘华墓中舶自波斯的孔雀蓝釉陶瓶（中国国家博物馆藏）。王军摄于2023年2月

铜雀台的琉璃瓦用铅丹掺入胡桃油烧制而成，是以铅作助熔剂，这就是后世广用的低温铅釉。

《南齐书·魏虏列传》又记北魏京师平城（今山西大同）的宫殿已铺用琉璃瓦，有谓：

> 自佛狸至万民，世增雕饰。正殿西筑土台，谓之白楼。万民禅位后，常游观其上。台南又有伺星楼。正殿西又有祠屋。琉璃为瓦。[10]

即记北魏从太武帝拓跋焘（字佛狸）到献文帝拓跋弘（字万民），雕饰越发繁丽，宫廷建筑已经使用琉璃瓦。

《魏书·西域列传》又记平城宫殿的琉璃是由来自西域的大月氏商贩烧制而成：

> 大月氏国，都卢监氏城，在弗敌沙西，去代一万四千五百里。北与蠕蠕接，数为所侵，遂西徙都薄罗城，去弗敌沙二千一百里。其王寄多罗勇武，遂兴师越大山，南侵北天竺，自乾陀罗以北五国尽役属之。世祖时，其国人商贩京师，自云能铸石为五色琉璃，于是采矿山中，于京师铸之。既成，光泽乃美于西方来者。乃诏为行殿，容百余人，光色映彻，观者见之，莫不惊骇，以为神明所作。自此中国琉璃遂贱，人不复珍之。[11]

即记拓跋焘（庙号世祖）当政时，大月氏商贩来到平城，自称能用石头做五色琉璃，于是在山中采石，烧铸而成，色彩亮丽，比西域琉璃还美。拓跋焘即诏令以此建行殿，可容百余人，其光色映彻，令观者惊骇，以为神明所做。从此，琉璃在中国能够自产，就不那么珍贵了。

这条文献记录的大月氏商贩"自云能铸石为五色琉璃"，极为重要。五色即五行之色，亦称方色（即东方色为青，属木；南方色为赤，属火；西色为白，属金；北方色为黑，属水；中央色为黄，属土），是极为古老的时空标识之色，素为古人所重。

《魏书》记拓跋焘营建平城，"南门外立二土门，内立庙，开四门，各随方色"[12]，即以方色标识方位。琉璃能呈现五色，融入这一体系，也就能登上大雅之堂了。（图4-8）

这之后，南朝齐有建筑用琉璃之议，见《南齐书·东昏侯本纪》：

> 世祖兴光楼上施青漆，世谓之"青楼"。帝曰："武帝不巧，何不纯用琉璃。"[13]

南齐世祖武帝萧赜在兴光楼上涂青漆，世人称之为"青楼"。南齐末代皇帝东昏侯萧

图 4-8 北魏绿釉骑马俑。(来源:柴泽俊,《山西琉璃》,2012 年)

图 4-9 福州出土的南朝青釉水道管(中国国家博物馆藏)。王军摄于 2023 年 2 月

宝卷认为这不够高明,说武帝不懂得精巧,为什么不全用琉璃呢?

可见,北魏宫殿铺用琉璃瓦之后,这一风气播至南朝,渐成气候。(图 4-9)

3. 琉璃之复兴

至隋朝,中原一带久绝琉璃之作,巧匠何稠予以复兴。《隋书·何稠列传》记云:

> 何稠,字桂林,国子祭酒妥之兄子也。父通,善斫玉。稠性绝巧,有智思,用意精微。年十余岁,遇江陵陷,随妥入长安。仕周御饰下士。及高祖为丞相,召补参军,兼掌细作署。
>
> 开皇初,授都督,累迁御府监,历太府丞。稠博览古图,多识旧物。波斯尝献金绵锦袍,组织殊丽。上命稠为之。稠锦既成,逾所献者,上甚悦。时中

第四章 琉璃与五行

> 国久绝琉璃之作，匠人无敢厝意，稠以绿瓷为之，与真不异。[14]

即记何稠在隋朝先后任都督、御府监、太府丞，出身于玉匠之家，心性绝巧，潜精研思，仿制波斯献金绵锦袍，优于所献。当时中原一带琉璃工艺失传已久，没有匠人敢于尝试，何稠以烧制绿瓷的方法为之，获得成功，与真品无异。

失而复得的琉璃工艺，塑造了宫城景观。《隋书·礼仪志》记，仁寿元年（601年），隋文帝祭天，祝板有云：

> 宫城之内，及在山谷，石变为玉，不可胜数。桃区一岭，尽是琉璃，黄银出于神山，碧玉生于瑞巘。[15]

即以琉璃等宝物将宫城装饰成"神仙世界"。又《隋书·经籍志》：

> 炀帝即位，秘阁之书，限写五十副本，分为三品：上品红琉璃轴，中品绀琉璃轴，下品漆轴。于东都观文殿东西厢构屋以贮之，东屋藏甲乙，西屋藏丙丁。[16]

隋炀帝即位之后，下令将秘阁所藏图书抄写五十个副本，分为三等，上品用红琉璃轴，中品用绀（红青色）琉璃轴，下品用漆轴。琉璃的等级高于髹漆。

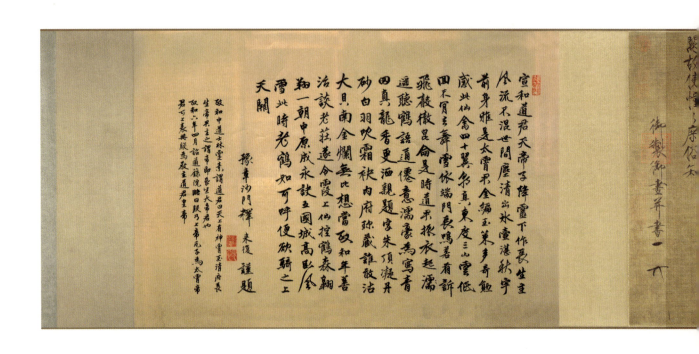

图4-10 宋徽宗赵佶绘《瑞鹤图》。辽宁省博物馆藏

至唐朝，高祖李渊沿用隋宫，施用琉璃瓦，又添雕饰，谏臣苏世长斥之为奢靡之风。《旧唐书·苏世长列传》记云：

> 又尝引之于披香殿，世长酒酣，奏曰："此殿隋炀帝所作耶，是何雕丽之若此也？"高祖曰："卿好谏似真，其心实诈。岂不知此殿是吾所造，何须设诡疑而言炀帝乎？"对曰："臣实不知。但见倾宫鹿台琉璃之瓦，并非受命帝王爱民节用之所为也。若是陛下作此，诚非所宜。臣昔在武功，幸常陪侍，见陛下宅宇，才蔽风霜，当此之时，亦以为足。今因隋之侈，民不堪命，数归有道，而陛下得之，实谓惩其奢淫，不忘俭约。今初有天下，而于隋宫之内，又加雕饰，欲拨其乱，宁可得乎？"高祖深然之。[17]

在苏世长看来，琉璃是不知节用的奢侈之物，隋朝因奢而亡，教训深重，须引以为戒。李渊虽有不悦，终还是被说服了。

琉璃被冠上奢侈之名，但这并不能影响后世帝王对它的使用。

4. 琉璃之广用

至宋朝，宋徽宗绘《瑞鹤图》，呈现了宫殿以青琉璃瓦覆盖的壮丽景象。（图4-10）

政和五年（1115年），徽宗议建明堂，宣和殿大学士蔡攸建议用素瓦，以琉璃剪边并装饰正脊、鸱尾。《宋史》记云：

蔡攸言："明堂五门，诸廊结瓦，古无制度，汉唐或盖以茅，或盖以瓦，或以木为瓦，以夹纻漆之。今酌古之制，适今之宜，盖以素瓦，而用琉璃缘里及顶盖鸱尾缀饰，上施铜云龙。其地则随所向甓以五色之石。栏楯柱端以铜为文鹿或辟邪象。明堂设饰，杂以五色，而各以其方所尚之色。八窗、八柱则以青、黄、绿相间。堂室柱门栏楯，并涂以朱。堂阶为三级，级崇三尺，共为一筵。庭树松、梓、桧，门不设戟，殿角皆垂铃。"[18]

金人灭北宋之后，仿汴京之制，营建中都，南宋使臣范成大记其宫殿："两廊屋脊皆覆以青琉璃瓦，宫阙门户即纯用之。"[19] 所铺用的琉璃，当产自京西。这样的景观，在山西繁峙岩山寺的金代壁画中可以看到。（图4-11）

至元朝，大都专设琉璃窑场。《元史·百官志》记：

> 大都四窑场，秩从六品，提领、大使、副使各一员，领匠夫三百余户，营造素白琉璃砖瓦，隶少府监。至元十三年置。其属三：
> 南窑场，大使、副使各一员。中统四年置。
> 西窑场，大使、副使各一员。至元四年置。

图4-11 山西繁峙岩山寺金代壁画。王军摄于2023年11月

图 4-12 拆除北京城墙时发现的元代琉璃构件（首都博物馆藏）。王军摄于 2021 年 8 月

图 4-13 元大都遗址出土的元代琉璃构件（首都博物馆藏）。王军摄于 2021 年 8 月

图 4-14 元代琉璃滴水（首都博物馆藏）。王军摄于 2021 年 8 月

图 4-15 元大都遗址出土的蓝琉璃花砖（首都博物馆藏）。王军摄于 2021 年 8 月

琉璃局，大使、副使各一员。中统四年置。[20]

其中的琉璃局，就是今天门头沟的琉璃渠。忽必烈设窑场于此，时为中统四年（1263 年），元大都肇建于此后的至元四年（1267 年）。设这个琉璃窑场，是为了满足元大都建设的需要。（图 4-12 至图 4-15）

元人陶宗仪《南村辍耕录》记载的元大都宫苑，已是一个琉璃的世界，诸宫门、周庑和四个角楼皆"琉璃瓦饰檐脊"，诸宫殿"屋之檐脊皆饰琉璃瓦"，寝殿"覆以白磁瓦，碧琉璃饰其檐脊"，延华阁"白琉璃瓦覆，青琉璃瓦饰其檐"，芳碧亭"覆以青琉璃瓦，饰以绿琉璃瓦"，琼华岛的金露亭"尖顶上置琉璃珠"，荷叶殿"中置琉璃珠"，御苑内的香殿"玉石础，琉璃瓦"。[21]

这些建筑或以琉璃瓦覆盖，或以琉璃瓦饰檐脊，亭子的尖顶或饰以琉璃珠，色彩包括白、碧、青、绿。

《马可波罗行纪》也记录了元大都宫殿使用琉璃的情况：

大殿宽广，足容六千人聚食而有余，房屋之多，可谓奇观。此宫壮丽富赡，世人布署之良，诚无逾于此者。顶上之瓦，皆红黄绿蓝及其他诸色，上涂以釉，光泽灿烂，犹如水晶，致使远处亦见此宫光辉。应知其顶坚固，可以

第四章 琉璃与五行 211

久存不坏。[22]

所记琉璃瓦色彩，包括红、黄、绿、蓝等色，亮如水晶，美轮美奂。

及至明清，皇家建筑使用琉璃的情况，已不可胜计。

5. 琉璃之工艺

今存中国古籍关于琉璃制造工艺及配方的最早记录，是北宋哲宗、徽宗朝将作监李诫所编《营造法式》，其中专列琉璃瓦词条，有云：

> 凡造琉璃瓦等之制：药以黄丹、洛河石和铜末，用水调匀（冬月用汤）。甋瓦于背面，鸱、兽之类于安卓露明处（青掍同），并遍浇刷。瓪瓦于仰面内中心（重唇瓪瓦乃于背上浇大头；其线道、条子瓦，浇唇一壁）。
>
> 凡合琉璃药所用黄丹阙炒造之制，以黑锡、盆硝等入镬，煎一日为粗釉，出候冷，捣罗作末；次日再炒，砖盖罨；第三日炒成。[23]

又详记：

> 石灰每三十斤用麻捣一斤，出光琉璃瓦每方一丈用常使麻八两。[24]
> ……
> 琉璃瓦事件，并随药料，每窑计之（谓曝窑）。大料（分三窑折大料同），一百束；折大料八十五束，中料（分二窑，小料同）；一百一十束，小料一百束。[25]
> ……
> 造瑠玉瓦并事件：
> 药料：每一大料，用黄丹二百四十三斤（折大料二百二十五斤，中料二百二十二斤，小料二百九斤四两）。每黄丹三斤，用铜末三两，洛河石末一斤。[26]
> ……
> 药料所用黄丹阙，用黑锡炒造。其锡以黄丹十分加一分（即所加之数，斤以下不计），每黑锡一斤，用蜜驼僧二分九厘，硫黄八分八厘，盆硝二钱五分八厘，柴二斤一十一两，炒成收黄丹十分之数。[27]

其中的"黑锡"即铅，其用量为"以黄丹十分加一分"，烧制之釉，即低温铅釉。"束"即烧造用芰草的数量，李诫《注》："每束重二十斤，余芰草称束者，并同。每减一寸，减六分。"[28] 这是按模数法控制用量，以控制烧制温度。

20 世纪 20 年代初，法国学者按照这个配方做烧制研究。1925 年，戴密微（Paul Demiéville）撰文介绍烧制成果："越南矿务局之化验室曾照此法配合试验，余承其将成绩录示，其所得者仅属微绿色釉一层而已。"[29] 这可能就是宋徽宗《瑞鹤图》所呈现的琉璃色彩。

明人宋应星《天工开物》记录了琉璃瓦烧造工艺及其使用范围：

> 若皇家宫殿所用，大异于是。其制为琉璃瓦者，或为板片，或为宛筒。以圆竹与斫木为模，逐片成造，其土必取于太平府造成。先装入琉璃窑内，每柴五千斤，烧瓦百片取出。成色以无名异、棕榈毛等煎汁涂染，成绿黛，赭石松香蒲草等涂染，成黄。再入别窑，减杀薪火，逼成琉璃宝色。外省亲王殿与仙佛宫观，间亦为之，但色料各有，配合采取，不必尽同。民居则有禁也。[30]

"先装入琉璃窑内，每柴五千斤"，这是烧坯。此后，将坯体上釉，"再入别窑，减杀薪火，逼成琉璃宝色"，这是低温烧釉。琉璃瓦供宫殿使用，外省亲王殿与仙佛宫观间或可用，民居禁用。这表明统治阶层及其意识形态垄断了对琉璃的使用。

《天工开物》又记琉璃自西域传来，"其石五色皆具，中华人艳之"，其烧造用硝、铅：

> 凡琉璃石，与中国水精、占城火齐，其类相同，同一精光明透之义。然不产中国，产于西域。其石五色皆具，中华人艳之，遂竭人巧以肖之。于是烧甀瓵转锈成黄绿色者，曰琉璃瓦。煎化羊角为盛油与笼烛者，为琉璃碗。合化硝、铅写珠铜线穿合者，为琉璃灯。捏片为琉璃瓶袋（硝用煎炼上结马牙者）。各色颜料汁，任从点染。凡为灯珠，皆淮北齐地人，以其地产硝之故。凡硝见火还空，其质本无，而黑铅为重质之物。两物假火为媒，硝欲引铅还空，铅欲留硝住世，和同一釜之中，透出光明形象。[31]

清人孙廷铨《颜山杂记》记录了琉璃诸色烧成之法：

> 琉璃者，石以为质，硝以和之，礁以锻之，铜铁丹铅以变之。非石不成，非硝不行，非铜铁丹铅则不精，三合然后生。白如霜，廉削而四方，马牙石也；紫如英，札札星星，紫石也；棱而多角，其形似璞，凌子石也。白者以为干也，紫者以为软也，凌子者以为莹也。是故白以为干，则刚；紫以为软，则斥之为薄而易张；凌子以为莹，则镜物有光。硝，柔火也，以和内；礁，猛火也，以

攻外。其始也，石气浊，硝气未澄，必剥而争，故其火烟涨而黑。徐恶尽矣，性未和也，火得红；徐性和矣，精未融也，火得青；徐精融矣，合同而化矣，火得白。故相火齐者，以白为候。其辨色也，白五之，紫一之，凌倍紫，得水晶；进其紫，退其白，去其凌子，得正白；白三之，紫一之，凌子如紫，加少铜及铁屑焉，得梅萼红；白三之，紫一之，去其凌，进其铜，去其铁，得蓝；法如白焉，钩以铜碛，得秋黄；法如水晶，钩以画碗石，得映青；法如白，加铅焉，多多益善，得牙白；法如牙白，加铁焉，得正黑；法如水晶，加铜焉，得绿；法如绿，退其铜，加少碛焉，得鹅黄，凡皆以焰硝之数为之程。[32]

清人李斗《扬州画舫录》卷十七《工段营造录》记"琉璃瓦科"，有谓：

琉璃瓦九样什料，自二样始。二样吻，每只计十三件，高一丈五尺，重七千三百斤，为剑靶背兽、吻座、兽头连座、仙人、走兽、赤脚黄道、大群色、垂脊、撺头、揣扒、大连砖、套兽、吻匣、博通脊、满面黄、合角兽、合角剑靶，群色条、钩子、滴水、筒瓦、板瓦、正当沟、斜当沟、压带条、平口条诸件。三样吻，每支计十一件，高九尺二寸，重五千八百斤，什料同。四样吻，每只高八尺，重四千三百斤，什料同。五样吻，每只五尺三寸，尾宽八寸五分，重六百斤，多戗兽、戗脊、三连砖、挂尖托泥。六样吻，每只三块，通高三尺三寸，重三百二十斤，多狮马。七样吻，每只高二尺四寸五分，长二尺七寸，宽七寸五分，重一百三十斤，多罗锅、列角盘、鱼鳞折腰。八样吻，每只重一百二十斤，什料同。九样吻，每只高一尺九寸，长一尺五寸，宽四寸五分，重七十斤，多满山红，挂落砖、随山半混、罗锅半混、羊蹄筒瓦板瓦、双羊蹄筒瓦板瓦。此九样什料也。至迎吻于璃琉窑，迎祭于大清正阳诸门，典制綦重，载在工部。[33]

又记琉璃影壁做法：

琉璃转盘鼓儿影壁，高六尺三寸五分，宽三尺六寸，用柱子二，间柱二，抹头二，腰枨二，夹堂余腮板、四面绦环群板二，里口框一；四抹转盘大框，高三尺五寸七分，宽二尺八寸。群板绦环，采间柱余腮绦环、雕四面香草夔龙，有镶嵌、素镶、并镶、门桶之别。[34]

梁思成整理的清代匠人抄本《营造算例》，记有琉璃牌楼做法，并专辟"琉璃瓦料做法"一章，记琉璃影壁、琉璃花门、房座的做法等。[35] 足见琉璃的使用，已是清代建筑营造的一大门类。

6. 融入五行

前引《魏书·西域列传》记大月氏商贩"自云能铸石为五色琉璃",《天工开物》记琉璃"不产中国,产于西域。其石五色皆具,中华人艳之,遂竭人巧以肖之",皆言琉璃能呈现五色,遂得到中国人的喜爱,这与中国文化的五行观念相关。

以琉璃表现五行,在明清两代文献中有明确记载。《明史·礼志》记云:

> 明初,建圜丘于正阳门外,钟山之阳,方丘于太平门外,钟山之阴。圜丘坛二成。……瓾砖阑楯,皆以琉璃为之。
>
> 洪武四年,改筑圜丘。……十年,改定合祀之典。即圜丘旧制,而以屋覆之,名曰大祀殿,凡十二楹。中石台设上帝、皇地祇座。东、西广三十二楹。正南大祀门六楹,接以步廊,与殿庑通。殿后天库六楹。瓦皆黄琉璃。
>
> 嘉靖九年复改分祀。建圜丘坛于正阳门外五里许,大祀殿之南,方泽坛于安定门外之东。圜丘二成,坛面及栏俱青琉璃,边角用白玉石,高广尺寸皆遵祖制,而神路转远。……二十四年又即故大祀殿之址,建大享殿。方泽亦二成,坛面黄琉璃,陛增为九级,用白石围以方坎……
>
> 朝日、夕月坛,……嘉靖九年复建,坛各一成。朝日坛红琉璃,夕月坛用白。[36]

即记洪武初年建圜丘,勾栏皆瓾以琉璃砖。后改建圜丘,大祀殿一区建筑皆覆黄琉璃瓦;嘉靖九年(1530年)天、地、日、月四坛分设,所建圜丘,坛面及围栏以青琉璃覆盖;所建方泽坛,坛面覆以黄琉璃;朝日坛用红琉璃;夕月坛用白琉璃。

《清史稿·礼志》记天坛,圜丘"栏楯覆青琉璃",皇穹宇"殿庑覆瓦俱青琉璃",大享殿"覆青、黄、绿三色琉璃",大享门"上覆绿琉璃",皇乾殿"覆青琉璃"。后经乾隆改建,"坛内殿宇门垣俱青琉璃"。乾隆十六年(1751年),"更名大享殿曰祈年。覆檐门庑坛内外墙垣并改青琉璃,距坛远者如故"。(图4-16)

又记方泽坛,"坛面瓾黄琉璃","乾隆十四年,以皇祇室用绿瓦乖黄中制,谕北郊坛砖墙瓦改用黄"。(图4-17)

又记社稷坛,"上成土五色,随其方覆之","坛垣周百五十三丈四尺,覆黄琉璃","乾隆二十一年,徙瘗坎坛外西北隅。旧制墙垣用五色土,至是改四色琉璃砖瓦"。

又记日坛与月坛:"光绪中,改日坛面红琉璃,月坛面白琉璃,并覆金砖。"[37]

另,《日下旧闻考》记社稷坛,"内墙四面各一门","墙色各如其方"。[38]《燕都丛考》记社稷坛内墙"瓾以四色琉璃砖,各随方色,覆瓦亦如之"。[39]

图 4-16　北京天坛祈年殿。王军摄于 2020 年 5 月

图 4-17　北京地坛。王军摄于 2023 年 2 月

这些体现天子受天明命的祭祀类建筑，通过对琉璃的使用，表现五行之色、建筑性质与国家制度，五行之于中国古代王朝的重要意义，由此可见。

（二）考古发现与实物遗存

1. 琉璃的起源

中国最早的釉出现在商代的原始瓷器上。商代陶工能够取得这一重大的技术突破，关键是在金属冶炼和窑炉结构等高温技术上取得了进步。（图4-18）

图4-18 故宫博物院藏商代原始瓷青釉刻锯齿弦纹罍。王军摄于2023年1月

古代烧窑，以树木柴草为燃料，燃烧后所生成的草木灰，通过各种偶然的机会积聚在坯体上，当烧成温度达到1200℃左右时，这一层草木灰会熔融成琉璃态物质，附着在坯体表面。草木灰就成为中国古代普遍使用的一种制釉原料。[40]

20世纪50—70年代，考古工作者在河南洛阳中州路、河南陕县上村岭、陕西沣西张家坡、河南洛阳庞家沟、陕西宝鸡如家庄、山东曲阜鲁故城、陕西周原地区西周或先周墓葬，相继发现数量不等的玻璃状管珠。[41]

李全庆、刘建业据此认为，中国古代有意识地烧制琉璃制品，至少可以断定在西周以前，如据《汉书·西域传》将琉璃的起源归于罽宾国，"显然是不正确的"[42]。

王光尧则指出，从世界范围看，彩釉陶器的生产技术起源于古埃及，学术界称其为Egyptian Faience（埃及彩釉陶），至迟在古埃及十八王朝时已有彩釉陶质的建材，后经巴比伦、古波斯帝国、马其顿希腊帝国、罗马帝国东传，广泛用于各国都城的宫殿，之后作为东罗马帝国宫殿的标志性建材，见载于中国史籍。[43]（图4-19至图4-21）

1932年，《中国营造学社汇刊》发表英国学者叶慈博士（Dr. W. Perceval Yetts）撰写的《琉璃釉之化学分析》译文，其中介绍布兰德理博士（Dr. H. J. Plenderleith）化验琉璃釉的研究成果，显示清宫琉璃釉的材料成分，与宋《营造法式》琉璃做法大体符应。其对德国万勒苛克博士（Dr. Albert Von Le Coq）得自东部土耳其斯坦的琉璃砖所做的化验分析显示，此法传自西方，可与中国史乘互相印证。[44]

琉璃工艺经丝绸之路传入中国，是完全可能的。从前引古代文献的记载中，也能看到这一线索。

第四章　琉璃与五行

图 4-19 巴格达伊拉克博物馆藏公元前 9 世纪亚述宫殿彩釉壁画。(来源:王瑞珠,《世界建筑史·西亚古代卷》,2005 年)

图 4-20 以釉砖装饰的巴比伦伊什塔尔门及其周围城区复原图(公元前 6 世纪情景)。(来源:王瑞珠,《世界建筑史·西亚古代卷》,2005 年)(左)

图 4-21 伊斯坦布尔考古博物馆藏伊什塔尔门公牛釉砖。(来源:王瑞珠,《世界建筑史·西亚古代卷》,2005 年)(右)

图 4-22　广州南越王宫博物馆藏南越国（公元前 203—前 111 年）釉瓦。王军摄于 2017 年 2 月（左）

图 4-23　广州南越王宫博物馆藏南越国带釉方砖残件。王军摄于 2017 年 2 月（右）

2. 早期釉陶的发现

迄今发现的中国建筑最早使用带釉砖瓦的实物，出土于秦汉之际的南越国宫署遗址。1995—2000 年，考古工作者在这里发现的陶质建筑材料，有方砖、长方砖、三角砖、转角砖、空心砖、板瓦、筒瓦和瓦当等，部分砖瓦施有青釉。（图 4-22，图 4-23）

经检测，这些青釉的钠、钾含量较高，是中国古代建筑中罕见的碱釉，并不是高铅釉，这在国内尚属首见。[45]

该遗址出土的一米见方、厚二十多厘米的巨型实心釉砖，重五百公斤，有"天下第一砖"之称。其釉质较薄，与胎的结合性不强，工艺尚显稚嫩，[46] 但就其体量而言，今天烧制也有相当难度。

考古学资料表明，汉代已流行低温铅釉琉璃。这种琉璃以铅硝为基本助熔剂，其陶胎铅釉制品的烧制温度，一般为 800℃—900℃，最高达 1100℃，低于瓷器 1200℃ 的烧制温度，能够防止釉烧温度高于烧坯温度而出现胎体变形，便于雕塑等釉陶的制作。

汉代低温铅釉陶器以陪葬明器为主，表层铅釉多为绿色。（图 4-24 至图 4-27）有的绿釉器皿，由于表面受潮，铅质还原，釉面形成一层银铅。[47] 这种情况，在故宫建筑的琉璃构件中也能看到。

前引宋人何薳《春渚纪闻》关于曹操筑邺城铜雀台铺用铅丹釉瓦的记载，正可与以上出土文物相印证，表明低温铅釉琉璃建材在汉代的建筑中很可能得到使用。

3. 唐宋时期的琉璃

考古学资料表明，唐长安宫殿已使用琉璃，兴庆宫遗址出土有黄、绿两色的琉璃构件，大明宫建筑使用了黑琉璃板瓦，洛阳宫殿也使用了琉璃。[48]

第四章　琉璃与五行

图 4-24　1956 年山东高唐固河出土的东汉绿釉陶楼（中国国家博物馆藏）。王军摄于 2023 年 2 月（左上）

图 4-25　1968 年河北定县出土的东汉绿釉方形三层红陶楼局部（定州博物馆藏）。王军摄于 2023 年 2 月（左下）

图 4-26　美国波士顿美术馆藏东汉绿釉陶楼。王军摄于 2014 年 8 月（右）

图4-27 美国纽约大都会艺术博物馆藏东汉绿釉陶井。王军摄于2014年8月（左）

图4-28 黑龙江宁安渤海国上京龙泉府城遗址出土的唐代琉璃釉兽头。王军摄于2023年2月（右）

渤海国上京龙泉府遗址出土了一批陶釉琉璃制品，宫殿遗址多有绿色与黄色的板瓦、筒瓦、鸱尾等发现。[49]（图4-28）

唐三彩陶釉代表了唐代琉璃工艺的最高水平（图4-29至图4-31），其色彩包括白、黄、蓝、茄紫色等，不同色彩的烧制，需要使用不同的氧化物，能将它们成功烧制在一件器物之上，并加以艺术地表现，是烧制工艺走向成熟的标志。[50]

至五代十国，广州南汉宫殿遗址（与南越国宫署遗址叠压），出土了石柱础、砖、瓦、瓦当、脊饰等建筑材料，花纹装饰精美，部分还施有高温青色釉或低温的黄色、绿色琉璃釉。[51]（图4-32）

及至北宋，皇祐元年（1049年）修建的开封开宝寺琉璃塔（俗称铁塔），通体贴用琉璃砖，计八十余种，[52] 以模数化定型烧制而成，显示出卓越的设计与制造能力。（图4-33，图4-34）

银川西夏王陵，经考古发现，其建筑顶部最显著位置皆以绿色琉璃瓦覆盖，陵区建筑呈现红墙绿瓦色调。[53]（图4-35至图4-39）

在这一时期，琉璃的制造工艺取得长足进步，建筑对琉璃的使用开始普及。（图4-40至图4-44）

第四章 琉璃与五行　　221

图 4-29 甘肃省秦安县叶家堡出土的三彩牵驼俑（甘肃省博物馆藏）。王军摄于 2023 年 2 月

图 4-30 美国波士顿美术馆藏唐三彩马。王军摄于 2014 年 8 月（左）

图 4-31 美国华盛顿弗利尔美术馆藏唐三彩镇墓兽。王军摄于 2014 年 8 月（右）

图 4-32 广州南越王宫博物馆藏南汉（公元 917—971 年）青釉筒瓦。王军摄于 2017 年 2 月

图 4-33 开封宋代开宝寺琉璃塔（俗称"铁塔"）。王军摄于 2006 年 10 月

图 4-34 开宝寺琉璃塔细部。王军摄于 2006 年 10 月

图 4-35 西夏陵区出土的绿釉鸱吻（中国国家博物馆藏）。王军摄于 2023 年 2 月

图 4-36 西夏陵区出土的绿釉兽面纹瓦当（中国国家博物馆藏）。王军摄于 2023 年 2 月

图 4-37 西夏陵区出土的红陶迦陵频伽（西夏博物馆藏）。王军摄于 2015 年 9 月

图 4-38 西夏陵区出土的琉璃套兽（西夏博物馆藏）。王军摄于 2015 年 9 月

图 4-39 西夏陵区出土的琉璃滴水和筒瓦（西夏博物馆藏）。王军摄于 2015 年 9 月

图 4-40　1921 年河北巨鹿故城出土的北宋绿釉鸱吻（中国国家博物馆藏）。王军摄于 2023 年 2 月

图 4-41　河北定州开元寺塔（又名"料敌塔"）塔顶八角脊上的宋代琉璃力士像。王军摄于 2023 年 2 月（左下）

图 4-42　广州南越王宫博物馆藏北宋三彩琉璃塔。王军摄于 2017 年 2 月（右下）

图 4-43 1969 年 12 月河北定县净众院塔基出土的北宋三彩刻莲纹净瓶。王军摄于 2023 年 2 月

图 4-44 河北定州静志寺塔基地宫出土的北宋琉璃葡萄（定州博物馆藏）。王军摄于 2023 年 2 月

图 4-45 龙泉务辽三彩菩萨像。(来源:北京市文物研究所,《北京龙泉务窑发掘报告》,2002 年)

4. 改写陶瓷史的辽代硼釉

辽代琉璃的烧造以北京门头沟龙泉务窑址为代表，该窑址位于今门头沟琉璃渠窑厂以北两公里处，发现于1958年，1975年复查后确认其为辽代窑址。

1991—1994年，考古工作者对这处窑址进行了考古发掘，出土器物分为精、粗两类，多数为日用粗瓷，少量为高档精品白瓷，具有传统汉文化的典型特征。

在采集品中，发现有辽寿昌五年（1099年）琉璃釉炉残片，以及彩绘佛、三彩琉璃菩萨等，雕刻手法细腻，工艺精湛，是辽三彩釉陶中的珍品。（图4-45）

从火膛内遗存大量煤渣的情况观察，龙泉务窑在辽中期以后大量使用煤作燃料。

该窑所出瓷器有精有细，在质量与装饰等方面存在明显差异。据此，发掘报告认为，该窑的生产具有明显的两重性，表明这是一处为不同的使用对象同时进行生产的民间窑口，其中量少而质精的产品是为辽代贵族上层统治者所用，一些个体较大的琉璃建筑构件则是为辽南京宫苑建筑所用。

化验分析显示，龙泉务窑的绿釉是含碱的硼酸盐釉。而中国古代低温釉，如汉代绿釉、唐三彩、元代珐华三彩、明代弘治黄釉、嘉靖矾红等釉中都含有大量的铅。铅对人体有害，而硼釉无毒，这是一个极为重要的技术创新，比国外出现硼硅酸珐琅釉早了约五百年。

辽代硼釉出现之后，国内再未发现过类似的含硼琉璃釉。清康熙时期含硼珐琅釉的配方和制作方法是从西方引进的。人们通常以为硼釉是西方国家的发明，龙泉务窑出土的硼釉纠正了这一认识，改写了陶瓷史。[54]

5. 睒子洞琉璃罗汉像

中国古代琉璃造像美名远播，与陈列于世界各大博物馆的十尊等身琉璃罗汉像有关。（图4-46至图4-48）

相传它们都是1912年在河北易县睒子洞发现的，如今分别收藏于美国纽约大都会艺术博物馆、波士顿美术博物馆、宾夕法尼亚大学博物馆、俄罗斯圣彼得堡国家遗产博物馆、英国伦敦大英博物馆、法国巴黎吉美博物馆等，[55]造型写实生动，制造工艺高超。

梁思成曾称赞这些罗汉像"其妙肖可与罗马造像比"，"不亚于意大利文艺复兴时最精作品"，有谓：

> 今美国各博物馆所藏比丘像，或容态雍容，直立作观望状，或蹙眉作恳切状，要之皆各有个性，不徒为空泛虚渺之神像。其妙肖可与罗马造像比。皆由对于

图 4-46　美国宾夕法尼亚大学博物馆藏易县琉璃罗汉像。刘劼摄

图 4-47　美国纽约大都会艺术博物馆藏易县琉璃罗汉像之一。刘劼摄

图 4-48　美国纽约大都会艺术博物馆藏易县琉璃罗汉像之二。刘劼摄

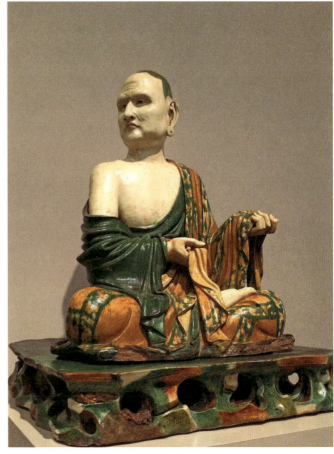

平时神情精细观察造成之肖像也。不唯容貌也,即其身体之结构、衣服之披垂,莫不以实写为主;其第三量之观察至精微,故成忠实表现,不亚于意大利文艺复兴时最精作品也。若在此时,有能对于观察自然之自觉心,印于美术家之脑海中者,中国美术之途径,殆将如欧洲之向实写方面发达;然我国学者及一般人,素重象征之义,以神异玄妙为其动机,故其去自然也门远,而成其为一种抽象的艺术也。[56]

又谓:

> 美国彭省(Pennsylvania)大学美术馆藏罗汉为琉璃瓦塑,大如生人,神容毕真。唐代真容,于此像可见之。[57]

彭省大学即梁思成就读的宾夕法尼亚大学。这些罗汉像的写实风格,为西方常见,却为中国少见。其与真人相等的体量,给烧制工作带来较大困难,能够成功制作,实属匠心独运。

《陶瓷考古通讯》2015年第2期载文披露,这些罗汉像有三尊做了热释光测年,平均结果表明,其烧造年代为公元1200±200年,[58] 指向金代后期,并非唐代。[59]

牛津大学考古与艺术史研究实验室的研究表明,圣彼得堡国家遗产博物馆藏琉璃罗汉像的胎体,无论是化学组成还是显微结构,都与北京门头沟琉璃渠窑现代制胎黏土和三彩残片比较接近,与吉美博物馆的罗汉样品的化学组成也类似。

这项研究还指出,已发表的北京门头沟龙泉务窑址出土的白瓷、黑釉瓷以及三彩琉璃器的胎体化学组成数据,也与这件罗汉像以及琉璃渠窑样品比较接近,特征都是含有较高的三氧化二铝和碱金属氧化物。[60]

琉璃罗汉像的胎体原料与琉璃渠坩子土原料接近,表明它们有可能是在琉璃渠烧造而成,与龙泉务辽三彩釉陶存在继承关系。[61]

6. 故宫出土的元代琉璃

及至元代,琉璃被广泛运用于建筑之中,山西五台山佛光寺、运城永乐宫等大量建筑均留存了元代工匠烧制的琉璃构件。(图4-49,图4-50)明清紫禁城与元大内遗址部分叠压,其地下也发现了元代琉璃。

2015年,故宫博物院考古研究所在故宫隆宗门西广场北侧、内务府各司值房南侧地段,配合基建工程,做考古发掘。

徐华烽撰文披露,在隆宗门西遗址元代夯土层,出土了绿釉琉璃瓦残片;在隆

图4-49 山西五台佛光寺东大殿元代琉璃宝顶。王军摄于2021年5月

图4-50 山西芮城永乐宫无极之殿。王军摄于2016年5月

宗门西广场至断虹桥消防施工沟的随工考古调查中，于元代夯土层采集到圆形龙纹琉璃瓦当、重唇绿釉琉璃板瓦瓦头等残件，具有明显的金元风格。（图4-51至图4-53）

徐华烽指出，有的琉璃残件表面可见银白色遗物，这是泛铅痕迹。隆宗门西至断虹桥一带的地下遗存，与元代皇宫的建筑遗迹有着密切关系。[62]

2016—2017年，故宫博物院考古研究所对故宫长信门明代建筑遗址做随工清理和发掘，出土的琉璃瓦、砖块等具有明显的官式特征，长信门T01探坑出土绿、黑、白等色琉璃瓦，其红色胎质、胎釉之间施白色化妆土的特征，与河北省张北县元中都出土的琉璃瓦特征一致，具有明显的元代特征。出土的戳印"宫"字青砖残块，与河北省崇礼县金代太子城遗址出土的"宫"字款青砖相似，显示了金元时期官方营造砖瓦产品性质的延续性。

发掘简报认为，这些琉璃砖瓦应该是《元史》所记大都琉璃局及四窑场的产品。[63]（图4-54）

2020年，故宫博物院考古部在故宫造办处遗址又发掘出土元代建筑琉璃残件，

图4-51　2015故宫隆宗门西消防施工沟出土的琉璃板瓦残片。王军2020年9月摄于"丹宸永固——紫禁城建成六百年"展（左上）

图4-52　2015年故宫隆宗门西消防施工沟出土的琉璃瓦当残块。王军2020年9月摄于"丹宸永固——紫禁城建成六百年"展（右上）

图4-53　2015年故宫右翼门西消防施工沟出土的琉璃重唇板瓦残块。王军2020年9月摄于"丹宸永固——紫禁城建成六百年"展（下）

第四章　琉璃与五行

图 4-54 故宫长信门明代建筑遗址出土的琉璃瓦。（来源：故宫博物院考古研究所，《故宫长信门明代建筑遗址 2016—2017 年发掘简报》，2021 年）

图 4-55 故宫博物院考古部 2020 年在故宫造办处遗址发掘出土的元大都宫殿绿琉璃鸱吻残件。王军摄于 2023 年 2 月

图 4-56 故宫博物院考古部 2020 年在故宫造办处遗址发掘出土的元大都宫殿绿琉璃龙纹勾头残件。王军摄于 2023 年 2 月

图 4-57 故宫博物院考古部 2020 年在故宫造办处遗址发掘出土的元大都宫殿灰陶模印龙纹砖残件。王军摄于 2023 年 2 月

包括绿琉璃鸱吻、绿琉璃龙纹勾头。同时出土的，还有灰陶模印龙纹砖残件，见证了明初拆除元宫建设紫禁城的历史。（图 4-55 至图 4-57）

7. 明清琉璃奇观

泊乎明清，建筑使用琉璃的情况更为普遍，出现了一批通体施用琉璃，堪称奇迹的雄伟建筑。

李全庆、刘建业指出，明清时期，琉璃技艺远远超过以前各个时代。从明代到清初近三百年间，琉璃技术在建筑上得到充分运用，宫廷庙宇使用琉璃构件已得心应手，大到数吨重的正吻，小到盈寸的兽件，无不成为精湛的工艺品。

这一时期，琉璃构件的使用范围，从宫殿、庙宇扩大到形体复杂的其他附属建筑和纪念性建筑之中。明代的琉璃照壁、琉璃花门、琉璃塔等建筑，式样繁多，规模巨大，结构复杂，是前代所不能比拟的。[64]

建于明洪武年间的山西大同九龙壁，通体施用彩色琉璃（图 4-58）；建于明永乐至宣德年间的南京大报恩寺九层琉璃塔，以其宏伟的规模和惊人的技艺，被列入中古时期世界七大奇迹（图 4-59）；建于明万历年间的山西五台山文殊寺十三级琉璃塔，总高 35 米，塔身遍用黄、绿、蓝三色琉璃装饰，镶嵌近万尊琉璃佛像；建于明正德

第四章　琉璃与五行

图 4-58　山西大同九龙壁局部。王军摄于 2014 年 5 月

图 4-59　1859 年版《图画中华帝国》中的南京大报恩寺琉璃塔铜版画。该塔被誉为"中古世界七大奇迹"之一，毁于 1856 年的太平天国战争。（来源：D. J. M. Tate, *The Chinese Empire Illustrated*, 1988）

十年（1515年）至嘉靖六年（1527年）的山西洪洞县广胜寺飞虹塔，高47.63米，十三层，外壁有各色琉璃装饰，包括琉璃制栏杆、天神、动物、斗拱等，蔚为壮观（图4-60）；建于明万历年间的北京东岳庙琉璃牌楼，是此类建筑的早期代表。（图4-61）

及至清代，琉璃的使用范围又有扩展，出现了规模宏大、外表全用琉璃的仿木构大梁殿式琉璃阁，北京北海五彩琉璃阁和颐和园智慧海即为代表（图4-62）。各式琉璃塔、琉璃牌楼、琉璃影壁层出不穷，造型艺术更为精湛，纹样题材更加丰富，显示出卓越的工艺成就。（图4-63）

图4-60 山西洪洞县广胜寺飞虹塔。王军摄于2002年10月

图 4-61　北京东岳庙琉璃牌楼。王军摄于 2023 年 2 月

图 4-62　北京颐和园万寿山智慧海。王军摄于 2015 年 4 月

图 4-63　北京颐和园须弥灵境琉璃景观。王军摄于 2018 年 8 月

也正是在这一时期，乾隆皇帝对北京社稷坛进行改建，将原来壝垣使用的五色土，变更为四色琉璃砖瓦，各随方色，以国之大社的形象，为琉璃与五行的融合，筑造了一座丰碑。

二、五行考

（一）基本认识

说五行关乎中国古代国家制度，并非虚言。

《尚书·甘誓》记夏启讨伐有扈氏，列后者罪行，第一条即"威侮五行"[65]；《尚书·洪范》记"鲧陻洪水，汩陈其五行，帝乃震怒"[66]，说鲧用堵塞之法治水，乱了五行，导致天帝震怒。皆明言五行乃不可违逆之纲常。

五行即水、火、金、木、土，时人多以为这是古人认为的构成这个世界的五种基本元素，英文多以 Five Elements（五元素）译之，[67] 生出许多困惑。

显然，这个世界不可能基于这五种"元素"构造，在古人看来，五行还存在相生、相克的关系，又增加了理解的困难。

比如，木生火，木能够用来生火；火生土，木烧成灰就变成了土；土生金，土里面含有金；金生水，金石里面会涌出水。

再如，金克木，金能够斩断木；水克火，水能够用来灭火；木克土，树木能够防止土壤松散；火克金，火能够熔化金；土克水，土能够阻断水。

这些都是从字面上的解释，学者也多有这样的讨论，有的理义通达，有的较为勉强，但都是平常现象，可为什么在古人的心中，其分量如此之重？

古人为人处事，安身立命，处处遵从五行，他们以五行判断万物属性，以相生为吉，相克为凶，还创造多种方式表现五行。

比如，以方位表现，即北水、南火、东木、西金、中土；以五色表现，即黑水、赤火、苍（青）木、白金、黄土；以两手之数表示，即一六水、二七火、三八木、四九金、五十土。如此不一而足，互为表里。

前引《魏书》记大月氏商贩铸五色琉璃，登上天子之堂，就是因为琉璃的五色表现了五行；乾隆皇帝以琉璃配方色，改建国之大社——社稷坛，也是为了彰显五行。

五行弥漫在古人的生活之中，甚至定义了国家制度。比如，以木纪春为生，以金纪秋为杀；封疆授土，要取其方色之土，以黄土覆盖，以示"王者覆四方"[68]；

天子居中而治，中央土色为黄，黄土就象征了皇权。

在古人看来，改朝换代，也与五行生克相关，有谓"五德转移，治各有宜，而符应若兹"[69]。

凡此种种，皆成为文化的基本表现，诚如顾颉刚所言："五行，是中国人的思想律。"[70]

他说这句话时，大有将其拔除之意，因为在他看来，这个太不科学。梁启超甚至称它是"二千年来迷信之大本营"[71]。

五四新文化运动以降，五行被视为迷信遭到围剿。[72]那么，琉璃凭借五行之色，跻身中国，跻身庙堂，会不会也是一种迷信现象？

好在，越来越多的考古发现让我们看到，五行本是一种极为朴素的标识时间与空间的方法，并不是所谓五种元素。古人以这五种物质标识时空，是因为它们的自然之性与所配时间相合，其生克关系实为用时与用事的关系。五行属于原始记事，导源于新石器时代，关乎纪历明时、万事根本，也就定义了纲常。

五行标识时空，对于农业生产具有极为重要的意义，遂衍生诸多文化现象，我们需要透过现象看本质。不理解五行，我们就不能理解中国文化，也就不能理解琉璃进入中国，融入五行的意义。

（二）标识时空

古代文献关于五行的记载，首见《尚书》，其《洪范》篇记周武王访箕子求治国之策，箕子向他列举鲧"汩陈其五行"的罪行之后，说大禹继承父业，平治水患，天帝遂赐予其"洪范九畴"，这是治理国家的九条根本大法，依次是：

> 初一曰五行，次二曰敬用五事，次三曰农用八政，次四曰协用五纪，次五曰建用皇极，次六曰乂用三德，次七曰明用稽疑，次八曰念用庶征，次九曰向用五福，威用六极。[73]

五行被列在了首位，箕子做出解释：

> 五行：一曰水，二曰火，三曰木，四曰金，五曰土。水曰润下，火曰炎上，木曰曲直，金曰从革，土爰稼穑。润下作咸，炎上作苦，曲直作酸，从革作辛，稼穑作甘。[74]

这是将一手五指之数（一二三四五）、五种物质（水火木金土）、五种味道（咸苦酸辛甘）配四方五位、冬夏春秋。

《周礼注疏》卷一《天官冢宰》贾公彦《疏》："一者，数之始也。"[75] 以一配冬，是因为冬至为一岁之始，须首先测定；以二配夏，是因为测定冬至之后须再测夏至，以知一岁之数；以三配春，以四配秋，是因为测定一岁之数后，须再测春分与秋分，以规划二十四节气，指导农业生产。春先于秋，所以，三配春，四配秋。

中国古代时间与空间合一，北南东西是冬夏春秋的授时方位，一二三四与四时相配，也就与四方相配，五配中央，顺理成章。

《尚书》没有解释为什么以一二三四五配四方五位、冬夏春秋，如果我们了解中国古代观象授时的方法，就不难得出以上认识。

关于这个问题，《五行大义》的解释是：

> 天以一生水于北方，君子之位。阳气微动于黄泉之下，始动无二。天数与阳合而为一，水虽阴物，阳在于内，从阳之始，故水数一也。极阳生阴，阴始于午，始亦无二。阴阳二气各有其始，正应言一而云二者，以阳尊故。尊既括始，阴卑赞和，配故能生，而阳数偶阴，在火中，火虽阳物，义从阴配，合阴始，故从始立义，故火数二也。《老子》云："天得一以清，地得一以宁。"是知皆有一义，唱和同始。是以云木配阳动，而左长于东方，长则滋繁，滋繁则数增，故木数三也。阴佐阳消，阴道右转而居于西，在阳之后，理无等义，故金数四也。阴阳之数，始乎一周，然后阳达于中，总括四行，苞则弥多，故土数五也。[76]

即认为冬时阳始，夏时阴始，阳尊阴卑，所以，一配冬，二配夏。春时生长滋繁，其数应增，所以，增数为三配春。秋时阴佐阳消，阴在阳后，所以，顺序为四配秋。中央土总括四行，其数应多，所以，增数为五配中。这样的解释，也合乎冬至、夏至、春分、秋分的测定次序。

古人以中央土配四季或季夏之末，[77] 四季即四时之末，以土相配称"土王四季"。[78] 中央土是王者之位，土配四季，有王者测定四时交接、敬授四时之义，所以说，中央土"总括四行"。土居中央之位，又配四时之末，其数为五，理义通达。

关于水火木金土，伪孔《传》的解释是，"水曰润下，火曰炎上"，是"言其自然之常性"；"木曰曲直，金曰从革"，是因为"木可以揉曲直，金可以改更"；"土爱稼穑"，是因为"土可以种，可以敛"。这是以水火木金土的自然之性，匹配冬夏春秋的四时之性。

冬时阳气潜藏地下，如水覆地，浸润而下，水色明亮，如阳气蕴含其中，故以水纪之；夏时万物竞相生长，如火焰直上，故以火纪之；春时万物冒地而出，由弯曲而挺直，故以木纪之；秋时阳气收敛，年谷顺成，如金属熔化后收缩成形，故以金纪之；土居中，与四时相协，遂有种养、收获，故以土纪之，配四时之末或季夏之末。

再以五味相配，即咸配水，苦配火，酸配木，辛配金，甘配土，伪孔《传》的解释是，"润下作咸"，是因为"水卤所生"；"炎上作苦"，是因为"焦气之味"；"曲直作酸"，是因为"木实之性"；"从革作辛"，是因为"金之气味"；"稼穑作甘"，是因为"甘味生于百谷"。也是以这五种物质的自然之性配四时之性。

这些都属于原始记事，是以一手之数、五物、五味，标识时间与空间。先人对时空的测定，远远早于文字的创建，时空测定之后，如何将其标识，是必须解决的问题，否则就无法传承，五行遂应运而生。

测定时间与空间事关农业生产、氏族存亡，五行作为时空的载体，遂具有不可侵犯的神圣性，所以，五行居《洪范》九畴之首，"威侮五行""汩陈其五行"是不可饶恕的罪行。

《逸周书》又记五色与五行相配：

> 五行：一黑位水，二赤位火，三苍位木，四白位金，五黄位土。[79]

这被纳入国家制度，见《仪礼·觐礼》：

> 诸侯觐于天子，为宫方三百步，四门，坛十有二寻，深四尺，加方明于其上。方明者，木也，方四尺，设六色，东方青，南方赤，西方白，北方黑，上玄，下黄。[80]

即记诸侯朝觐天子，行礼之处，坛上设木制的方明，是一个正方体，六面六色，在五色的基础之上，以玄色配天，表示天玄地黄。

这样的配法，又见《周礼·春官·大宗伯》：

> 以玉作六器，以礼天地四方。以苍璧礼天，以黄琮礼地，以青圭礼东方，以赤璋礼南方，以白琥礼西方，以玄璜礼北方。皆有牲币，各放其器之色。[81]

这就形成了标识天地四时的色彩体系。

关于以五色配五位四时，《五行大义》的解释是：

> 东方木为苍色，万物发生，夷柔之色也；南方火为赤色，以象盛阳炎焰之状也；中央土黄色，黄者，地之色也，故曰"天玄而地黄"；西方金色白，秋为杀气，"白露为霜"，白者，丧之象也；北方水色黑，远望黯然，阴暗之象也，溟海森邈，玄暗无穷，水为太阴之物，故阴暗也。[82]

东方木色苍（青），是因为苍（青）是万物发生时呈现的柔嫩之色，故与春相配；南方火色赤，是因为赤为火焰之色，故与夏相配；中央土色黄，是因为黄是土地之色，故与中央、四季或季夏之末相配；西方金色白，是因为秋时万物肃杀，《诗经》记"白露为霜"，白色是丧亡之色，故与秋相配；北方水色黑，是因为水从远处观望，呈阴暗之象，故与冬相配。也是以这五种物质的自然之性配四时之性。

兹将以上配法列表如下。

表4-1　五行、五数、五味、五色与四时相配表

四时	五行	五数	五味	五色
冬	水	一	咸	黑
夏	火	二	苦	赤
春	木	三	酸	苍（青）
秋	金	四	辛	白
四时之末或季夏之末	土	五	甘	黄

其中，《洪范》以一二三四五配北南东西中，与《洛书》以五数配五位一致，所列"九畴"又可对应《洛书》九宫。（图1-53，图1-15）

所以，汉儒认为，"禹治洪水，赐《洛书》，法而陈之，《洪范》是也"，"此武王问《洛书》于箕子，箕子对禹得《洛书》之意也"。[83] 称《洪范》即《洛书》，言之凿凿。

（三）原始记事

以五行、五数、五味、五色与五位、四时相配，皆属原始记事，这与先人以二绳表示东西、南北一样，都是早于文字的记事方式。

古代文献保留了五行乃原始记事的记忆，《史记正义》有谓：

> 应劭云："黄帝受命有云瑞，故以云纪官。春官为青云，夏官为缙云，秋官为白云，冬官为黑云，中官为黄云。"按：黄帝置五官，各以物类名其职掌也。[84]

"各以物类名其职掌"即以物记事。这种极为古老的记事方法,散见于古代文献。《周易·系辞下》记云:

> 古者包牺氏之王天下也,仰则观象于天,俯则观法于地,观鸟兽之文,与地之宜,近取诸身,远取诸物,于是始作八卦,以通神明之德,以类万物之情。[85]

说伏羲(包牺氏)仰观俯察测定时空之后,以己身之数(近取诸身)、身外之物(远取诸物)对其加以标识,并作八卦纪之,以沟通天人,比附万物。

这里的己身之数(可对应一手或两手之数)、身外之物(可对应水火木金土)、八卦(标识四正四维、分至启闭八节的授时方位),都是沟通天人、比附万物的手段,都属于原始记事。

又《系辞下》:"上古结绳而治,后世圣人易之以书契"。[86] 即言在文字创立之前,还有一个结绳记事的时代。甲骨文、金文对此有所反映,如十、二十、三十、四十,分别被写为 ∣、𝖀、Ⅲ、Ⅲ,即与结绳记事有关。

又《系辞上》:"天一,地二,天三,地四,天五,地六,天七,地八,天九,地十。"[87] 这是以两手之数与天地相配,进而记事。

蒙古民族在成吉思汗下令创制畏兀儿体蒙古文之前,是靠刻记、手指传递信息的。[88]

将色彩作为记事方式,甚至可追溯到旧石器时代。北京山顶洞人(旧石器时代后期)的尸骨旁,布有赤铁矿的粉粒,[89] 显然寄托了某种观念。

列维-布留尔(Lévy-Brühl, Lucién)在《原始思维》一书中写到,爪哇土人的一个星期包括五天,爪哇人相信这五天的名称与颜色和地平面的划分有神秘的联系。第一天的名称表示白色和东方,第二天是红色和南方,第三天是黄色和西方,第四天是黑色和北方,第五天是杂色和中心。[90] 即以一手之数,将一个星期记为五天,再以色彩配五天、五位,其记事方式与五行方色相似。

唐晓峰引用这一记载指出,从地理思想史的角度考察,处在原始社会阶段的人们已经有了利用方位计数的习惯。[91]

汪宁生通过考古学与民族学调查发现,原始记事在少数民族中仍被大量使用,其记事之法可分为三大类,一是物件记事,二是符号记事,三是图画记事。[92]

其中,以物件记事最为简单的方式就是计数,少数民族计算数字常借助手指、足趾,或借助其他之物。[93]

汪宁生在《从原始记事到文字发明》一文中写道:

人类有文字发明以前，曾使用各种方法来帮助记忆、表达思想和交流意见。这些方法可以统称为原始记事方法。

　　原始记事至少可以上溯到旧石器时代晚期。如众所知，欧洲的洞穴画有些场面已具有记录巫术仪式或祈求狩猎成功的性质。据最近研究，克罗马农人刻在石器和骨片的一些符号，是对季节、时间和生产活动的记录。从原始记事到文字发明，曾经历了漫长的时期。正是人们在长期使用原始记事方法中积累起来的经验和智慧，才引导出文字的发明。因此，要探讨文字的起源问题，有必要对各种原始记事方法进行充分的了解。[94]

他认为，在文字发明之后，由于习惯的或宗教的原因，原始记事方法并不会完全消失，在文献中多少还会留下一些记载。甚至有些方法本身，还一直残存于早已使用文字的民族的社会生活之中。[95]

　　五行就属于这种情况，它的记录方式极为简易、稳定，不会因为文字的诞生而被遗弃。它承载着极为重要的信息，关乎古人的生存，具有普遍的意义，遂成为一种文化的表现。

（四）考古发现

　　中华先人一万年前开始驯化农作物，表明彼时他们已经初步掌握了农业时间。栽培种植对时间的要求极为严苛，农业的发展在很大程度上取决于观象授时的发展，这提示我们在对农业文化的遗址进行考察之时，须十分注意与时空测定相关的信息，并为五行的起源寻找线索。

　　距今八千年的内蒙古兴隆沟遗址发现了黍、粟遗存，[96]同时出土了斗状四孔人脸黑色石器（同时期的兴隆洼遗址也发现这类石器），[97]这显然是北斗人格化的表现，与斗建授时相关，其四孔两明两暗，合乎阴阳之义，其黑色石材又与北斗位于北方的方色相合，是极为重要的原始宗教实物。（图4-64）

　　距今六千五百年的河南濮阳西水坡45号墓的南北子午线上（图2-6，图2-7），表示灵魂升天的第二组蚌塑遗迹和象征天国的第三组蚌塑遗迹之下，都特意铺就了象征玄天的灰土，从而严格区别于象征人间的45号墓埋葬于黄土之上的做法。冯时指出，这种刻意的安排除了表明朴素的天地玄黄的思想之外，恐怕不可能有其他的解释。[98]（图4-65，图4-66）

　　距今五千年的辽宁牛河梁红山文化遗址，祭天圜丘居东，祭地方丘居西，合于

图 4-64 内蒙古兴隆沟遗址 22 号房址出土的斗状四孔人脸黑色石器（正面与反面）。（来源：杨虎、刘国祥、邓聪，《玉器起源探索——兴隆洼文化玉器研究及图录》，2007 年）

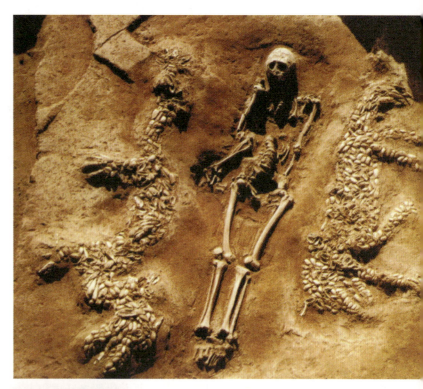

图 4-65 西水坡 45 号墓主人葬处铺黄土情况。（来源：冯时，《文明以止——上古的天文、思想与制度》，2018 年）

图 4-66 西水坡 45 号墓通天神道铺玄土情况。（来源：冯时，《文明以止——上古的天文、思想与制度》，2018 年）

左春右秋、东阳西阴之义。(图4-67)方丘以西的M4墓地的墓主人胸前摆放着两件猪首形象的玉器。冯时指出,这两件玉器象征雌雄北斗,居右者为大,为雄,其色青,其首居右而身左卷,正应"雄左行";居左者为小,为雌,其色白,其首居左而身右卷,正应"雌右行"。猪形北斗以青色者属阳,白色者属阴,显然在借东青西白的方色理论表现阴阳,而这种做法恰好符合遗址中东方圜丘为阳、西方方丘为阴的独特布局,体现了根深蒂固的方色理论与阴阳观念的结合。"(图4-68,图2-14)

图4-67　牛河梁祭天圜丘与祭地方丘,由北向南拍摄。(来源:良渚博物院展示图片)

图4-68　牛河梁第2地点1号冢4号墓出土的青、白二色猪形玉器。〔来源:辽宁省文物考古研究所,《牛河梁——红山文化遗址发掘报告(1983—2003年度)》,2012年〕

距今五千年的浙江良渚瑶山遗址，祭坛由三色土组成，内层为红土台，周围为灰色土，呈"回"字形，其外围之西、北、南三面，为黄褐色斑土。[100]（图2-15）如以五行解释，红黄相配即火生土，明清北京紫禁城即此种色调；黄灰相配又表示了天玄地黄，喻示了天地交通。

距今四千年的陕西神木石峁古城，其皇城台东侧偏南处门址，外瓮城东墙外壁下部广场的地下，出土玉钺两件，一为青绿色，一为青白色，出土时两钺错叠，竖立放置，紧贴墙壁，应为铺设外瓮城之外的广场地面时有意埋入。[101] 这两件青钺居东，合于方色，色彩一深一浅，应是对阴阳的表现，《礼记·月令》所记东方甲乙木与之相合。[102]（图4-69）

属于夏代或先夏时期的山西襄汾陶寺遗址出土天文测影仪具——槷表，为木质，表面髹漆，呈现黑、绿、红三色段相间的醒目图案。冯时指出，在传统方色理论中，红主夏至，黑主冬至，绿（青）主春分。此槷表之表体红色段最短，黑色段最长，绿色段居中，恰与四气日影的长短特点一致，意味着这三种颜色具有喻指时间的意义。（图3-9）

冯时还指出，与槷表同时出土的测量日影的石质土圭，共有两件，一件为青绿色，上钻一孔；一件为红色，上钻二孔。其色彩、配数已具有以方色、数字喻指阴阳的意义。《易》数以"一"为天数属阳，以"二"为地数属阴，东方色为青属阳，南方色为赤于《易》属阴（笔者按：《周易》南方之卦皆为阴卦，表示立夏至秋分阴气生发的过程）。[103] 故钻一孔者属阳为青色，钻二孔者属阴为赤色。古人素以测日影为测阴阳，[104] 以此二圭相重以计晷，是对测阴阳的表现。[105]（图3-10）

进入夏纪年的河南偃师二里头遗址（距今三千八百至三千五百年）出土大型龙型绿松石器，由龙首至条形饰总长70.2厘米，尾端有一件绿松石条形饰，与龙体近于垂直，形成升龙形象，即如《说文》释"龙"："春分而登天"[106]，表现了春分之际东宫苍龙从东方升起的星象，其绿松石的色彩与东为春的方色相合，龙体与条形饰之间，连有红色漆痕，与绿松石相配，或表示了木生火。[107]（图4-70）

殷墟妇好墓椁顶中部偏北位置陈放了两件青白二色玉簋，青色居东，白色居西，各随方色；殷墟商代墓葬有以彩色石子随葬的现象，2009年于殷墟王裕口村南地发现的94号墓出土三十五粒石子，共分五色，其中，青灰色五粒，白色六粒，棕红色四粒，黑色十三粒，黄色七粒，呈现了五行方色。[108]（图4-71）

图4-69 陕西神木石峁皇城台东门址出土的两件玉钺。（来源：陕西省考古研究院、榆林市文物考古勘探工作队、神木县石峁遗址管理处，《陕西神木县石峁城址皇城台地点》，2017年）

随着时间的推移，出土文物所呈现的色彩，具有越来越明确而系统的文化内涵，五行方色体系越发清晰可见，显示出与生产力同步发展的特点。

（九）相生相克

作为时间的载体，五行的生克也就是时间的生克，春生夏长秋收冬藏，用事制度须与时相顺，不得其时必致灾殃，这是五行生克的理论依据。

相克也称相胜。《春秋繁露·五行相生》记云：

> 五行者，五官也，比相生而间相胜也。故为治，逆之则乱，顺之则治。[109]

比相生，就是五行相邻者相生；间相胜，就是五行相隔者相克。前者即木生火，火生土，土生金，金生水，水生木，如此循环；后者即木克土，土克水，水克火，火克金，金克木，如此不已。

木为春，火为夏，土为季夏之末，金为秋，水为冬。木生

图 4-70 二里头遗址出土的大型龙型绿松石器。（来源：冯时，《文明以止——上古的天文、思想与制度》，2018 年）（左）

图 4-71 殷墟王裕口村南地 94 号墓出土的五色石。（来源：冯时，《文明以止——上古的天文、思想与制度》，2018 年）（右）

火，即由春而夏；火生土，即由夏而季夏之末；土生金，即由季夏之末而秋；金生水，即由秋而冬；水生木，即由冬而春。皆与时相顺，这就是五行相生。

五行相克，则是逆时而行。木克土，即季夏之末行春令；土克水，即冬时行季夏之末令；水克火，即夏时行冬令；火克金，即秋时行夏令；金克木，即春时行秋令。

顺时施政则治，是为吉；逆时施政则乱，是为凶。这是古人的生存之道，无任何迷信可言。

《礼记·月令》详细列举了一年十二个月逆时施政所导致的恶果，如下表。

表4－2 《礼记·月令》记逆时施政灾殃表[110]

四时	十二月	施政	灾殃
春时	孟春	行夏令	雨水不时，草木蚤落，国时有恐。
		行秋令	其民大疫，猋风暴雨总至，藜莠蓬蒿并兴。
		行冬令	水潦为败，雪霜大挚，首种不入。
	仲春	行秋令	其国大火，寒气总至，寇戎来征。
		行冬令	阳气不胜，麦乃不熟，民多相掠。
		行夏令	国乃大旱，煖气早来，虫螟为害。
	季春	行冬令	寒气时发，草木皆肃，国有大恐。
		行夏令	民多疾疫，时雨不降，山林不收。
		行秋令	天多沉阴，淫雨蚤降，兵革并起。
夏时	孟夏	行秋令	苦雨数来，五谷不滋，四鄙入保。
		行冬令	草木蚤枯，后乃大水，败其城郭。
		行春令	蝗虫为灾，暴风来格，秀草不实。
	仲夏	行冬令	雹冻伤谷，道路不通，暴兵来至。
		行春令	五谷晚熟，百螣时起，其国乃饥。
		行秋令	草木零落，果实早成，民殃于疫。
	季夏	行春令	谷实鲜落，国多风欬，民乃迁徙。
		行秋令	丘隰水潦，禾稼不熟，乃多女灾。
		行冬令	风寒不时，鹰隼蚤鸷，四鄙入保。
秋时	孟秋	行冬令	阴气大胜，介虫败谷，戎兵乃来。
		行春令	其国乃旱，阳气复还，五谷无实。
		行夏令	国多火灾，寒热不节，民多疟疾。
	仲秋	行春令	秋雨不降，草木生荣，国乃有恐。
		行夏令	其国乃旱，蛰虫不藏，五谷复生。
		行冬令	风灾数起，收雷先行，草木蚤死。
	季秋	行夏令	其国大水，冬藏殃败，民多鼽嚏。
		行冬令	国多盗贼，边竟不宁，土地分裂。
		行春令	煖风来至，民气解惰，师兴不居。

续表

时	孟冬	行春令	冻闭不密,地气上泄,民多流亡。
		行夏令	国多暴风,方冬不寒,蛰虫复出。
		行秋令	雪霜不时,小兵时起,土地侵削。
	仲冬	行夏令	其国乃旱,氛雾冥冥,雷乃发声。
		行秋令	天时雨汁,瓜瓠不成,国有大兵。
		行春令	蝗虫为败,水泉咸竭,民多疥疠。
		行秋令	白露蚤降,介虫为妖,四鄙入保。
	季冬	行春令	胎夭多伤,国多固疾,命之曰逆。
		行夏令	水潦败国,时雪不降,冰冻消释。

所记逆时施政的恶果，正是五行相克所警示的，皆在强调用事必得其时，否则必遭灾殃。

这种相生相克的关系，在《洛书》五位图与九宫图中有着十分直观的呈现。

五位图以一六配北为水、二七配南为火、三八配东为木、四九配西为金、五十配中为土，顺行即五行相生；同一数列布于九宫图中，逆行即五行相克。（图4-72）

《洛书》极为古老，可溯源至五千三百年前的含山凌家滩玉版，表明五行观念在距今六千纪的新石器时代已形成体系，详见后文。

舶自西方的五彩琉璃，与这一体系建立联系，也就见证了中华文脉薪火相传。

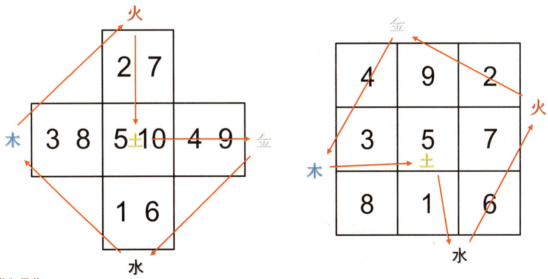

图4-72 《洛书》五位图（五行顺行相生）与《洛书》九宫图（五行逆行相克）。王军绘

（六）时空法式

五行标识了时间，时间具有阴阳之义，阴阳生于混沌，混沌源出虚廓——中国古代文化的宇宙生成论，赋予了五行统括万物的意义。

《春秋繁露·五行相生》："天地之气，合而为一，分为阴阳，判为四时，列为五行。"[111]《葬书》："五气即五行之气，乃生气之别名也。夫一气分而为阴阳，析而为五行。"[112]皆明言五行由一气生出，经阴阳造化，析分而来。

在这个意义上，对五行的表现，就是对阴阳的表现，也就是对万物生养原因的表现。

这就使五行从一种技术性的记事体系，升华为具有一般性意义的哲学体系，能够以其特有的语汇，成为一种文化的表现，这在明清北京城与紫禁城的空间营造中清晰可见。

明清北京城设有五顶庙，分别是东顶庙、南顶庙、西顶庙、北顶庙、中顶庙，是五座泰山神庙，又称碧霞元君庙。其中，东顶庙、南顶庙、西顶庙、北顶庙各随方位列于四郊，中顶庙位于西南郊，居中央土所配之未位，乃季夏之末的斗建授时方位，这就呈现出一个完整的五行时空体系。[113]（图4-73至图4-75）

图4-73 环境整治中的北京北顶庙。王军摄于2003年3月

图4-74 北京西顶庙。王军摄于2022年10月（左）

图4-75 北京中顶庙。王军摄于2022年10月（右）

图 4-76 从故宫南城墙东段眺望琼华岛白塔。王军摄于 2017 年 1 月

图 4-77 北京元代建筑妙应寺白塔。王军摄于 2023 年 2 月（左下）

图 4-78 北京钟楼。王军摄于 2020 年 5 月（右下）

明嘉靖改制，设天地日月四坛于京师南北东西，与居于中央的紫禁城呼应，形成子午卯酉时空格局，与五行相应。

前引《清史稿·礼志》记天坛覆青琉璃，方泽坛"坛面甃黄琉璃"，"日坛面红琉璃，月坛面白琉璃"，皆是以方色表示建筑的性质。

琼华岛白塔、妙应寺白塔居内城西部，合于方色（图 4-76，图 4-77）；神木厂设于外城广渠门之东，[114] 是对东方属木的表现；什刹海居宫城之北，合于北方水；钟楼居中轴线北端，覆黑琉璃瓦，合于北方水色黑，钟楼之钟属金居北，又表现了金生水。（图 4-78）凡此种种，皆是对五行的演绎。

紫禁城内，北设天一门，其两侧随墙琉璃影壁各塑六只仙鹤（图 4-79 至图 4-81），门内钦安殿前御路石雕六龙突起（图 4-82），合于一六配水；南设午门（称五凤楼），出双观，其与五凤楼之"五"合而为七，合于二七配火（图 4-83）；东设南三所，有三座门、石桥三座，文华门御路石雕三朵团科祥云，东华门门钉设九路八颗，合于

第四章 琉璃与五行

图 4-82 故宫钦安殿御路石。王军摄于 2020 年 9 月

图 4-79 故宫天一门局部。王军摄于 2021 年 5 月

图 4-80 天一门东影壁。王军摄于 2023 年 1 月（左下）

图 4-81 天一门西影壁。王军摄于 2023 年 1 月（右下）

图 4-83 故宫午门。王军摄于 2012 年 1 月

三八配木（图 4-84 至图 4-86）；西有武英殿，武英门御路石雕四龙突起，门前三桥每侧栏板皆为九块，合于四九配金（图 4-87，图 4-88）；太和殿居中，脊端立走兽十只，合于五十配土。（图 4-89）

图 4-84 故宫南三所三座门、三座桥。王军摄于 2023 年 2 月

图 4-85 故宫文华门御路石。王军摄于 2020 年 9 月（左下）

图 4-86 故宫东华门门板。王军摄于 2016 年 12 月（右下）

图 4-87 故宫武英门御路石。王军摄于 2023 年 2 月（左上）

图 4-88 故宫武英门前石桥。王军摄于 2023 年 2 月（右上）

图 4-89 故宫太和殿檐脊。王军摄于 2023 年 2 月（中）

图 4-90 故宫南三所。王军摄于 2017 年 9 月（下）

　　紫禁城以黄瓦、红墙、汉白玉、青瓦、黑瓦，呈现了五行之色。南三所、畅音阁居东，覆青琉璃瓦（图 4-90，图 4-91）；浴德堂居西，贴白色釉砖（图 4-92）；午门、太和门居南，彩画以红色铺底（图 4-93，图 4-94）；神武门居北，其内两侧值房覆黑琉璃瓦。（图 4-95）皆是对方色的表现。

　　紫禁城以红黄二色为主色调，彰显火生土；午门左掖门、右掖门，与东华门一样，门钉设九路八颗（图 4-96），太

图 4-91 故宫畅音阁。王军摄于 2023 年 2 月

图 4-92 故宫浴德堂内部。王军摄于 2019 年 8 月

图 4-93 故宫午门彩画。王军摄于 2022 年 9 月

图 4-94 故宫太和门彩画。王军摄于 2023 年 1 月

图 4-95　故宫神武门内东值房。王军摄于 2016 年 9 月

图 4-96　故宫午门左掖门。王军摄于 2022 年 10 月

和门御路石雕八龙突起（图 4-97），皆以木数八居南，表现木生火；西华门内两侧值房，覆黑琉璃瓦（图 4-98），表现金生水；御花园居北，广植树木，表现水生木（图 4-99）；南三所北殿覆黑琉璃瓦，合于北殿方位，又在大内东区，表现了水生木。（图 4-100）

三大殿高台平面为"土"字形，表示了中央土；这一区域不种树木，是因为木克土（图 4-101）；文渊阁仿效宁波天一阁，面阔六间，取义"天一生水，地六成之"，又覆黑琉璃瓦，表现水克火，寄托了防止火灾、保全文籍的愿望。[115]（图 4-102）

五行的每一行与四时相配，各为七十二天。土配四季（即四时之末），各索十八天，称"土王四季"[116]，其斗建授时方位在四维。

太和殿前御道铺十七块石板，以九八之数（9+8=17）表示九八七十二，

258　　　　　　　　　　　　　　　　　　　　　　　　　　　　　　　　　　　　　　　天下文明

图 4-97 故宫太和门御路石。王军摄于 2023 年 2 月（右上）

图 4-98 故宫西华门及两侧值房。王军摄于 2023 年 2 月

图 4-99 故宫御花园内的树木与天一门所寓意的"天一生水"形成"水生木"意象。王军摄于 2023 年 2 月

图 4-100 故宫南三所西所北殿。王军摄于 2023 年 1 月

图 4-101 故宫太和殿庭院。王军摄于 2021 年 12 月

图 4-102　故宫文渊阁。王军摄于 2017 年 9 月

图 4-103　故宫西北角楼。王军摄于 2019 年 9 月

图 4-104　大高玄殿九天万法雷坛俯瞰。王军摄于 2022 年 10 月

图 4-105　故宫建福宫延春阁东望。王军摄于 2022 年 7 月

太和殿立七十二柱，与宫城四隅表示四季授时方位的七十二脊角楼呼应（图4-103），表现了"土王四季"，同时表现了"王者覆四方"，[117]也就是"溥天之下，莫非王土"[118]。紫禁城内，黄琉璃混于诸色，也具有同样的意义。

大高玄殿位于紫禁城西北方的乾位，铺青琉璃瓦，是对阳气（以青琉璃表示）始于立冬（西北乾位是立冬的授时方位）的表现。（图4-104）

在北京城与紫禁城的空间营造中，五行提供了强大的文化支撑，丰富的表现形式，塑造了融知识、思想、艺术为一体的人文景观，呈现了独具中国文化特色的时空法式。

色彩亮丽的琉璃，在这里汇为"海洋"，塑造了中国古代都城的最后辉煌。（图4-105）

三、结　语

琉璃舶自西方，融入五行，成为中国古代时空观的载体，造成极为壮丽的人文景观，这是中国固有之文化包容性的体现。

琉璃以五色表现五行，为皇家及其意识形态建筑垄断使用，彰显五行之于中国古代文化的重要意义。

五行并非五种元素，它是极为朴素的标识时空的方法，是以水火木金土这五种物质，表示北南东西中，同时也表示了这些方位所对应的冬夏春秋。这五种物质的自然之性，与其所标识的空间所对应的时间的自然之性相符。

对五行的表现有多种方法，五色是其中之一，导源于新石器时代，为诸多考古学资料所证。以色彩标识时空是早于文字的原始记事方式，具有相当的稳定性。五行五色因其承载着极为重要的文化信息，不会因文字的诞生而被遗弃，它们被传承下来，成为中国古代文化的"底色"。

五行所标识的时空，为文化与艺术的表现提供了浩乎无际的舞台。春夏秋冬，生长收藏，时间的阴阳属性，赋予五行统括万物的哲学意义。关于五行相生相克的思辨，显示了古人所宗奉的以顺时施政为吉、逆时施政为凶的生存法则，这是农业生产催生的信念，是天人合一思想的体现。

融入这一知识与思想体系的琉璃，以其精湛的工艺和丰富的艺术表现，为中国古代文化增添亮丽之色，塑造了紫禁城流光溢彩的建筑景观，见证了中华文脉薪火相传。

附：重燃千年琉璃窑火

北京门头沟龙泉务辽代窑址，是北京地区最早的琉璃窑所在，见证了辽南京的建设。自兹以降，窑厂辗转至附近的琉璃渠村，历金元明清，为皇家专供琉璃，从未中断。[119]（图4-106）

辛亥革命终结帝制，这处皇家琉璃窑厂面对生死考验。1931年，中国营造学社创始人朱启钤成立琉璃瓦料研究会，组织学者赴琉璃渠村调查，在中山公园陈列京西琉璃，致力于工艺抢救。同年，《中国营造学社汇刊》刊载《琉璃瓦料之研究》，有言曰：

> 琉璃瓦料，为建筑重要用材，尤为宫殿所专用。北平自金元以来，为历代之首都，以琉璃瓦料，表现特色，已有数百年之历史，实物具在，世界注目。近年新式建筑，亦多采用，考工未精，窳劣滥厕，不独有害于营建，且于北平物产中华工艺之前途，影响滋巨。自营造立场言之，琉璃瓦料，为各种匠作之聚，如大木斗科，内外檐装修，以及雕镂土石，几无不备，而地质工艺，与理

图4-106 北京门头沟龙泉务窑址。王军摄于2018年4月

化诸学之应用，更不待言。近以搜辑所得，各种做法，综合研究，于影壁、花门、牌楼、房座等，计算恢瓦之法，稍有端倪。而于成做瓦料之坯釉质药、图式模型，尚不能为整个的研究。乃先从访求匠师，采集实物着手。本年二月，成立琉璃瓦料研究会，与各会员迭次讨论，并组织调查团，前赴宛平县门头沟琉璃渠村旧琉璃官窑，实地踏查，向窑工兼厂商赵雪舫氏借来现此数百件，在中山公园，与其他器厂出品，同时陈列，与往年他处所得各种规品，比较研究，由与工部工程做法九卿物料价值，内廷圆明园内工程做法，及其他传本，所载之品名样数无定例等项名件，所阙尚多，但初步工作，已具崖略，由此进行，稍有途径。[120]

同年，朱启钤与日本学者关野贞、伊东忠太、今西龙等发起古瓦研究会，约言如下：

> 古今瓦甓，为建筑唯一之用材，向来瓦当附于金石之末，近年发见日多，收藏益广，好古专家，已有独立研究之个性，文字之外，进而及于纹样，乃至尺度、质料、重量、形式，均有考察之价值，不独为考古家之新科目，抑亦予营造学者，以重大之裨益，兹发起古瓦研究会，以中日安南等用瓦地带为范围，举现存实物，摹拓真形，别择真赝，汰其重复，参以旧籍，标明出处，勒为一书，制成图录，以供世界学者，公开研究。[121]

刘敦桢对琉璃渠窑厂做了调查，于1932年发表《琉璃窑轶闻》，有谓：

> 琉璃古作流离，或云药玻璃，其名始见于《汉书·西域传》，盖传自西方，非中土所有，汉魏以来用作窗扉、屏风及剑匣鞍、盘椀诸器，皆视为珍异。北魏太武帝时，大月商人始于平城采矿铸之，是为中国原料制琉璃之始。隋开皇间，太府丞何稠能以绿甓为琉璃，已非假手远人，其后流传渐广，遂施之瓦面，代刷色、涂朱、髹漆、夹纻诸法，盛唐时有碧瓦朱甍之称。……现存琉璃窑最古者，当推北平赵氏为最，即俗呼官窑，或西窑，元时自山西迁来，初建窑宣武门外海王村，嗣后扩增于西山门头沟琉璃渠村，充厂商，承造元明清三代宫殿、陵寝、坛庙、各色琉璃瓦件，垂七百年于兹，明时各厂以内官司之，瓦饰外并造琉璃片，供嵌腮之用，及鱼瓶铁马诸杂件，入清后以满汉官各一人主琉璃亮瓦二厂事，其地即明清以来烧造琉璃官署所在，故世俗有琉璃赵之名，今其裔孙赵雪舫尚能承继旧业。[122]

他对琉璃流布于中国的历史，以及琉璃渠窑厂的前世今生，做了详细考证。（图4-107

至图 4-109）

1936 年，梁思成主编、刘致平编纂的《建筑设计参考图集》第六集，刊载《琉璃瓦简说》，有语云：

> 在欧洲建筑中，屋顶部分向来被认为一种无可奈何，却又不可避免的不美观部分。历来建筑师对于屋顶，多是遮遮掩掩，仿佛取一种家丑不可外扬的态度。所以欧洲建筑物，除去少数有穹顶者外，所给人的印象，大多不感到屋顶之重要。中国人对于屋顶的态度却不然。我们不但不把它遮掩，而且特别标榜，骄傲的，直率的，将它全部托起，使成为建筑中最堂皇、最惹人注目之一部。在较重要的建筑物如宫殿庙宇之上，且用釉丽铺宽，在屋顶构架之重要关节或枢纽上，更用脊条吻兽之类，特加顿挫。其颜色则有金黄碧绿，乃至红蓝黑紫等色，颇富于装饰性，且坚强耐久。除屋顶外，如门窗墙壁，以至影壁牌楼等等，

图 4-107 中国营造学社 1932 年拍摄的琉璃渠窑厂塑坯情景。（来源：清华大学建筑学院资料室）（左）

图 4-108 中国营造学社 1932 年拍摄的琉璃渠窑厂添煤烧窑情景。（来源：清华大学建筑学院资料室）（右）

图 4-109 中国营造学社 1932 年拍摄的琉璃渠窑厂烧制的"史言社会"瓦当。（来源：清华大学建筑学院资料室）

亦常用琉璃建造。琉璃瓦之施用，遂成为中国建筑特征之一。[123]

文章指出："琉璃之在欧洲，古希腊时已常用作屋顶，在中国则汉代尚极珍贵"，"唐代琉璃瓦屋顶之用更多"，"由宋元而明清，琉璃瓦屋顶更成为尊贵建筑物必不可少的材料，谨慎将事。在尺寸上较以前更加增大。正吻一只可重至梁十零百斤，值银壹百捌拾余两，用铅陆百伍拾两。上吻时并须迎吻，簪花披红，典制极为繁重"。[124]

中华人民共和国成立之后，琉璃渠窑厂（时称赵氏琉璃窑厂）于1954年交由故宫博物院管理，更名为故宫博物院琉璃窑厂。

20世纪50年代中后期，因铁路建设，窑厂向东移建，被遗弃的老窑址，即元明清三代官窑所在，被改作职工平房宿舍区。（图4-110）窑厂于1958年移交北京市门头沟区人民委员会，1959年为国庆十大工程生产琉璃建材，1962年经文化部指示归还故宫博物院，1970年由北京市建材局（今北京金隅集团）接管，同年为天安门城楼改造工程生产琉璃建材，1977年为毛主席纪念堂工程生产琉璃建材，2001年改制为北京明珠琉璃制品有限公司。

窑厂位于永定河西岸、琉璃渠村东南部，紧临两处北京市文物保护单位——清工部琉璃窑厂办事公所、三官阁过街楼。（图4-111，图4-112）窑厂所在的琉璃渠村坐落于九龙山下，山中有丰富的煤炭和坩子土资源，所产坩子土可塑性强，成大型不易开裂，胎体烧后呈象牙白色，坚固耐久，不脱釉，是烧造琉璃陶胎的上等原料。

图4-110　琉璃渠原皇家琉璃窑厂的老窑址。王军摄于2018年4月（左）

图4-111　清工部琉璃窑厂办事公所。王军摄于2018年1月（右）

第四章　琉璃与五行

图 4-112 三官阁过街楼。王军摄于 2018 年 1 月

2013 年，窑厂停产。2017 年 4 月，窑厂的老窑及生产设备在环保整治中即将被拆毁，时任门头沟区文旅局副局长马骐予以制止。知情者任伟呼吁保全窑厂，故宫博物院专家 2018 年 1 月赴现场调查，4 月提出环保达标、恢复生产的建议。6 月，时任故宫博物院院长单霁翔写信给北京市委领导，经后者批示，重燃窑火的行动展开。（图 4-113 至图 4-116）

图 4-113 2018 年 1 月，北京明珠琉璃制品有限公司厂区琉璃影壁。王军摄

图4-114 2018年1月，北京明珠琉璃制品有限公司厂区老窑。王军摄（左上）

图4-115 2018年1月，北京明珠琉璃制品有限公司釉烧车间。王军摄（右上）

图4-116 2018年1月，北京明珠琉璃制品有限公司粉碎厂房。王军摄

图4-117 北京明珠琉璃制品有限公司更名为金隅琉璃文化创意产业园，图为新建厂房。王军摄于2023年1月

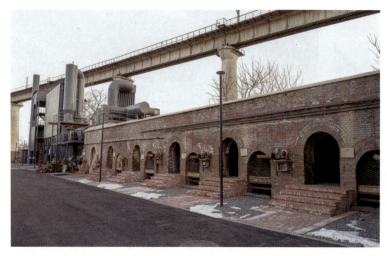

图 4-118　厂区内的老窑与环保设施相结合，得到保护利用，实现古法传承。王军摄于 2023 年 1 月

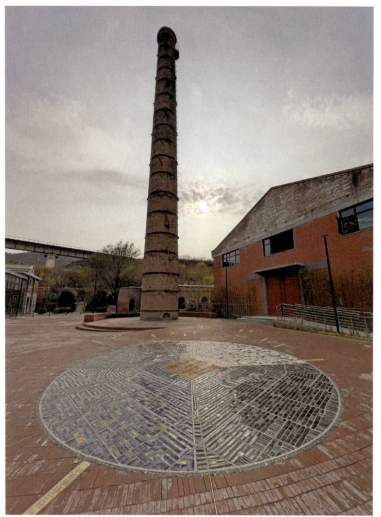

图 4-119　厂区内的五行方色琉璃图案。王军摄于 2022 年 10 月

图 4-120　老窑试点火成功。胡劲草摄于 2023 年 1 月

北京金隅集团斥资保护窑厂，更新生产设备，实现环保达标，将部分旧厂房建设为琉璃博物馆。徐传辉、王子铭、于海燕、赵长安、胡劲草董理或襄助此事，贡献良多。（图4-117至图4-119）

2022年12月，窑厂试点火，故宫博物院、北京市文物局、门头沟区人民政府、北京金隅集团就窑厂的保护利用签署合作协议。

2023年2月24日，窑厂举行点火仪式，恢复运营。（图4-120）

注 释

1 《清史稿·礼志》记社稷坛，"乾隆二十一年，徙瘗坎坛外西北隅。旧制墙垣用五色土，至是改四色琉璃砖瓦"（2490页）。《日下旧闻考》记社稷坛，"内墙四面各一门"，"墙色各如其方"（136页）。初版于20世纪30年代初的《燕都丛考》记北京社稷坛内墙"甃以四色琉璃砖，各随方色，覆瓦亦如之"（1991年再版，140页）。初版于1935年的英文著作《寻找老北京》（*In Search of Old Peking*）记社稷坛内墙"由不同色彩的琉璃砖瓦（tiles）修造：南赤，北黑，东青，西白（red on south, black on north, blue on east, and white on west.）"（1987年再版，71页）。今社稷坛琉璃墙垣历经新作，南墙垣琉璃色彩偏黄，不尽合方色，原因待考。

2 李全庆、刘建业编著：《中国古建筑琉璃技术》，1页。

3 [汉]班固：《汉书》卷九十六上《西域传第六十六上》，3885页。

4 黄红：《中亚古国罽宾》，《贵州教育学院学报（社会科学）》2009年第25卷第8期，49—52页。

5 [汉]班固：《汉书》卷九十六上《西域传第六十六上》，3885页。

6 [唐]房玄龄等撰：《晋书》卷九十七《列传第六十七·四夷》，2544页。

7 [唐]魏征、令狐德棻撰：《隋书》卷八十三《列传第四十八·西域》，1857页。

8 [晋]陈寿撰，陈乃乾校点：《三国志》卷五十三《吴书八》，1252页。

9 [宋]何薳撰，张明华点校：《春渚纪闻》卷九《记砚·铜雀台瓦》，136页。

10 [梁]萧子显：《南齐书》卷五十七《列传第三十八·魏虏》，986页。

11 [北齐]魏收：《魏书》卷一百二《列传第九十·西域》，2275页。

12 [梁]萧子显：《南齐书》卷五十七《列传第三十八·魏虏》，984页。

13 [梁]萧子显：《南齐书》卷七《本纪第七·东昏侯》，104页。

14 [唐]魏征、令狐德棻撰：《隋书》卷六十八《列传第三十三·何稠》，1596页。

15 [唐]魏征、令狐德棻撰：《隋书》卷六《志第一·礼仪一》，118页。

16 [唐]魏征、令狐德棻撰：《隋书》卷三十二《志第二十七·经籍一》，908页。

17 [后晋]刘昫等撰：《旧唐书》卷七十五《列传第二十五·苏世长》，2629页。

18 [元]脱脱等撰：《宋史》卷一百一《志第五十四·礼四》，2474页。

19 [宋]范成大：《揽辔录》，4页。

20 [明]宋濂：《元史》卷九十《志第四十·百官六》，2281页。

21 [元]陶宗仪：《南村辍耕录》，250、251、252、254、256、257页。

22 （法）沙海昂注，冯承钧译：《马可波罗行纪》，162—163页。

23 [宋]李诫：《营造法式》卷第十五《窑作制度》，8页。

24 [宋]李诫：《营造法式》卷第二十六《诸作料例一》，9页。

25 [宋]李诫：《营造法式》卷第二十七《诸作料例二》，9页。

26 [宋]李诫：《营造法式》卷第二十七《诸作料例二》，10页。

27 [宋]李诫：《营造法式》卷第二十七《诸作料例二》，11页。

28 [宋]李诫：《营造法式》卷第二十七《诸作料例二》，8页。

29 唐在复译：《法人德密那维尔P. Demiéville评宋李明仲营造法式》，《中国营造学社汇刊》1931年第2卷第2册，32页。

30 [明]宋应星：《天工开物》卷中《陶埏》，142页。

31 [明]宋应星：《天工开物》卷下《珠玉》，312页。

32 [清]孙廷铨著，李新庆校注：《颜山杂记校注》卷四《物产》，114—115页。按：戴密微引用此文，谓"孙氏复举琉璃所制器物，若青廉、华灯、屏风、璎珞、念珠、棋子、风铃、簪珥、鱼瓶、葫芦、砚滴、佛眼、火珠等，而未及琉璃瓦，当系无心之失。著者又谓，最珍美者，为水晶及回青二质混合之物，嵌于郊坛清庙所用屏障之朱棂者，此种颜料，于磁釉最盛，而亦于琉璃见之，是可异也"。（唐在复译：《法人德密那维尔P. Demiéville评宋李明仲营造法式》，《中国营造学社汇刊》1931年第2卷第2册，33页）唐在复《译注》："孙氏琉璃志所录，似即旧时代之玻璃器，与琉璃瓦之琉璃不同，其历举之琉璃器物内不及琉璃瓦，职是故欤，待考。"（同上，36页）如果能理解，广义上的琉璃是包括低温铅釉在内的玻璃质物品，施用于陶坯即琉璃砖瓦，就不能说孙廷铨举琉璃而未及琉璃瓦为无心之失了。

33 [清]李斗：《扬州画舫录》卷十七《工段营造录》，384—385页。

34 [清]李斗：《扬州画舫录》卷十七《工段营造录》，392页。

35 梁思成编订：《营造算例》，67—79页。

36 [清]张廷玉等撰：《明史》卷四十七《志第二十三·礼一（吉礼一）》，1226—1229页。

37 赵尔巽等撰：《清史稿》卷八十二《志五十七·礼一（吉礼一）》，2487—2490页。

38 [清]于敏中等编纂：《日下旧闻录》卷十《国朝宫室》，136页。

39 陈宗蕃编著：《燕都丛考》，140页。

40 张福康：《中国传统高温釉的起源》，中国科学院上海硅酸盐研究所编：《中国古陶瓷研究》，41、43页。

41 杨伯达认为是玻璃。参见杨伯达：《西周玻璃的初步研究》，《故宫博物院院刊》1980年第2期。张福康、程朱海、张志刚做实验分析，认为这是一种由玻璃相作为结合剂的多晶石英珠，不是玻璃，并称其为琉璃珠。参见张福康、程朱海、张志刚：《中国古琉璃的研究》，中国科学院上海硅酸盐研究所编：《中国古陶瓷研究》，104页。按：古代文献中的琉璃包含了今玻璃、琉璃的工艺范畴，泛指玻璃质物品，故这类文物可统称为琉璃。

42 李全庆、刘建业编著：《中国古建筑琉璃技术》，1页。

43 王光尧：《明代宫廷陶瓷史》，289页。

44 叶慈（Dr. W. Perceval Yetts）著、瞿祖豫译：《琉璃釉之化学分析》，《中国营造学社汇刊》1932年第3卷第4期，88—97页。

45 南越王宫博物馆编：《南越国宫署遗址：岭南两千年中心地》，54页。

46 中国科学院上海硅酸盐研究所从大砖的组成、结构及各种物理性能等方面，研究其物理化学形成机理，并探讨其技术特点和成就。研究表明，就上釉的情形看，主要是在青灰色胎质的大砖上才能发现，釉质较薄，釉和胎的匹配结合性差，脱落的情形严重，可见对釉的工艺技术掌握还不够成熟。值得关注的是，该种釉的类型属于当时在中国极为罕见的碱釉，其钠钾等金属氧化物含量达到了14%左右，这和当时中国陶瓷上常见的以钙为主要助熔剂的灰釉以及以钙、铁等为主要助熔剂的泥釉大不相同，也和当时中国常见的玻璃相差甚远，该种釉的出现是否受外来影响以及为什么没有传播和延续，还有待进一步研究。参见吴隽、王海圣、李家治、鲁晓柯、吴军明：《南越王宫遗址出土罕见巨型釉砖的科技研究》，《中国科学》E辑《技术科学》2007年第37卷第9期，1140—1147页。

47 柴泽俊编著：《山西琉璃》，2页。

48 王光尧：《明代宫廷陶瓷史》，292页。

49 李全庆、刘建业编著：《中国古建筑琉璃技术》，3页。

50 李全庆、刘建业编著:《中国古建筑琉璃技术》,4页。

51 南越王宫博物馆编:《南越国宫署遗址:岭南两千年中心地》,139页。

52 李全庆、刘建业编著:《中国古建筑琉璃技术》,4页。

53 银川西夏陵区管理处编:《西夏陵》,17页。

54 北京市文物研究所编:《北京龙泉务窑发掘报告》第3、303、412、415—421、460、462—464页。

55 Eileen Hsiang-Ling Hsu. *Monks in Glaze: Patronage, Kiln Origin, and Iconography of the Yixian Luohans.* Boston: Brill, 2016.

56 梁思成:《中国雕塑史讲义》,138页。

57 梁思成:《中国雕塑史讲义》,145页。

58 Nigel Wood, Chris Doherty, Maria Menshikova, Clarence Eng, Richard Smithies. *A luohan from Yixian in the Hermitage Museum: Some Parallels in Material Usage with the Luoquanwu and Liuliqu Kilns near Beijing.* Bulletin of Chinese Ceramic Art and Archaeology(陶瓷考古通讯), No.6, December 2015, 29-36.;崔剑锋译:《俄罗斯圣彼得堡国家遗产博物馆藏中国易县出土三彩罗汉像的科学分析——兼谈北京龙泉务窑和琉璃渠窑制胎原料选择方面的共同点(摘要)》,《陶瓷考古通讯》2015年第2期,36页。

59 睒子洞存"造像圆满之记"碑云:"造相,宋均始自正德六年,落于正德十四年四月,内为终,送奄安洞,圣业事圆矣,予心乐矣,谓众议曰:善事已圆,我愿既满,若不树石于后,岁月悠久,莫知何代何人之所造欤?轮金若干,命工研石,征文勒珉为记。"(引自: Eileen Hsiang-Ling Hsu. *Monks in Glaze: Patronage, Kiln Origin, and Iconography of the Yixian Luohans.* Boston: Brill, 2016, 213.)据此可知,睒子洞造像于明正德十四年即公元1519年落成,这与境外三尊塑像经热释光测年显示其烧造年代为公元1200±200年存在差异,有待进一步研究。

60 Nigel Wood, Chris Doherty, Maria Menshikova, Clarence Eng, Richard Smithies. *A luohan from Yixian in the Hermitage Museum: Some Parallels in Material Usage with the Luoquanwu and Liuliqu Kilns near Beijing.* Bulletin of Chinese Ceramic Art and Archaeology(陶瓷考古通讯), No.6, December 2015, 29-36;崔剑锋译:《俄罗斯圣彼得堡国家遗产博物馆藏中国易县出土三彩罗汉像的科学分析——兼谈北京龙泉务窑和琉璃渠窑制胎原料选择方面的共同点(摘要)》,《陶瓷考古通讯》2015年第2期,36页。

61 故宫博物院康葆强先生2014年对采自易县睒子洞琉璃标本做了研究,X射线衍射分析显示,二件易县琉璃胎体均含有脱水叶蜡石,该物相在故宫明清建筑琉璃胎体中普遍存在。因此,易县琉璃可能与明清故宫建筑琉璃的胎体原料来源一致,都在北京门头沟。在易县琉璃胎体中还发现钠长石,与故宫清代琉璃胎体有差别,而与故宫神武门上层檐的明代琉璃胎体一致。但是,易县琉璃的年代是否为明代还需其他证据。承康葆强先生惠告。

62 徐华烽:《隆宗门西遗址发现元明清故宫"三叠层"》,《紫禁城》2017年第5期,42—49页。

63 故宫博物院考古研究所:《故宫长信门明代建筑遗址2016—2017年发掘简报》,《故宫博物院院刊》2021年第6期,58—80页。

64 李全庆、刘建业编著:《中国古建筑琉璃技术》,6页。

65 [唐]孔颖达疏:《尚书正义》卷七《甘誓》,《十三经注疏》,328页。

66 [唐]孔颖达疏:《尚书正义》卷十二《洪范》,《十三经注疏》,397页。

67 冯友兰指出:"'五行'通常译为Five Elements(五种元素)。我们切不可以将它们看作静态的,而应当看做五种动态的互相作用的力。汉语的'行'字,意指to act(行动),或to do(做),所以'五行'一词,从字面上翻译,似是Five Activities(五种活动),或Five Agents(五种动因)。五行又叫'五德',意指Five Powers(五种力)。"(冯友兰,《中国哲学简史》,《三松堂全集》第6卷,118页)1999年出版的《剑桥中国上古先秦史》将五行译为Five Phases(五个阶段或时段),更逮真义。(*The Cambridge History of Ancient China—From the Origins of Civilization to 221 B. C.* Edited by Michael Loewe and Edward L. Shaughnessy. New York: Cambridge University Press. 1999: 809.)

68 [唐]孔颖达疏:《尚书正义》卷六《禹贡》,《十三经注疏》,311页。

69 [汉]司马迁:《史记》卷七十四《孟子荀卿列传第十四》,

2344页。按：此为战国末期五行家邹衍的言论，即五德终始论。五行有相生相克的关系，王朝的兴替遂被纳入这一体系加以言说。这样的说法在《孔子家语》卷六《五帝》中也可看到，其言尧火、舜土、夏金、殷水、周木，与邹衍之虞土、夏木、商金、周火不同，前者以相生为序，后者以相克为序，皆本于五行生克理论（《孔子家语》卷六《五帝》，《影印文渊阁四库全书·子部》，第695册，57—58页）。五德终始论试图将朝代的兴替纳入五行体系加以阐释，过于牵强，显失五行本义。此乃五行衍生出的诸多文化现象之一种，在很大程度上模糊了人们对五行的认识。

70 顾颉刚：《五德终始说下的政治和历史》，《古史辨》第5册，404页。

71 梁启超：《阴阳五行说之来历》，《古史辨》第5册，343页。

72 1934年，顾颉刚编撰的《古史辨》第5册刊登了其本人与梁启超、刘节等学者对阴阳五行的批判文章，观点包括：1.《洪范》所述之五行，只是将物质区分为五类，并无深义，却被邹衍之流发展为惑世诬民之邪说（梁启超）；2.《洪范》非箕子所传，乃战国末年阴阳五行家托古之作（刘节）；3.《洪范》乃伪书（顾颉刚）。

73 [唐]孔颖达疏：《尚书正义》卷十二《洪范》，《十三经注疏》，398页。

74 [唐]孔颖达疏：《尚书正义》卷十二《洪范》，《十三经注疏》，399页。

75 [汉]郑玄注，[唐]贾公彦疏：《周礼注疏》卷一《天官冢宰第一》，《十三经注疏》，1373页。

76 [隋]萧吉撰：《五行大义》卷一《第三论数·第二论五行及生成数》，13—14页。

77 详见《礼记正义》卷十六《月令》孔颖达《疏》："夫四时五行，同是天地所生，而四时是气，五行是物。气是轻虚，所以丽天；物体质碍，所以属地。四时系天，年有三百六十日，则春夏秋冬各分居九十日。五行分配四时，布于三百六十间，以木配春，以火配夏，以金配秋，以水配冬，以土则每时辄寄王十八日也。虽每分寄，而位本末，宜处于季夏之末，金火之间。"（《十三经注疏》，2970页）又《淮南子》卷三《天文训》："甲乙寅卯，木也；丙丁巳午，火也；戊己四季，土也；庚辛申酉，金也；壬癸亥子，水也。"（《二十二子》，1219页）即将戊己所配之中央土，散配丑辰未戌四时之末。又扬雄《太玄》卷八《玄数》："五五为土，为中央，为四维"（《太玄集注》，199页），亦记以中央土分配四维。又《史记正义》："木火土金水各居一方，一岁三百六十日，四方分之，各得九十日，土居中央，并索四季，各十八日，俱成七十二日。"（《史记》卷八《高祖本纪》，343页）即以木火金水配春夏秋冬四时，四时之末各索十八日配土。这样，五行的每一行各配七十二日，得一岁之大数三百六十日。土配四时之末，又有土王四季、奄有天下之义，见《周易集解》李鼎祚《注》："'厚德载物'而五行相生者，土之功也。土居中宫，分王四季，亦由人君无为皇极，而奄有天下。"（《周易集解》卷一《乾》，10页）土居中宫，此乃天子之位，中央土配四季，即分王四季（又称"土王四季"），这是以中央土标定四时之更替，表明判定四时是天子事权，具有奄有天下、"溥天之下，莫非王土"（《毛诗正义》卷十三《北山》，《十三经注疏》，994页）的意义。

78 [汉]郑玄注，[唐]孔颖达疏：《礼记正义》卷十四《月令第六》，《十三经注疏》，2932页。

79 [晋]孔晁注：《逸周书》卷三《小开武解》，《元本汲冢周书》，58页。

80 [汉]郑玄注，[唐]贾公彦疏：《仪礼》卷二十七《觐礼》，《十三经注疏》，2363—2364页。

81 [汉]郑玄注，[唐]贾公彦疏：《周礼注疏》卷十八《大宗伯》，《十三经注疏》，1644—1645页。

82 [隋]萧吉撰：《五行大义》卷三《第十四论杂配·第一论配五色》，1—2页。

83 [汉]班固撰，[唐]颜师古注：《汉书》卷二十七上《五行志第七上》，1315页。

84 [汉]司马迁：《史记》卷二十六《历书第四》，1257页。

85 [魏]王弼、[晋]韩康伯注，[唐]孔颖达疏：《周易正义》卷八《系辞下》，《十三经注疏》，179页。

86 [魏]王弼、[晋]韩康伯注，[唐]孔颖达疏：《周易正义》卷八《系辞上》，《十三经注疏》，181页。

87 [魏]王弼、[晋]韩康伯注，[唐]孔颖达疏：《周易正义》卷七《系辞上》，《十三经注疏》，168页。

88 《蒙鞑备录》记："今鞑之始起并无文书，凡发命令、遣使往来，止是刻、指以记之。"《黑鞑事略》记："鞑人本无字书,然今之所用,则有三种,行于鞑人本国者,则只用小木,长三四寸,刻之四角,且如差十马,则刻十刻,大率只刻其数也。"《建炎以来朝野杂记乙集》记鞑靼"亦无文字,每调发兵马,即结草为约,使人传达,急于星火。或破木为契,上刻数画,各收其半。遇发军,以木契合同为验"。《长春真人西游记》记蒙古人"俗无文字,或结之以言,或刻木为契"。引自《王国维遗书》第8册,159、211—213页。

89 贾兰坡:《山顶洞人》,88页。

90 (法)列维-布留尔著,丁由译:《原始思维》,242页。

91 唐晓峰:《从混沌到秩序——中国上古地理思想史述论》,101页。

92 汪宁生:《从原始记事到文字发明》,2页,《考古学报》1981年第1期。

93 汪宁生:《从原始记事到文字发明》,2页,《考古学报》1981年第1期。

94 汪宁生:《从原始记事到文字发明》,1页,《考古学报》1981年第1期。

95 汪宁生:《从原始记事到文字发明》,1页,《考古学报》1981年第1期。

96 赵志军:《从兴隆沟遗址浮选结果谈中国北方旱作农业起源问题》,《东亚古物》A卷,188—199页;赵志军:《中国农业起源概述》,《遗产与保护研究》2019年1月第4卷,3页。

97 杨虎、刘国祥、邓聪:《玉器起源探索——兴隆洼文化玉器研究及图录》,172、176、178—181页。

98 冯时:《文明以止——上古的天文、思想与制度》,29页。

99 冯时:《文明以止——上古的天文、思想与制度》,561—562、588页。

100 浙江省文物考古研究所编著:《良渚遗址群考古报告之一:瑶山》,7页。

101 陕西省考古研究院、榆林市文物考古勘探工作队、神木县石峁遗址管理处:《陕西神木县石峁城址皇城台地点》,《考古》2017年第7期,50页。

102 [汉]郑玄注,[唐]孔颖达疏:《礼记正义》卷十四、十五《月令》,《十三经注疏》,2929、2947、2951页。

103 冯时还指出,古之传统以冬至祭天于圜丘,夏至祭地于方丘,正是这种夏至属阴配地观念的反映。参见《文明以止——上古的天文、思想与制度》,587页。关于《周易》之方位阴阳观,拙作《尧风舜雨:元大都规划思想与古代中国》之第一章第一节有所讨论。

104 清华大学出土文献研究与保护中心编,李学勤主编:《清华大学藏战国竹简(壹)》,143页;冯时:《〈保训〉故事与地中之变迁》,《考古学报》2015年第2期,129—156页。

105 冯时:《文明以止——上古的天文、思想与制度》,585—587页。

106 [汉]许慎撰,[宋]徐铉校定:《说文解字》,245页。

107 冯时:《文明以止——上古的天文、思想与制度》,368—369页;中国社会科学院考古研究所二里头队:《河南偃师市二里头遗址中心区的考古新发现》,《考古》2005年第7期,17—18页。

108 冯时:《文明以止——上古的天文、思想与制度》,589—590页。

109 [汉]董仲舒撰:《春秋繁露》卷十三《五行相生》,《二十二子》,798页。

110 [汉]郑玄注,[唐]孔颖达疏:《礼记正义》卷十四至卷十七《月令》,《十三经注疏》,2938—2039、2951、2954、2957、2967、2969—2970、2973、2976、2989、2993、2995、2998页。

111 [汉]董仲舒撰:《春秋繁露》卷十三《五行相生》,《二十二子》,798页。

112 [晋]郭璞撰:《葬书》内篇,《四库术数类丛书》第6册,808—812页。

113 今西顶庙、北顶庙、中顶庙尚存。

114 《大清一统志》记:"增神木厂在广渠门外二里许,有大木偃侧于地,高可隐一人一骑,明初构宫殿遗材也,相传其木有神。"神木厂供奉的神木,乃明初建紫禁城所遗之材,其卧放,可隐蔽骑马之人。参见[清]于敏中等编纂:《日下旧闻考》卷八十九《郊坰》,1518页。

115 于倬云对紫禁城对五行的表现有深刻洞见,他指出:"由于木克土,因而故宫外朝中轴线上很少用绿色油饰,也不种树木,以防木的色彩尅土(即中央)。但是在五行中只有相生而无相尅则不能维持整体平衡,于是在把宫后苑及万岁山作为以木为主的御园。因为北方为水,水生木,所以把乾坤两宫之北布置了以木为主的御园以符合水生木。"参见于倬云:《紫禁城始建经略与明代建筑考》,《故宫博物院院刊》1990年第3期,12页。

116 [汉]郑玄注,[唐]孔颖达疏:《礼记正义》卷十四《月令第六》,《十三经注疏》,2932页。

117 [唐]孔颖达疏:《尚书正义》卷六《禹贡》,《十三经注疏》,311页。

118 [汉]毛亨传,[汉]郑玄笺,[唐]孔颖达疏:《毛诗正义》卷十三《北山》,《十三经注疏》,994页。

119 金代窑址的具体位置可能位于今琉璃渠窑厂西侧的老窑址,忽必烈中统四年(1263年)设琉璃局于此,时为元朝国号确立之前,此处可能在金代已具备生产能力,为金代琉璃窑厂所在。

120 《琉璃瓦料之研究》,《中国营造学社汇刊》1931年第2卷第1册《本社纪事》,6—7页。

121 《古瓦研究会缘起及约言》,《中国营造学社汇刊》1931年第2卷第2册《本社纪事》。

122 刘敦桢:《琉璃窑轶闻》,《中国营造学社汇刊》1932年第3卷第3期,173、175—176页。

123 梁思成主编,刘致平编纂:《建筑设计参考图集》第6集《琉璃瓦简说》,179页。

124 梁思成主编,刘致平编纂:《建筑设计参考图集》第6集《琉璃瓦简说》,180—181页。

第五章 明堂探源

本书第一章对北京明清紫禁城总平面所运用的9∶7比例做了讨论，指出这一比例见诸《周礼·考工记》《大戴礼记·明堂》所记周人明堂制度，即"东西九筵，南北七筵"，堪称"明堂比例"。这一章还引用《周易乾凿度》等古代文献，对这一比例的文化内涵做了揭示，指出九与七是表示"易有太极""道生一"周行过程的五行方位数，是对创世观念的表达。

明堂是古之天子布政宣教的场所，紫禁城的性质与之相符，它以这一比例布局，显然是对天子受天明命的表示。

拙作《尧风舜雨：元大都规划思想与古代中国》指出，距今三千多年以降，二里头宫城、殷墟墓葬、凤雏西周宗庙、曲阜鲁故城、凤翔秦雍城宗庙、临淄齐故城、楚纪南城、元大都宫城等皆运用了9∶7比例。唐人李吉甫《元和郡县图志》引华延儁《洛阳记》，谓晋都洛阳城"东西七里，南北九里"；又记前燕慕容儁统治的幽州蓟城"南北九里，东西七里"，[1]城市平面比例皆为9∶7。

这一比例甚至可溯源至五六千年前的新石器时代。大地湾、半坡、姜寨、大河村仰韶文化，以及牛河梁红山文化、凌家滩文化、良渚文化，均在重要的建筑、器物、图案的设计中运用了这一比例。[2]

9∶7明堂比例在中国的史前以及历史纪年时期塑造了一大宗极为可观、绵延不绝的文化现象，其以数字表达特定文化意义的方式极为古老，又涉及宇宙生成的终极观念，以及上古时期国家形态的建构，是中华文明探源研究不可忽视的内容。本章试选取新石器时代若干典型案例，结合古代文献讨论如下。

一、明堂探义

(一)《大戴礼记》对明堂的记录

在古代文献中,《大戴礼记》对明堂制度记载最详,有谓:

> 明堂者,古有之也。凡九室,一室而有四户、八牖,三十六户、七十二牖。以茅盖屋,上圆下方。明堂者,所以明诸侯尊卑。外水曰辟雍。南蛮,东夷,北狄,西戎。明堂月令。赤缀户也,白缀牖也。二九四、七五三、六一八。堂高三尺,东西九筵,南北七筵,上圆下方。九室十二堂,室四户,户二牖,其宫方三百步。在近郊,近郊三十里。或以为明堂者,文王之庙也。朱草日生一叶,至十五日,生十五叶,十六日一叶落,终而复始也。周时德泽洽和,蒿茂大以为宫柱,名蒿宫也。此天子之路寝也,不齐不居其屋。待朝在南宫,揖朝出其南门。[3]

即记明堂为宗祀文王之庙,亦天子之路寝、治事常居之所。明堂有九室,分别以二九四、七五三、六一八布数,合于《洛书》九宫(图5-1,图1-15);"东西九筵,南北七筵"是明堂建筑整体中,居南之明堂(与整体建筑同名)的平面尺度(明堂建筑整体中,居东之青阳、居西之总章、居北之玄堂的平面尺度应与之相同)。明堂上圆下方的造型,是对天圆地方的表示。其建筑用数,皆合天文律历之数,以九室象征九宫、九洲,以四户、八牖、三十六户、七十二牖表示四时、八节、三十六旬、七十二候及五行的每一行各值一岁之七十二天,以十二堂表示十二月,以朱草十五天叶生叶落表示一个节气的周期。

以这样的制度设计明堂,即赋予其纪历明时的意义,天子居此治事,诚可谓"为治莫大于明时"[4],彰显敬授民时,序四时之大顺,乃万事根本。

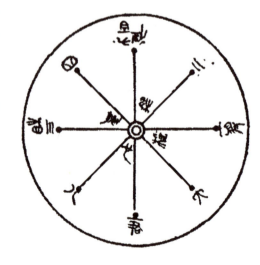

图5-1 安徽阜阳双古堆西汉汝阴侯墓出土的太一九宫式盘的天盘上,每条等分线两端刻"一君"对"九百姓","二"对"八","三相"对"七将","四"对"六",显示了《洛书》九宫配数。绕圆心刻"吏""招""摇""也"。(来源:安徽省文物工作队、阜阳地区博物馆、阜阳县文化局,《阜阳双古堆西汉汝阴侯墓发掘简报》,1978年)

(二)《礼记》对明堂的记录

《礼记·月令》记录了一年十二个月天子在明堂内的用事制度,如下表。

表5-1 《礼记·月令》天子十二月明堂用事表[5]

四时	十二月	明堂用事
春	孟春正月	天子居青阳左个，乘鸾路，驾苍龙，载青旗，衣青衣，服苍玉，食麦与羊，其器疏以达。
	仲春二月	天子居青阳太庙，乘鸾路，驾苍龙，载青旗，衣青衣，服苍玉，食麦与羊，其器疏以达。
	季春三月	天子居青阳右个，乘鸾路，驾苍龙，载青旗，衣青衣，服苍玉，食麦与羊，其器疏以达。
夏	孟夏四月	天子居明堂左个，乘朱路，驾赤骝，载赤旗，衣朱衣，服赤玉，食菽与鸡，其器高以粗。
	仲夏五月	天子居明堂太庙，乘朱路，驾赤骝，载赤旗，衣朱衣，服赤玉，食菽与鸡，其器高以粗。
	季夏六月	天子居明堂右个，乘朱路，驾赤骝，载赤旗，衣朱衣，服赤玉，食菽与鸡，其器高以粗。
	季夏之末	天子居太庙太室，乘大路，驾黄骝，载黄旗，衣黄衣，服黄玉，食稷与牛，其器圜以闳。
秋	孟秋七月	天子居总章左个，乘戎路，驾白骆，载白旗，衣白衣，服白玉，食麻与犬，其器廉以深。
	仲秋八月	天子居总章太庙，乘戎路，驾白骆，载白旗，衣白衣，服白玉，食麻与犬，其器廉以深。
	季秋九月	天子居总章右个，乘戎路，驾白骆，载白旗，衣白衣，服白玉，食麻与犬，其器廉以深。
冬	孟冬十月	天子居玄堂左个，乘玄路，驾铁骊，载玄旗，衣黑衣，服玄玉，食黍与彘，其器闳以奄。
	仲冬十一月	天子居玄堂太庙，乘玄路，驾铁骊，载玄旗，衣黑衣，服玄玉，食黍与彘，其器闳以奄。
	季冬十二月	天子居玄堂右个，乘玄路，驾铁骊，载玄旗，衣黑衣，服玄玉，食黍与彘，其器闳以奄。

即记明堂有四方、中央五个建筑单元，东为青阳，南为明堂，西为总章，北为玄堂，中为太庙（内有太室）。居南之明堂与整体建筑同名。布于四方的每一个建筑单元，又分为左个、太庙、右个三个部分，合为十二室，可对应《大戴礼记》所记"十二堂"。（图5-2）

天子居此，月移一室，如北斗巡天，"定四时，以次序授民时之事"[6]。天子四时之舆服合于五行之色，所食之物、所用之器应时而变。

遇闰月，则如《周礼·大史》所记："闰月，诏王居门终月。"[7] 亦如《礼记·玉藻》所记："闰月则合门左扉，立于其中。"[8] 孔颖达《疏》："以闰月非常月，无恒居之处，故在明堂门中。"[9]

郑玄注《大史》引郑司农云："《月令》十二月分在青阳、明堂、总章、玄堂左右之位，惟闰月无所居，居于门，故于文'王'在'门'谓之闰。"[10] 这就是"闰"字的来源。

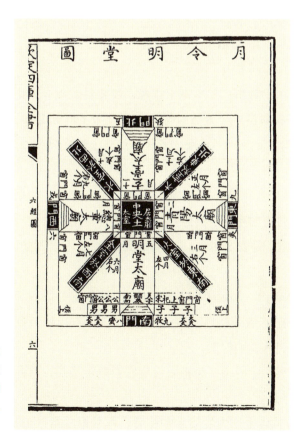

图5-2 宋人杨甲《六经图》刊印之《月令明堂图》。（来源：《影印文渊阁四库全书》第183册，1986年）

第五章 明堂探源

（三）《周礼》对明堂的记录

《周礼·考工记》记周人明堂，见于"匠人营国"篇，有谓：

> 周人明堂，度九尺之筵，东西九筵，南北七筵，堂崇一筵，五室，凡室二筵。[11]

所记"东西九筵，南北七筵"，与《大戴礼记》一致，是指《礼记·月令》所记明堂五个建筑单元之中居南之明堂的平面尺度，它与居东之青阳、居西之总章、居北之玄堂的尺度应该相同，皆以"九尺之筵"为度，以 9：7 比例布局。

《周礼》郑玄《注》："明堂者，明政教之堂。"贾公彦《疏》："以其于中听朔，故以政教言之。"[12] 朔即每月初一，也就是月首，听朔即判定月首，天子在明堂之内月移一室，需要判定月首，这就是"于中听朔"，此乃为政之本，"故以政教言之"。每月初一天子听朝治事，也具有判定月首的授时意义，这也被称为"听朔"。

（四）《淮南子》所记神农明堂

明堂制度之古，见《淮南子·主术训》，有谓：

> 昔者神农之治天下也，神不驰于胸中，智不出于四域，怀其仁诚之心；甘雨时降，五谷蕃植；春生夏长，秋收冬藏；月省时考，岁终献功；以时尝谷，祀于明堂。明堂之制，有盖而无四方；风雨不能袭，寒暑不能伤；迁延而入之，养民以公。[13]

即记上古之世，神农已设明堂，其"月省时考，岁终献功；以时尝谷，祀于明堂"，如《礼记·月令》所记天子施政于明堂。神农之明堂，"有盖而无四方"，不设四壁，显有政教宣达之义。

《周易·系辞下》记包牺氏（即伏羲氏）仰观俯察，测定时间与空间，并以八卦纪之；这之后，"包牺氏没，神农氏作"，农业得以发展；再往后，"神农氏没，黄帝、尧、舜氏作"，[14] 国家形态具备，进入文明时期。

在这段历史叙述中，伏羲仰观俯察测定时空，为神农发展农业奠定基础，后者又为黄帝、尧舜之世的创立，提供了条件。

这虽然是古史传说，却与新石器时代生产力发展水平相埒。本书第二章已记，

图 5-3 中国国家博物馆收藏的被誉为"彩陶之王"的马家窑文化（约公元前 3200—前 2000 年）涡纹彩陶罐。王军摄于 2023 年 2 月

图 5-4 首都博物馆收藏的西周中期的班簋，以四个兽首环耳将一圆周分为四个部分，每个部分的上方为三朵旋云，下方纹饰分左、中、右三个部分，呈现三四一十二数列，显示了四时十二月的授时体系。王军摄于 2023 年 2 月

图 5-5 中国国家博物馆收藏的战国时期曾侯乙墓出土的青铜缶，以四个缶耳将一圆周分为四个部分，每部分以颈部的锯齿纹分为三个部分，呈现三四一十二数列，显示了四时十二月授时体系。王军摄于 2023 年 2 月

在新石器时代，中国所在地区的先人已创造大规模农业剩余、兴建大规模都邑和水利设施，已能准确地测定和管理时间与空间，与之相适应的思想制度已经产生。在那个时代，如《淮南子》所记，神农已设明堂顺时施政，可谓理义通达。

值得注意的是，在新石器时代的器物之中，已经出现与《礼记·月令》所记明堂十二室高度一致的空间规划。

被誉为"彩陶之王"的马家窑文化（约公元前 3200—前 2000 年）涡纹彩陶罐，以口沿处四个陶钉将一圆周分为四个部分，每个部分由一大二小共三个旋涡纹组成（大者居中），形成三四一十二数列，显示了四时十二月授时体系。（图 5-3）

这样的空间规划，在西周中期的班簋和战国时期曾侯乙墓出土的青铜缶上也能看到。（图 5-4，图 5-5）

第五章 明堂探源

二、大地湾"原始殿堂"

20世纪80年代以来,一系列重大考古发现让人们清楚地看到,一万年前中华先人驯化农作物之后,文化与文明的进程在这块土地上从未中断。

规模浩大的良渚古城、凌家滩聚落群、牛河梁祭祀建筑群、石家河城址及宗教遗迹等新石器时代的雄伟工程,为中华文明起源的探索,提供了重要物证。

新石器时代聚落遗址纷纷"重现天日",面积宏敞的"大房子"引人注目,它们不但是先人从狩猎采集走向栽培种植,进而实现定居生活的见证,还是社会等级分化的标志,文明的火种孕育其中。

距今七千八百至四千八百年的甘肃秦安大地湾遗址向世人呈现一幅壮丽的建筑"长卷"。20世纪80年代,考古工作者在这里发现二百四十座房址,它们保存状况良好,类型多样,从第一期到第五期纵跨三千年,形成完整序列,堪称一部史前建筑发展史。

其中,第四期(距今约五千五百至四千九百年)的F901、F405、F411房址皆呈现9∶7平面比例,F901房址是当时发现的中国新石器时代面积最大、工艺水平最高的房屋建筑,发掘者称赞它体现了仰韶先民卓越的建筑成就,达到了史前建筑的顶峰;[15]严文明称其为仰韶文化晚期的大型礼制性建筑——原始殿堂。[16]

大地湾各期文化均为农业,在这里发现的炭化粮食种子,包括第一期(距今约七千八百至七千三百年)H398灰坑中的黍,第二期(距今约六千五百至五千九百年)H379灰坑中的黍及少量的粟,第四期H219袋状窖穴中以粟为主的粮食,显示出由黍而粟的农业发展过程。[17](图5-6)

大地湾位于渭河流域上游清水河沿岸,与先周文化存在密切联系,这为我们讨论大地湾"原始殿堂"的建筑性质,提供了重要的文化背景。

(一)F901房址:"中国建筑史上的奇迹"

《秦安大地湾——新石器时代遗址发掘报告》(下称《发掘报告》)显示,F901是一座占地420平方米、保存较完整的多间复合式建筑,"它不仅是本遗址面积最大、结构最为复杂的房址,而且也是我国新石器时代考古发现中迄今所见规模最大的宏伟建筑"[18]。(图5-7)

F901以长方形主室为中心,两侧扩展为与主室相通的东西侧室,左右对称;主

图 5-6 大地湾出土的黍和粟。1. 黍（一期，H398）；2. 粟（二期，H379）；3. 粟秆（四期，H820）。（来源：甘肃省文物考古研究所，《秦安大地湾——新石器时代遗址发掘报告》，2006年）

图 5-7 大地湾 F901 房址，从南向北拍摄。（来源：甘肃省文物考古研究所，《秦安大地湾——新石器时代遗址发掘报告》，2006年）

室设单独的后室，前面有附属建筑。

整个建筑位于台地前缘，背后是宽阔的河谷，前面是平缓的山地，坐北朝南，主室正门向南偏西30度，主室总面积131平方米，其中室内面积126平方米。[19]

"F901的坪、前堂、后室和左、右侧室的格局，颇具历来宫殿的规模。"张忠培撰文指出，"若将其分体而建成不同的建筑群的话，则颇似清代皇宫的前庭、前朝、后寝、左祖、右社的格局。F901当是首领议事、行政和住居的建筑。"[20]

《发掘报告》称，F901居住面表层坚硬平整，色泽光亮，呈青黑色，裂纹很少。光面上遗留有加工居住面形成的细微摩擦痕，此层与下层的混合层并无明显的分层现象，做工相当考究，推测应是反复摩擦而析出的浆面，其外观极像现代水泥地坪。表层光面下是15—20厘米厚的砂粒、小石子和人造轻骨料组成的混合层。测试分析显示，轻骨料以及居住面的胶结材料，均采用当地随处可寻的料姜石，经煅烧之后制成。F901居住面的物理、化学性能，接近于现代混凝土和水泥，平均强度为每平方厘米抗压120公斤，约等于现代100号矾土水泥浆地面的强度，"历经五千年寒暑，F901居住面仍保持如此强度，可谓中国建筑史上的奇迹"[21]。

《发掘报告》介绍，F901的出土物与一般房址截然不同，"日常生活用具和生产工具基本不见，无论是陶器还是石器形制均较为罕见。出土物的特殊当说明这些器物以及房址在社会生活中的特殊作用"，"近千平方米的范围内，不见同一时期遗迹，说明其周围是用于公共活动的空旷场地"，"复杂的建筑结构显示出它不是一般的生活用房，即使作为首领的生活住宅也是不适当和不方便的"，"F901规模宏伟、工程浩繁，从规划设计经选材备料再到精心施工，在五千年前的生产条件下，需要耗费成千上万的劳动力付出艰辛的努力和心血，至少需要动员一个部落或几个部落的力量共同修建"，"它应是部落或部落联盟的公共活动场所，用于集会、祭祀或举行某种宗教仪式。换言之，它是大地湾乃至清水河沿岸原始部落的公共活动中心——一座宏伟而庄严的部落会堂"[22]。

《发掘报告》记F901主室南墙长16.7米，[23] 未给出主室南墙至后室北墙通进深长度。平面图丈量显示，通进深长度约为13米，则主室与后室平面总比例为16.7/13≈1.285，合于整数比9∶7（≈1.286，吻合度99.9%）。主室南墙与北墙面阔均为九间，呈现黄钟之数，显示出这处建筑不同寻常的身份。（图5-8）

黄钟之数是中国古代礼乐、度量衡制度的根本。古代乘法表称九九表，即推演自黄钟之数。

《汉书·律历志》记录了以九十粒黍积累为黄钟律管之长，以一千二百粒黍填充律管，确定一系列度量衡单位的方法。黄钟律管长九寸，围九分，为宫调，经三分损益生成十二律，不但"律和声，八音克谐"[24]，还可候气知时，纪十二历月。其重

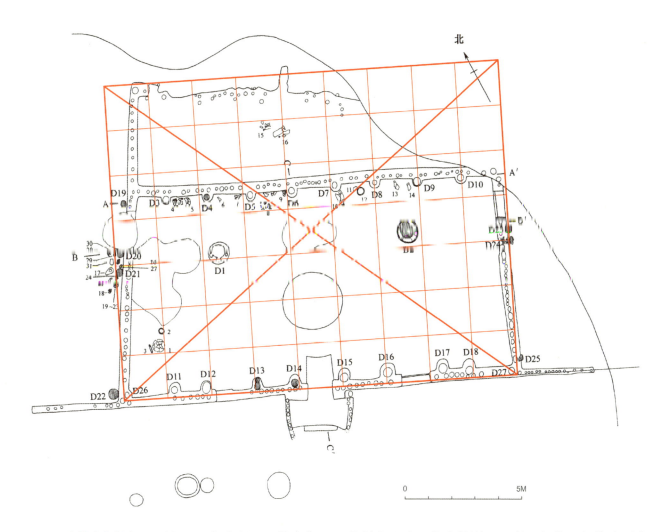

图 5-8 大地湾仰韶文化 F901 房址平面分析。（底图来源：甘肃省文物考古研究所，《秦安大地湾——新石器时代遗址发掘报告》，2006 年）

要性，见诸《史记·律书》："王者制事立法，物度轨则，一禀于六律，六律为万事根本焉。"[25]

《礼记·明堂位》记周公辅佐成王治理天下，朝诸侯于明堂之位，"制礼作乐，颁度量而天下大服"[26]。作为"制礼作乐，颁度量"的场所，明堂的设计必取义黄钟，《大戴礼记》记明堂设九室，《周礼》记明堂度九尺之筵，皆为黄钟之数。

F901 平面南阔北窄，为斗形，应是取象北斗，表明这处建筑具有纪历明时的意义，并是礼拜天帝的场所。

令人称奇的是，F901 还出土了一组陶质量具和几件有等距刻度的骨匕形器，它们是迄今发现的中国最早的度量衡实物。

这组量具分为条形盘、铲形抄、箕形抄、四把深腹罐等，条形盘的容积约 263.3 立方厘米，铲形抄的容积约 2650.7 立方厘米，箕形抄的容积约 5288.4 立方厘米，四把深腹罐的容积约 26082.1 立方厘米。其中，箕形抄的容积约为铲形抄的两倍，铲形抄的容积约为条形盘的十倍，四把深腹罐的容积约为铲形抄的十倍。考古工作者分别把它们命名为"条升、抄斗、四把斛"[27]。

显然，F901 是"制礼作乐，颁度量"的场所，堪称大地湾先民的明堂。后世文献记载的周人明堂，与之一脉相承。

第五章 明堂探源

(二)F405房址:平面比例与开间的意义

F405在F901以南的台地之上,位于两山环抱的中心。将F405与F901画线连接,连接线就是整个聚落的中轴线。

作图分析显示,F405至F820的距离,是F405至F901距离的$\sqrt{2}$倍,这显然是精心规划的结果。(图5-9)

《发掘报告》介绍,F405是一座面阔大于进深的长方形房址,两侧室外有檐廊,占地约230平方米,室内东西长13.8—14米,南北宽11.2米,面积约150平方米,超过F901主室的面积,加上两侧檐廊,面积可达230平方米。

"无论其规模布局,还是工艺技术,均为史前代表性建筑。"《发掘报告》认为,"它显然不是一般的生活住宅或首领住宅,应为大地湾史前部落的公共活动场所,即举行盛大活动的大会堂。"[28]

以室内东西长14米、南北宽11.2米计算,F405的广深比为14/11.2=1.25,合整数比5:4。(图5-10)《发掘报告》是以这处建筑通进深的最长边计算其南北之宽的,如以短边计,则可画出9:7平面比例。(图5-11)

F405的柱洞显示,该房址面阔七间,进深五间,形成7:5开间数列,具有天圆地方、天地之和的文化内涵。[29]

F405在9:7总平面之中,呈现7:5数列,就在前者所表示的"道生一""易有太极"的理念之上,进一步表达了"一生二""是生两仪"的天地开辟思想,显示出这处房屋通天统地的建筑性质。

如以整数比5:4考量,则有"勾三股四弦五"之义,这是兴建大地湾如此规模的土木工程应该具备的计算能力。

这处建筑的平面略呈梯形斗状,和

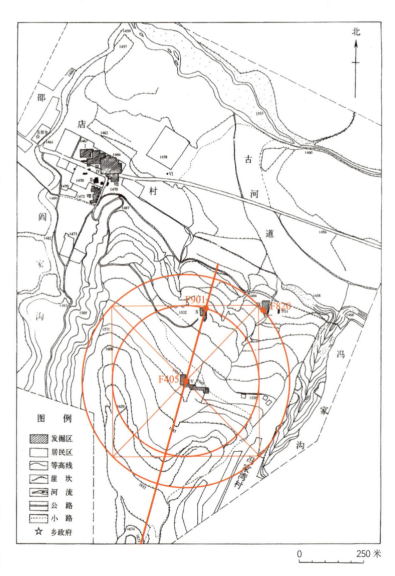

图5-9 大地湾遗址建筑布局分析。(1)F405房址至F901房址的距离,与F405房址至两侧山脊的距离相等;(2)F405房址至F820房址的距离,为F405房址至F901房址距离的$\sqrt{2}$倍。(底图来源:甘肃省文物考古研究所,《秦安大地湾——新石器时代遗址发掘报告》,2006年)

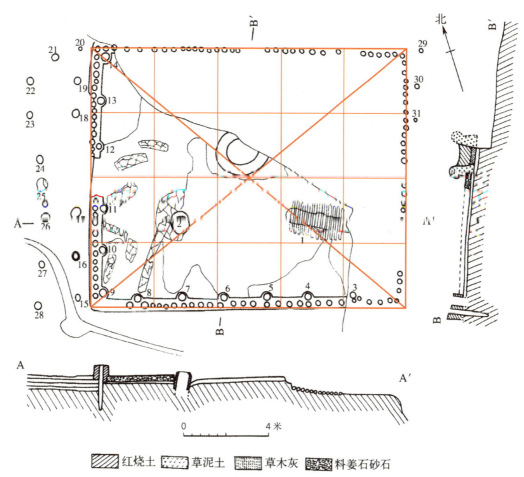

图 5-10 大地湾 F405 房址平面分析图之一。（底图来源：甘肃省文物考古研究所，《秦安大地湾——新石器时代遗址发掘报告》，2006 年）

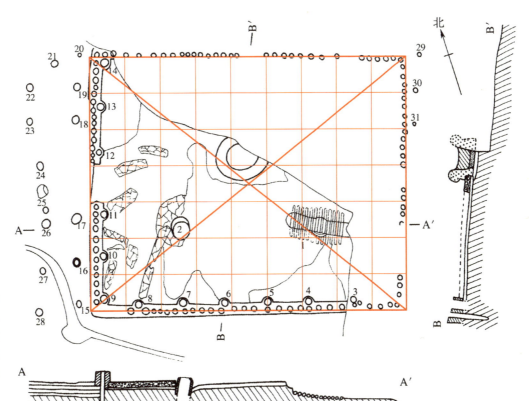

图 5-11 大地湾 F405 房址平面分析图之二。（底图来源：甘肃省文物考古研究所，《秦安大地湾——新石器时代遗址发掘报告》，2006 年）

F901一样,应该是对北斗的法象。

(三)F411房址:二十四节气与阴阳交泰

F411位于F405东侧,也在聚落的中心区域,其后墙残长5.94米,西墙残宽4.65米,[30]广深比为5.94/4.65≈1.277,合于9∶7平面比例。(吻合度约99.3%,图5-12)《发掘报告》还披露了两个重要信息:

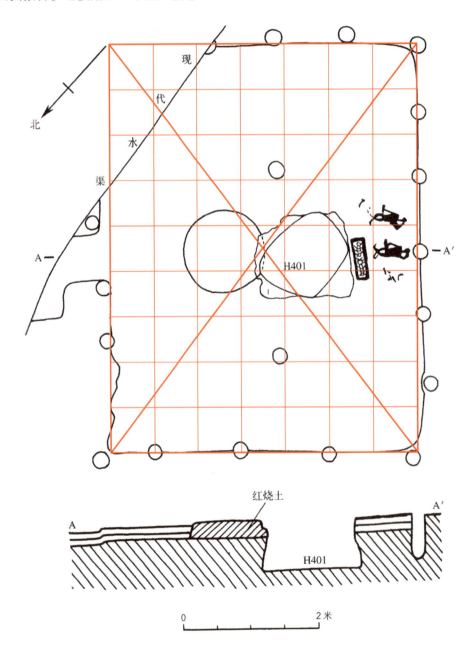

图 5-12 大地湾F411房址分析图。(底图来源:甘肃省文物考古研究所,《秦安大地湾——新石器时代遗址发掘报告》,2006年)

1. 6×4 开间数列

据其柱洞可知，该房址面阔六间，进深四间，形成 6×4=24 数列，与二十四节气相合。

二十四节气是中国历法的阳历系统，对农业生产具有重要的指导意义。前文已记，对黍与粟的种植，在人地湾经历了三千年发展过程，如果不能测定和管理太阳年的周期，这样的种植活动就不可能发生。

二十四节气见载于《逸周书》《周髀算经》《淮南子》《易纬通卦验》等先秦两汉文献，但我们不能认为二十四节气的发明是在这些文献的成书时代，否则，就无法解释这之前的农业成就。

诸多新石器时代的出土文物，已向我们显示了二十四节气的古老身世。距今六千年的西安半坡陶盆，其盆沿绘有《淮南子·天文训》记载的用于测定二十四节气的二绳、四钩、四维方位的圆周规划图案。（图 5-13 至图 5-15，图 3-56）

距今五千三百年的含山凌家滩玉版，刻有将一个圆周分为二十四位的图案（详见后文，图 5-21，图 5-24 至图 5-30），[31] 与前述《淮南子·天文训》记载的北斗指示二十四节气的授时方位相合，后世罗盘对应二十四节气的"二十四山"方位与之完全一致。（图 3-75）

距今五千二百至四千年的马家窑文化舞蹈纹彩陶盆，盆内壁饰三组舞蹈图，每组五人，表达了三五一十五为一个节气的周期。（图 5-16）

距今五千年的良渚反山 12 号墓，被认为"良渚国王"之墓，其出土的三叉形器

图 5-13 西安半坡遗址（距今六千多年）出土的陶盆口沿上绘有二绳、四钩、四维图像（中国国家博物馆藏）。王军摄于 2023 年 2 月

图 5-14 《淮南子·天文训》二绳、四钩、四维图。（来源：冯时，《文明以止：上古的天文、思想与制度》，2018 年）

图 5-15 安徽阜阳双古堆西汉汝阴侯墓出土的太一九宫式盘的地盘背面，刻有二绳、四钩、四维图案。（来源：安徽省文物工作队、阜阳地区博物馆、阜阳县文化局，《阜阳双古堆西汉汝阴侯墓发掘简报》，1978 年）

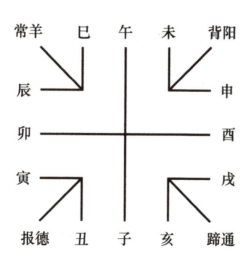

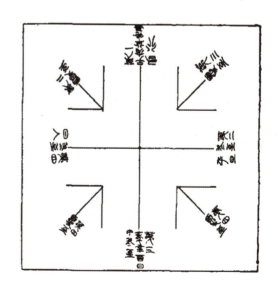

图 5-16 中国国家博物馆藏马家窑文化（约公元前 3200—前 2000 年）舞蹈纹彩陶盆（1973 年青海大通上孙家寨出土）。王军摄于 2023 年 2 月

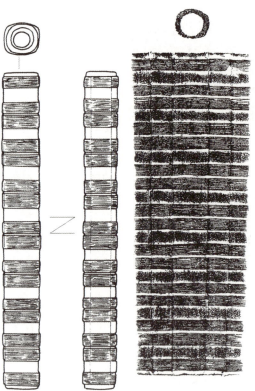

图 5-18 良渚反山 12 号墓出土的三叉形器上的玉长管（M12：82）线图、拓本。（来源：浙江省文物考古研究所，《良渚遗址群考古报告之二：反山》，2005 年）

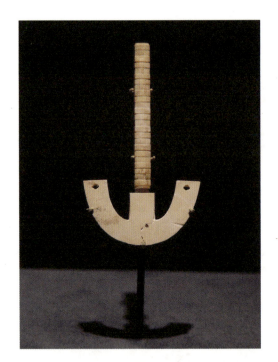

图 5-17 良渚反山 12 号墓出土的三叉形器上的玉长管（M12：82）刻有二十四节，三节一组，共有八组。王军 2019 年 10 月摄于"良渚与古代中国"展

图 5-19 首都博物馆藏良渚文化十五节玉琮。王军摄于 2023 年 2 月

图5-20 大地湾F411房址的交泰式地画。(来源:甘肃省文物考古研究所,《秦安大地湾——新石器时代遗址发掘报告》,2006年)

上的玉长管(M12:82)刻有二十四节,三节一组,共有八组,已然是分至启闭八节,一节三气,共二十四气。(图5-17,图5-18)[32]良渚文化玉琮还有十五节之数,合于一个节气的天数。[33](图5-19)

与良渚文化同时期的大地湾F411房址呈现的6×4=24开间数列,显然也是彼时先人已完成二十四节气规划的实证。

2. 交泰地画

F411地面还存有一幅用黑色颜料绘制的图案,包括双腿各自相交的男女形象,以及内有动物纹样的长方形方框。(图5-20)冯时指出,此男女二人双胫叠交而呈"交"形,其表示阴阳交合以祈生育的主旨鲜明,说明交泰的本义乃在阐明阴阳之气的交通。[34]

这幅地画赋予F411极为鲜明的精神特质,它与9:7房屋总平面和寓意二十四节气的开间数列一样,寄托了彼时先人祈求万物蕃生的美好愿望。

(四)农业文化的结晶

大地湾绵延三千年的农业文化,为我们观察密集于这一地区的史前建筑,提供了重要视角。

通览《发掘报告》披露的大地湾各期房址情况,会发现随着时间的推移,房屋平面呈现由圆而方，再向矩形发展的情况，如下表：

表5-2　大地湾一至五期房址平面比例

	正圆形	正方形	9:8	7:6	9:7	√2	5:4
一期（距今约7800—7300年）	F371、F302、F378						
二期（距今约6500—5900年）		F246、F229、F245、F311	F245、F709、F360、F310、F355、F207（椭圆形）	F303、F301、F1、F17	F5、F714、F712	F605、F250（椭圆形）、F255、F349	F238（椭圆形）
三期（距今约5900—5500年）		F330、F704			F324		
四期（距今约5500—4900年）		F400、F820			F405、F901、F411	F404	F813、F405
五期（距今约4900—4800年）							F905
总数	3	8	6	4	7	5	5

据此可知，大地湾先民已经认识并掌握了圆方，房址的不同比例应是原始数术的体现，包含相应的文化内容。

用圆、用方，是测量时间和空间的方法。《周髀算经》记云：

> 万物周事而圆方用焉，大匠造制而规矩设焉。或毁方而为圆，或破圆而为方。方中为圆者，谓之圆方。圆中为方者，谓之方圆也。[35]

古人设周天历度，观测天体位置以授时，是为用圆；计里画方，立表参望，勾股运算以测量空间，是为用方。测定了时间与空间，才可能发展农业，做到万物周事。

以测天之圆表示天，以测地之方表示地，这就是"天圆地方"；将方圆相合，即"方中为圆者，谓之圆方。圆中为方者，谓之方圆"，生成圆方方圆√2"天地之和"比例，这就在时空测量的基础之上，表达了天地阴阳合和而万物生养的理念。（图1-19）其作图法极为古老，屡见于距今五六千年的新石器时代的出土文物之中。（图2-16至图2-19）

《周髀算经》又记：

> 数之法出于圆方。圆出于方，方出于矩，矩出于九九八十一。[36]

用圆用方测量时空，离不开"九九八十一"、加减乘除这些最为基础的数学知识，数学、天文学是人类最古老的学问，天文学离不开数学，所以，中国文化自古以来天、数不分。

这些知识与思想体系在大地湾F901、F405、F411建筑中得到直观呈现，展示出一种颇具整体性的文化面貌，这是大地湾农业文化历经漫长岁月发展的结果。在那个时代产生这样的建筑，是那个时代的生产力发展水平决定的。

三、凌家滩"元龟衔符"

（一）"文明化道路的先锋队"

1987年、1998年、2000年，考古工作者在安徽含山凌家滩进行了多次考古发掘，发现一处距今五千五百至五千三百年规模庞大的新石器时代聚落群，出土了大量精美玉器，尤以龟含玉版的"元龟衔符"名震天下。（图5-21）

聚落群的中心遗址，包括居址和墓地两个部分，居址在墓地之南，面积约十万平方米，墓地在居址之北约五百米的高平台上，面积约两千平方米，发现四十四处墓葬。其中，顶级大墓位于墓地南区正中央，北区为穷人墓区，西北区为玉器匠人墓区，表现出明显的社会分化。

这处中心遗址与周围两公里范围内其他几个遗址，组成约一百六十万平方米的聚落群，这在江淮地区极为罕见。考古报告还披露了以下重要信息：

1. 工艺精湛的玉器制造

凌家滩出土的玉器显示了发达的制作工艺，表明这里是彼时长江中下游地区、巢湖流域新兴的玉文化中心，也是玉器制作和交流的中心。

凌家滩玉器的制作，采用了砣工艺技术，片状切割方法先进，最早采用了镂雕、掏膛、微型管钻、薄胎工艺、超高级抛光技术。其中，98M29:15玉人背后隧孔内留下的管钻玉芯，顶端直径仅0.15毫米。考古报告认为，"这是迄今为止发现最早的微型管钻工艺技术"，"开创了中国管钻尖端技术——微型管钻技术"。[37]（图5-22）

凌家滩出土的石钻，两端的钻头都呈螺丝状，一端粗，一端细，钻头的螺丝纹和柄一次加工而成，是中国迄今发现年代最早的钻头工具。

"螺丝纹钻头从凌家滩发明创造以来，螺丝纹钻头没有变，石质的质地经过五千年的发展，现已演变成不同质地的合金。"考古报告写道，"在那遥远的五千年前，

图 5-21 凌家滩玉龟玉版。王军摄于 2022 年 4 月

图 5-22 凌家滩遗址出土的玉人（98M29：15）正面与背面。（来源：安徽省文物考古研究所，《凌家滩——田野考古发掘报告之一》，2006 年）

凌家滩先人用智慧创造出科学技术的成果，令我们震撼。"[38]

2. 规模宏伟、三层垒筑的祭坛

凌家滩中心遗址墓地中部偏东，有一处东西宽约三十米、南北长约四十米的祭坛，附近是总面积近三千平方米的红烧土堆积，应为重要建筑的基址，位于遗址的南北中轴线上。（图5-23）

祭坛采用分层的筑造方法，共三层，最下层用纯净的黄斑土铺垫，中层用灰白色胶泥掺和石块、石英碎块、大粒黄沙和小石子搅拌夯筑，表层用三合土铺垫，上有四处石块垒成的积石圈和三处与祭坛连为一体的祭祀坑。考古报告认为："祭坛的

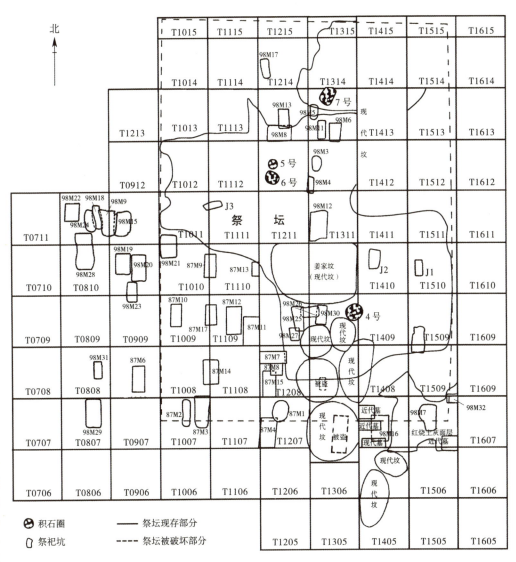

图5-23 凌家滩遗址1987年、1998年发掘墓葬、祭坛、祭祀坑及积石圈总平面分布图。（来源：安徽省文物考古研究所，《凌家滩——田野考古发掘报告之一》，2006年）

设计建筑已脱离原始的简单方法，采用不同质地材料、分层建筑的先进方式，开创中国建筑史的先河，奠定了中国土石结合的建筑方式。"[39]

3. 严谨的规划布局

凌家滩中心遗址北依太湖山，南面裕溪河，沿狭长的山冈自北向南延伸至河边，背山面水，合于后世文献所记形胜之地。

其中，顶级墓葬位于中轴线南部区域，合于《周易》所记"圣人南面而听天下，向明而治"[40]，出土了代表神权的玉龟、玉版和代表王权的玉钺。《左传》所记"国之大事，在祀与戎"[41]，在此得一实证。

这里还有专门的手工业作坊、中国少见的巨石文化（1970年被破坏），筑有护围河与裕溪河连通，形成一道屏障。

考古报告认为，该遗址丰富的社会文化内涵和规划合理的布局，表明这是一处新兴的具备行使公共权力的聚落中心，应属于中国早期城的范畴。[42]

"可以毫不夸张地说，在长江下游，凌家滩人是首先走上文明化道路的先锋队。"严文明得出这样的结论。[43]

（二）"元龟衔符"面世

在凌家滩诸多精美的玉器中，87M4墓葬出土的玉龟、玉版最引人注目。

该墓葬位于墓地南端顶级墓葬区域的第一排中部，出土玉器一〇三件（组），其中玉龟和玉版置放在墓主人胸部，出土时，玉龟的腹甲在上，背甲在下，玉版夹在二者之间。（图5-24至图5-30）

饶宗颐发出这样的惊叹：

> 这块玉版夹放于龟甲里面，这和历来最难令人置信的各种纬书所说的"元龟衔符"（《黄帝出军诀》、"元龟负书出"（《尚书·中候》）、"大龟负图"（《龙鱼河图》）等等荒诞不经的神话性怪谈，却可印证起来，竟有它的事实根据，真是"匪夷所思"了。[44]

考古报告显示，玉龟的背甲有钻孔，玉版长11厘米，宽8.2厘米，总平面为梯形斗状。

玉版正面刻有三条宽约0.4厘米、深0.2厘米的凹边；围绕着中心，刻有两个

图 5-24 凌家滩玉龟、玉版出土时的情况。(来源：安徽省文物考古研究所,《凌家滩——田野考古发掘报告之一》, 2006 年)(上)

图 5-25 凌家滩玉版。(来源：安徽省文物考古研究所,《凌家滩——田野考古发掘报告之一》, 2006 年)(右中)

图 5-26 凌家滩玉龟背甲、腹甲扣合情形。(来源：安徽省文物考古研究所,《凌家滩——田野考古发掘报告之一》, 2006 年)(右中)

图 5-27 凌家滩玉龟的背甲(左)与腹甲(右)。(来源：安徽省文物考古研究所,《凌家滩——田野考古发掘报告之一》, 2006 年)(下)

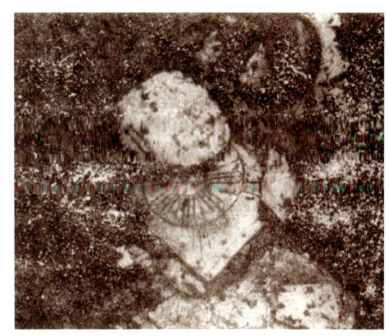

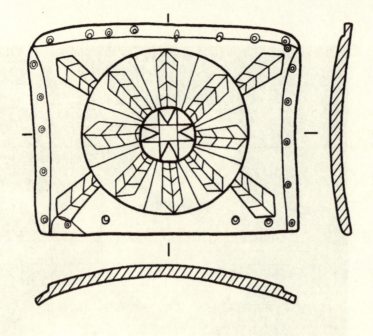

图 5-28 凌家滩玉版线图。(来源:安徽省文物考古研究所,《凌家滩——田野考古发掘报告之一》,2006 年)

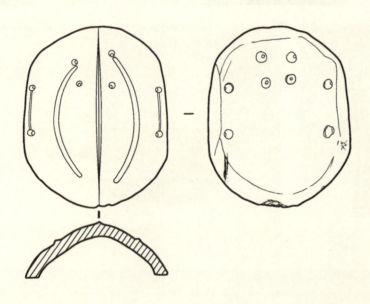

图 5-29 凌家滩玉龟背甲线图。(来源:安徽省文物考古研究所,《凌家滩——田野考古发掘报告之一》,2006 年)

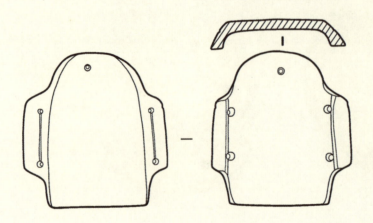

图 5-30 凌家滩玉龟腹甲线图。(来源:安徽省文物考古研究所,《凌家滩——田野考古发掘报告之一》,2006 年)

大小相套的圆圈。内圈里，刻有方心八角形图案；内外圈之间，刻有八条直线将其分割为八等份，每份中各刻有一个箭头；在外圆与玉版的四角之间，也各刻有一个箭头。

在玉版两条短边的边沿，各钻有五个圆孔，无凹边的长边钻有四个圆孔，有凹边的长边钻有九个圆孔，呈现"四五九五"数列。[45]

学术界对这套玉龟、玉版（诸学者有称玉牌、玉片者，本书统一称玉版）予以极大关注，相关研究不断问世，代表性观点包括：

1. 这是凌家滩先民信仰状况与早期社会形态的见证

俞伟超指出，凌家滩遗存的年代与夏代只相距千年左右，因此，把凌家滩玉龟的用途同夏代的龟卜联系起来考虑，应当是允许的。可以认为，这是一种最早期的龟卜用具。玉版是整个物品的中心，图版中心内含八角星的正圆形，是太阳的象征。

此图形外围伸向八方的树叶形图案，应当是社神的象征，与把大地分为八方的观念有关，玉版的整个图案是在表现天地的总体，即宇宙的象征。同地出土的另一个玉件，做成树叶形，也许就是社神即地母的象征。（图5-31，图5-32）

占有玉版、玉龟等凌家滩遗存的神权首脑，应当也是生产、军事、政治的首脑，这种头人和巫师合一的早期社会，在两河流域和古埃及发展为政教合一的国家，在中国的夏商周三代王朝则发展为政教分离的国家。凌家滩的遗存，大概正处在即将

图5-31　与玉龟、玉版同出一墓的刻有社树图案的玉片。（来源：安徽省文物考古研究所，《凌家滩——田野考古发掘报告之一》，2006年）

图5-32　刻有社树图案的玉片线图。（来源：安徽省文物考古研究所，《凌家滩——田野考古发掘报告之一》，2006年）

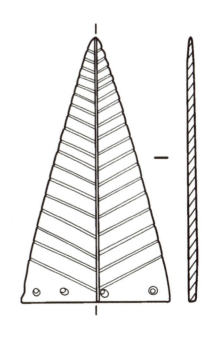

第五章　明堂探源

图 5-33 河南舞阳贾湖遗址（距今九千至七千八百年）出土的龟甲及内藏石子。（来源：河南省文物考古研究所，《舞阳贾湖》，1999 年）

走上分化为这两种政权形态的前夕。[46]

2. 是龟甲随葬传统的反映，与八卦相关，表现了天圆地方

李学勤指出，和这种玉龟形制有关的龟甲实物，在中国史前文化中已多次发现。以龟甲随葬的现象，集中见于大汶口文化分布区的南部，可追溯至距今七千多年前的河南舞阳贾湖墓葬，随葬品中有内装小石子的龟甲，比大汶口文化早期早了一千多年，所出还有加工过的龟腹甲、背甲，有的还刻有很像商周甲骨文的符号（图 5-33 至图 5-36）。舞阳贾湖遗址位于沙河之滨，沙河汇入颍河，传说中画八卦的伏羲所都的陈在今淮阳，就位于颍河以北，离舞阳不远。

凌家滩玉版上的图纹，任何人一看之下，都会联想到八卦。这是因为图纹明显地表现出八方，而自很古的时候以来，八卦被认为同八方有关。玉版是方形，上画圆形，用矢形标出八方，是天圆地方这种古老的宇宙观念的体现。[47]

3. 可能是远古《洛书》和八卦，表示了太一行九宫

陈久金、张敬国指出，汉儒均以为《洛书》即《洪范》。观察玉版图形中四个边沿的钻孔之数，便可发现它与《洛书》有关。它象征《洪范》五行中的生数"四"还原成中宫"五"，又象征成数"九"还原成中宫"五"。此数正符合郑玄《周易乾凿度》注中的说法："太一下行八卦之宫，每四乃还于中央。"

图 5-34 贾湖遗址出土的刻符龟甲及细部。(来源：河南省文物考古研究所,《舞阳贾湖》, 1999 年)

图 5-35 贾湖遗址出土的刻符龟甲。(来源：河南省文物考古研究所,《舞阳贾湖》, 1999 年)

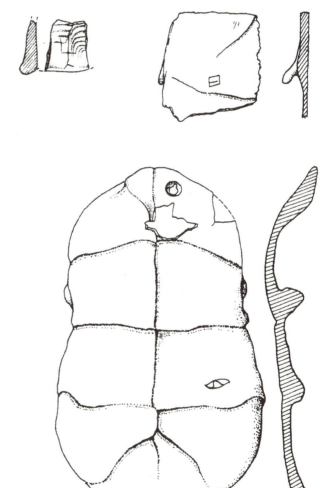

图 5-36 贾湖遗址出土的刻符龟甲的线图。(来源：河南省文物考古研究所,《舞阳贾湖》, 1999 年)

"五"代表中宫之数，太一从"一"行至"四"以后，回到中央"五"，这之后的"六""七""八""九"与之前的"一""二""三""四"相配，故太一行至"九"乃还至中央"五"，这就是玉版孔数以四、五、九、五相配的道理。

根据古籍中八卦源于《河图》《洛书》的记载，玉版图形表现的内容应为原始八卦，出土时，玉版与玉龟压在一起，说明此玉版图形和玉龟关系密切，故凌家滩玉龟和玉版可能是远古《洛书》和八卦。[48]

图 5-37　安徽阜阳双古堆西汉汝阴侯墓出土的六壬式盘线图。1.天盘；2.地盘；3.剖面。（来源：安徽省文物工作队、阜阳地区博物馆、阜阳县文化局，《阜阳双古堆西汉汝阴侯墓发掘简报》，1978年）

4. 体现了太阳崇拜，表明对"五"数非常重视

饶宗颐指出，玉版的空间观念似乎比时间观念更为显著，上面的圆圈象征着太阳，八角和八支箭头是太阳辐射的光芒，太阳崇拜是地球各地区民族的共同信仰。

玉版图纹的结构外方内圆，很像玉琮的形状，皆以方与圆相套，外方内圆，方指地而圆指天。可看出五千年前未有文字之时已经具备天圆地方的知识。

这玉版中看不出有五行痕迹，但把二个"五"数左右分列，知当时的数理观念已对"五"数非常重视，至于把"九"和"四"两数在上下对立起来，似乎与"地四与天九相得"一义有很接近的因缘。

认为五千年前的天文知识有八节的存在，若单凭这一玉版的图样是很难取得证明的。这玉版中八支箭头表示八个方向是绝对没有问题的，八际四维的方位在这幅玉版上表现得很清楚，它是不是等于八卦八节，尚很难说。[49]

5. 具备了汉代式盘的基本内容

钱伯泉指出，玉龟背甲靠近头部钻有四个圆孔，略呈方形，肩部似乎也钻一孔。头部四孔与右腰部二孔显然组成北斗七星的形状。背甲与其下的玉版相组合，与汉代六壬式盘的天盘（标有北斗七星）与地盘的套装方式一样，为较为原始的玉制式盘。（图 5-37）

其已具备汉代式盘的基本内容，如天盘（龟背甲）中已有北斗星，地盘（玉版）中也用图案表示"四面、八方、二十四位"的观念。其中，"四面八方"是用直线将外圆分作八格，再用圭形箭头指示方向；"二十四位"是用圭形箭头的两条边，将"八方"的每格划作三等份来表示的。[50]

图 5-38　新石器时代遗址出土的穿孔龟甲线图。1.背甲（邳县刘林）；2、3.背、腹甲（邹县野店）；4、5.背、腹甲（兖州西吴寺）；6、7.背、腹甲（邳县大墩子 M44：26）；8、9.背、腹甲（邳县大墩子 M44：13）；10.背甲（山东大汶口）。（来源：王育成，《含山玉龟及玉片八角形来源考》，2006年）

6. 是穿四孔龟甲习俗的重要见证

王育成指出，在江苏邳县刘林遗址（距今六千三百年至五千七百年）、大墩子遗址（距今五千八百年至五千三百年），以及山东邹县野店遗址（距今六千一百七十年至四千六百四十年）、大汶口遗址（距今五千五百年至四千六百年）、兖州西

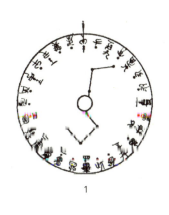
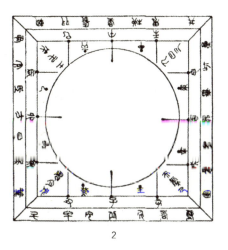
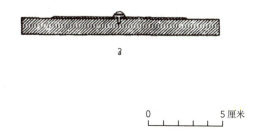

吴寺龙山文化遗址（距今四千零四十五正负一百一十五年至四千一百六十五正负一百三十五年）中，均出土了背甲有四个穿孔的龟甲。（图5-38）

在安徽更早的新石器时代遗址中，还未发现过含山玉龟这种形制的龟甲囊，而年代比凌家滩遗址早的东方沿海地区的大汶口类型文化遗址中，这种龟甲屡见不鲜，因而有理由认为含山玉龟是受到大汶口文化影响并沿袭其形制制造出来的。

同时，大汶口文化分布地区较晚的原始文化继续保留了使用、制作这种龟甲的

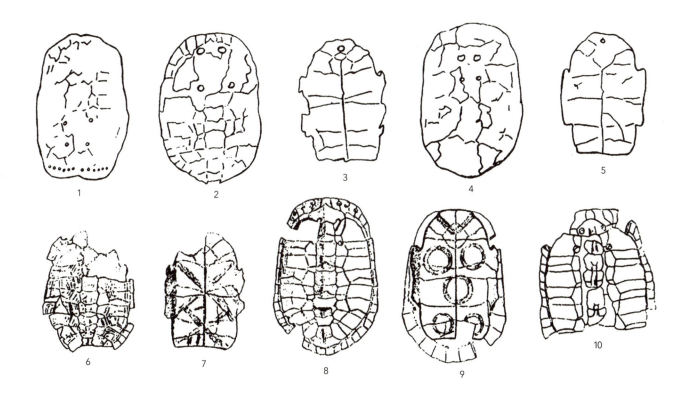

 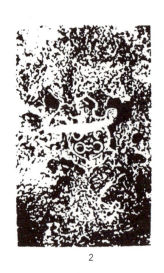 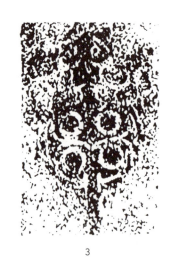 

1　　　　　　　　2　　　　　　　　3　　　　　　　　4

习俗，西吴寺龙山甲囊便是证据。

值得一提的是，到了殷商文化时期，人们在制作龟纹图案时，仍是在龟背甲上刻画四个圆形孔纹或圆点，并作方形排列，如《殷周青铜器通论》收录的龟鱼纹盘，《三代吉金文存》收录的子黾父乙彝、子黾父癸卣，1980年北京文物工作队从回收公司拣选的龟鱼纹盘等。可见，此俗源远流长。（图5-39）

关于玉版的方心八角图案，一般认为这是太阳纹图案，是太阳的象征，其实这种认识并无充分证据，方心八角形图案当另有所出，与太阳纹没有什么关系。[51]

图 5-39　商代铜器上的龟纹。1. 子黾父乙彝（《三代吉金文存》）；2、3. 龟鱼纹盘（《殷周青铜器通论》）；4. 子黾父癸卣。（来源：王育成：《含山玉龟及玉片八角形来源考》，2006年）

7. 包含最原始的《洛书》图像，表示了斗建授时的传统

冯时指出，凌家滩玉版中央的八角图形，既指示了四方五位，又指示了八方九宫，为最原始的《洛书》图像。其与周边的矢状标，构成二绳与四维交午的图形，与安徽阜阳双古堆汝阴侯墓出土的西汉初年太一式盘天盘上的九宫图形一致。（图5-15）

八角并非表现太阳的光芒，而是具有方位意义。僮族传统图案中的八角纹样明确显示了八角与八卦的联系，彝语的"八卦"正称为"八角"，八卦与八方的配合，有一种共同的来源，即天文学上的分至启闭八节。

内层中央的九宫图同时也是一幅四方图，以这个四方图变为第二层的八方图，必须配置四维，此即《史记·龟策列传》所记"四维已定，八卦相望"。

嵌夹玉版的玉龟背甲圆形弧拱，可以理解为天盖的象征。背甲上部中央位置钻

图 5-40 凌家滩遗址出土的玉鹰以猪首为翼,中央刻有八角九宫图案。(来源:安徽省文物考古研究所,《凌家滩——田野考古发掘报告之一》,2006 年)

有四个圆孔,很像由斗魁的天枢、天璇、天玑、天权四星组成的图像,如果将其视为斗魁的象征,那么在新石器时代的大汶口文化与良渚文化中,还可以找到类似的斗神遗迹,而这种斗神实际上就是天神太一。

古人将九宫与太一、极星、北斗始终固守为一个整体,凌家滩出土的另一件九宫与猪首北斗合璧的雕刻,也再次印证了这种推论。(图 5-40) 这也就能够解释玉版周边九、五、四、五的钻孔配数,即"太一下行八卦之宫,每四乃还于中央",这表示了太一下行九宫的斗建授时传统。

玉版出土时夹放在玉龟的背甲与腹甲之间——《洛书》图像与玉龟伴出的事实,使我们相信古人关于《洛书》为"龟书"的种种议论,并不是毫无根据的。

《洛书》的名称或许是商周先民的发明,因为文献所提供的最早的《洛书》例证,都是出自孔子一系的著作,灵龟为水物,洛水又居商周王朝的中心,正所谓"八方之广,周洛为中"(《孝经援神契》),这个思想与九宫的思想十分吻合,因而也就很自然地移用于"龟书"。这既体现了上古人王对于天文占验的垄断,也体现了居中而治的政治传统。[52]

第五章 明堂探源

（三）斗建授时与"天地之中"

在学术界关于玉龟、玉版的讨论中，冯时指出的龟、版组合表示了斗建授时，极为重要，他一语道破这组文物包含的关键信息。

北斗初昏时在地平方位上指示时间，即斗建，《淮南子·天文训》对此有详细记载，本书第三章已有介绍。凌家滩玉龟背甲上的斗状四孔，显然是北斗的标志，它与玉版所规划的方位体系配合，就形成斗建授时的天地模式。

在玉版呈现的方位体系中，既有四方五位、八方九宫，还有"二十四位"。钱伯泉据此认为，背甲与玉版组合，形成了汉代六壬式盘的天盘与地盘模式，是较为原始的玉制式盘，极为正确，它们都是对斗建授时的模拟。

这样，《淮南子·天文训》记载的北斗昏指二十四节气的授时体系，就在这套玉龟、玉版上得到完整呈现，其中的四正四维方位，亦即《周易》八个经卦的方位，就是分至启闭八节的授时方位。

这样就能够解释新石器时代东部地区以及殷商文化中穿四孔龟背甲习俗的文化内涵——古人以隆起的龟背甲模拟天穹，"天穹"上的斗状四孔，也就是北斗的标志。这样的斗状四孔，在距今八千年的兴隆洼文化人脸石器上已能看到。（图 4-64）

基于对斗建授时的理解，称玉版为《洛书》图像或原始八卦，皆可成立，因为它们都表示了四方五位、八方九宫，皆为分至启闭八节的授时方位。

玉版的放射形图案，很难被解释为太阳或太阳崇拜的标志，这是因为玉版隆起，状若天穹，八角图形位于隆起的中央，居最尊之位，显然是与北极对应。

太阳神崇拜是西方的文化现象，这是因为观测太阳在二十八宿（西方称黄道十二宫）中的移行位置，是西方人测定时间的主要方式，中国古人称之为日躔，但不以此为主流，因为太阳在二十八宿中呈逆行之势，多有忌讳。

相比之下，北斗顺天而行，十分便于观测，斗建遂成为中国古代观象授时的主要方式，并衍生北极神（即上帝、天帝、太一）崇拜。凌家滩玉龟、玉版即为此种文化的见证。

俞伟超指出，玉版图形外围伸向八方的树叶形图案，应是社神的象征，诚不易之论。因为图案的中心，被表示为地平方位之中，也就是"地中"，乃国之大社即社神所在。《释名》："土，吐也，能吐生万物也。"[53]《礼记正义》疏引《白虎通》："土训吐也，言土居中，总吐万物也。"[54] 早期立社，以树为社神，正是对土生万物的表示。

可见，玉版与龟背甲的组合，形成以"地中"对应"天中"的"天地之中"模式，表明凌家滩文化已经具备早期国家的特征。

陈久金等学者指出玉版的"四五九五"钻孔配数，是对太一行九宫的表示，也极为重要，这与早期历法相关。

太一行九宫见载于《周易乾凿度》，有谓：

> 易一阴一阳，合而为十五之谓道。阳变七之九，阴变八之六，亦合于十五，则象变之数若一。阳动而进，变七之九，象其气之息也，阴动而退，变八之六，象其气之消也。故太一取其数以行九宫，四正四维皆合于十五。[55]

太一即天帝，九宫即地平方位，"斗为帝车"[56]，太一行九宫即天帝驾北斗巡天。九宫以《洛书》配数，"四正四维皆合于十五"，表示了一个节气。所以，太一行九宫具有斗建授时的意义，这正是凌家滩玉龟、玉版蕴含的关键信息。

《周易乾凿度》郑玄《注》：

> 太一下行八卦之宫，每四乃还于中央。中央者，北神之所居，故因谓之九宫。天数大分，以阳出，以阴入，阳起于子，阴起于午。是以太一下九宫，从坎宫始。坎，中男，始亦言无适也。自此而从于坤宫。坤，母也。又自此而从震宫。震，长男也。又自此而从巽宫。巽，长女也。所行半矣，还息于中央之宫。既又自此而从乾宫。乾，父也。自此而从兑宫。兑，少女也。又自此从于艮宫。艮，少男也。又自此从于离宫。离，中女也。行则周矣，上游息于太一、天一之宫，而反于紫宫。行起从坎宫始，终于离宫。[57]

这是将《洛书》九宫之数与八个经卦相配，即坎一、坤二、震三、巽四、乾六、兑七、艮八、离九，中央为五。（图5-41，图5-42）太一下行八卦之宫，"每四还于中央"，即以中央之宫为节点，呈现"一二三四五""六七八九五"数列，如此循环。其中，"四五""九五"是对"还于中央"的表示，太一依此数列巡行。

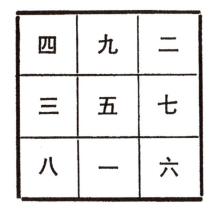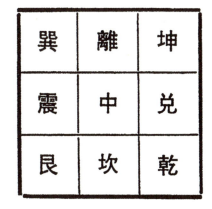

图5-41 八卦配《洛书》九宫图。（来源：冯时，《中国天文考古学》，2017年）

此乃以一手之数为基本单位记录节气的方法——一手五指，其数为五，以此数循环，即"一二三四五""六七八九五"，数三次五即三五一十五，为一个节气，极为简易。这也是《洛书》《周易》皆表现十五之数的原因。

玉版呈现的"四五九四"数列，表明凌家滩时代已存在对《洛书》九宫的规划。

（四）新石器时代的玉制"经书"

作图分析显示，玉版的总平面和内部图案的构图比例，皆可与玉版的钻孔数列对读，对后者有多种读取方式，玉版中央的方心八角图案则显示了计里画方、立表参望、勾股运算的空间测量方法，蕴含了丰富的文化信息。

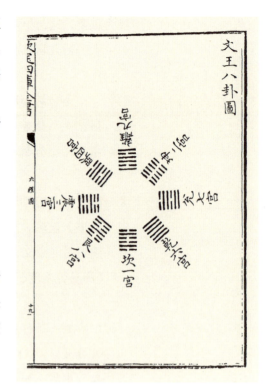

图 5-42　宋人杨甲《六经图》刊印之《文王八卦图》，显示八卦与《洛书》九宫数相配的情况。（来源：《影印文渊阁四库全书》第 183 册，1986 年）

1. 玉版呈梯形斗状，显现 3∶4 和 9∶7 平面比例

前引考古报告显示，凌家滩玉版长 11 厘米，这是玉版的最大长度，它与玉版 8.2 厘米的宽度，形成 8.2∶11≈0.745，约合整数比 3∶4（=0.750，吻合度 99.3%）的比例。（图 5-43）

玉版平面呈梯形斗状，与玉龟背甲斗状四孔一样，是北斗崇拜的体现。以上下两边长度的平均值作图，玉版又可被 9∶7 比例矩网覆盖（图 5-44）；作图分析显示，

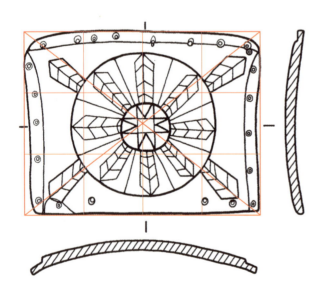

图 5-43　凌家滩玉版平面分析图之一。王军绘。（底图来源：安徽省文物考古研究所，《凌家滩——田野考古发掘报告之一》，2006 年）

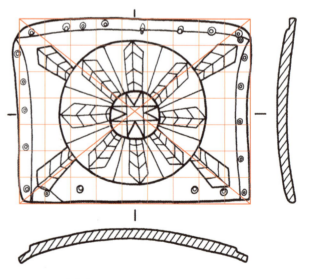

图 5-44　凌家滩玉版平面分析图之二。王军绘。（底图来源：安徽省文物考古研究所，《凌家滩——田野考古发掘报告之一》，2006 年）

玉版大圆的短径为玉版宽的九分之七，也呈现9：7数列，皆包含明堂比例的文化意义。（图5-50）

3：4比例在中国古代也拥有特定的文化含义，《春秋繁露·官制象天》记云：

天有四时，每一时有三月，三四十二，十二月相受，而岁数终矣。[58]

又《周髀算经》：

折矩以为勾广三，股修四，径隅五。既方之外，半其一矩，环而共盘，得成三四五。[59]（图5-45）

3：4比例，可表示三四一十二，纪十二历月、一岁之数，又可表示"勾三股四弦五"，记勾股定律。与之相关的天文与数学知识，凌家滩先民已经具备（关于勾股运算的讨论，详见后文），其中心遗址的祭坛，东西宽约三十米，南北长约四十米，同为3：4比例，也为一证。

由此表示的十二个朔望月，与玉龟、玉版所表示的斗建授时（属阳历系统）相配，即有阴阳合历之义，这是极为重要的信息。

《礼记·月令》记天子居明堂授时，月移一室，四方各三室，合为三四一十二室，对应十二个月的授时方位。可见，3：4比例也是对明堂制度的表示。

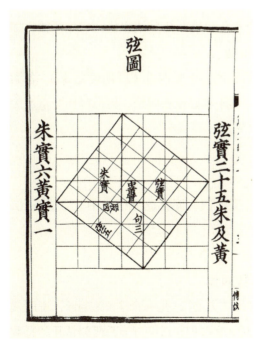

图5-45 《周髀算经》刊印的"弦图"，显示了"勾三股四弦五"的数理关系。（来源：《宋刻算经六种》，1981年）

2. 玉版钻孔的九七数列可与9：7平面比例对读

玉版上沿布九个钻孔，下沿布四个钻孔，两侧各布五个钻孔。其中，下沿四孔分为相互疏离的二组，每组二孔，分别与两侧五孔形成2+5=7的数理关系，并与上沿九孔形成9：7数列，表示了玉版的9：7平面比例。

3. 玉版钻孔的七五数列可与四维矢标的平面比例对读

作图分析显示，玉版中央图案外围指向四维的矢标，可被一个$\sqrt{2}$矩形覆盖，

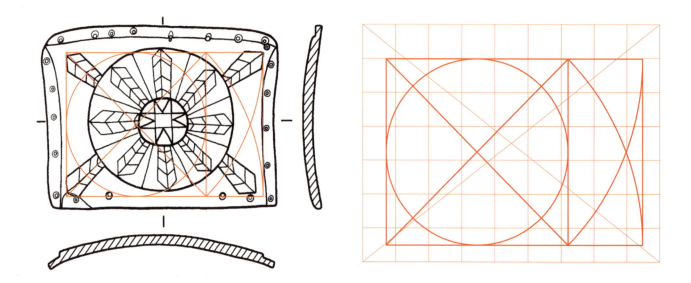

图5-46 凌家滩玉版平面分析图之三。王军绘。(底图来源:安徽省文物考古研究所,《凌家滩——田野考古发掘报告之一》,2006年)(左)

图5-47 凌家滩玉版平面分析图之四。王军绘。(底图来源:安徽省文物考古研究所,《凌家滩——田野考古发掘报告之一》,2006年)(右)

这是经典的"方五斜七"比例,正可与玉版下沿四孔分成的二组(每组各二孔)与两侧五孔分别形成的数列对读,即(2+5):5=7:5。(图5-46,图5-47)

这就在9:7的总平面基础之上,表现了7:5,与大地湾F405房址在9:7总平面中呈现7:5开间数列一样,表现了"道生一,一生二""易有太极,是生两仪"。

值得注意的是,指向四维的矢标之中,有一枚矢标较短,这也许是对"天倾西北,地不满东南"的表示。

4. 玉版钻孔的九八数列可以解释四维矢标的意义

以顺读排序,玉版上沿所布九孔中的第八孔和第九孔呈粘连状,应作连读,即八九七十二,这是五行的每一行分值一岁的天数。

指向四维的矢标,是对中央土配四时的表现。土配四季(即四时之末),各索十八天,合为七十二天,此即"土王四季",其斗建方位在四维。矢标以树叶造型表现社神,合于此义,表示了"王者覆四方"。[60]

5. 玉版钻孔的三五数列表示了一个节气

玉版上沿第九孔刻于凹线方框之内,与下沿四孔同在此方框之中,合为五孔,与两侧各五孔,构成三五数列,以三五一十五表示了一个节气。

6. 玉版钻孔的十九数列可与大圆图案模数对读

作图分析显示,玉版方心八角图案正中的"方心",是一个7:6矩形,玉版椭圆形大圆的广深,以"方心"为模块,呈现10:9数列,正可与玉版两侧钻孔的总数

十、上沿钻孔的总数九对读。（图 5-48，图 5-49）

拙作《尧风舜雨：元大都规划思想与古代中国》引用古代文献关于"天以七纪""六者，天地之中"的记载，指出 7∶6 比例包含"天地之中"的意义。玉版以 7∶6 矩形居中，正与"天地之中"的理念相合。

本书第一章已经指出，7∶6 矩形内含十二个 8∶7 矩形和十五个"方七斜十"$\sqrt{2}$ 矩形（边长比为 10∶7，近似 $\sqrt{2}$），表现了阴阳合历、阴阳合和，这正是"天地之中"的固有之义。

在《周易》所记十个天地数中，九是最大的天数，即"天终数"，十是最大的地数，即"地终数"。[61]《汉书·律历志》记"闰法十九，因为章岁。合天地终数，得闰法"[62]，即记十九岁七闰。

玉版呈现的 7∶6 与 10∶9 数列，或已发上述数术思想的先声，这与前文所记玉龟、玉版所蕴含的阴阳合历之义，形成呼应。

7. 玉版钻孔的九五数列可与九五网格对读

作图分析显示，方心八角图案之长为玉版长边与短边均长的五分之一，大圆的短径为玉版宽的九分之七，可据此画出九五网格覆盖玉版，显示玉版上皮与其下凹线两端连线及大圆上皮的间距为玉版宽度的九分之一，玉版下皮与大圆下皮的间距亦为玉版宽度的九分之一。玉版上沿九孔与两侧各五孔形成的九五数列，可与这一网格对读，或有易学九五之义。其中，大圆的短径为玉版宽的九分之七，圆以象天，

图 5-48　凌家滩玉版平面分析图之五。王军绘。（底图来源：安徽省文物考古研究所，《凌家滩——田野考古发掘报告之一》，2006 年）（左）

图 5-49　凌家滩玉版平面分析图之六。王军绘。（底图来源：安徽省文物考古研究所，《凌家滩——田野考古发掘报告之一》，2006 年）（右）

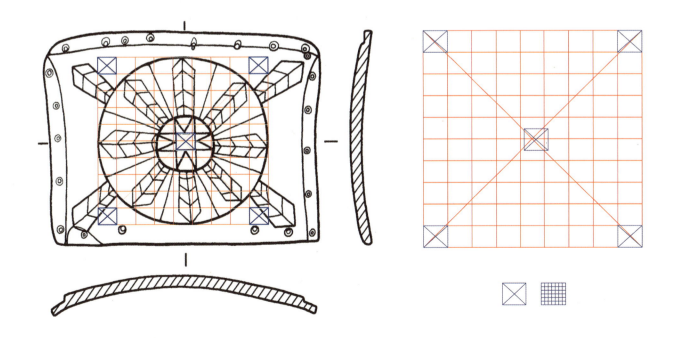

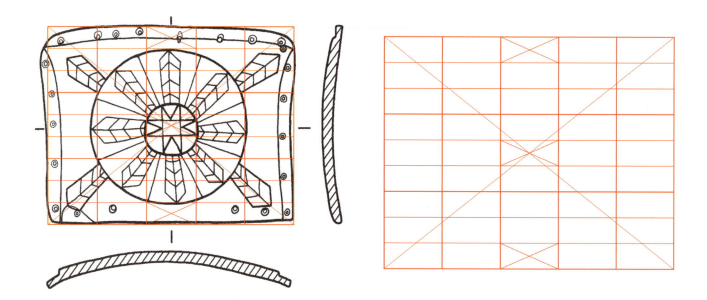

图 5-50 凌家滩玉版平面分析图之七。王军绘。（底图来源：安徽省文物考古研究所，《凌家滩——田野考古发掘报告之一》，2006年）（左）

图 5-51 凌家滩玉版平面分析图之八。王军绘。（底图来源：安徽省文物考古研究所，《凌家滩——田野考古发掘报告之一》，2006年）（右）

其数七，或有"天以七纪"之义；方心八角图案之长为玉版长边与短边均长的五分之一，方以象地，其数五，或有"地有五行"[63]之义。"天以七纪""地有五行"又可与前述玉版底部四孔分两组与两侧各五孔，形成的（2+5）：5=7：5的数列对读。（图5-50，图5-51）

8. 玉版图案以方圆作图法生成

作图分析显示，以玉版中心小圆的长径为基数，连续施画方圆，即得外侧大圆的短径，构成 $2\sqrt{2}$ 比例关系（图5-52，图5-53）；以小圆长径施画 $\sqrt{2}$ 倍方形，以大圆短径施画方形，前者为后者的四分之一。（图5-54，图5-55）

四分之一在中国古代有着丰富的文化内涵，清华大学藏战国竹书《算表》，以"九九八十一"为始，以"釲"（四分之一）为终，是今存世界最早的十进位乘法表。

四分之一为太阳年时长三百六十五又四分之一天的"小余"；玉版小圆长径的 $\sqrt{2}$ 倍方形，积而成四，形成以大圆短径为边长的方形，合于"易有太极，是生两仪，两仪生四象"的易学理念，其以小圆的长径与大圆的短径形成 $4\sqrt{2}$ 的关系，又表现了长短相接、阴阳互生。

9. 玉版中央的方心八角图案显示了空间测量的基本方法

作为原始《洛书》图像，玉版中央的方心八角图案，指示了四方五位、八方九宫，其对勾、股、弦直角三角形的刻画，又显示了计里画方、立表参望、勾股运算的空间测量方法。将方心八角图案中任何一个直角三角形的弦加以延伸，与方心相

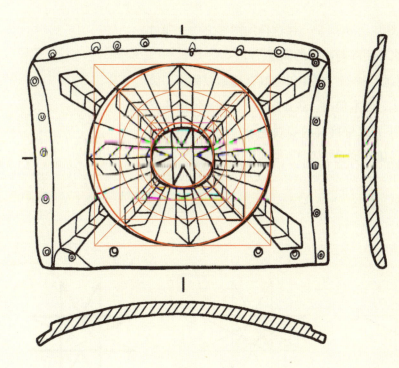 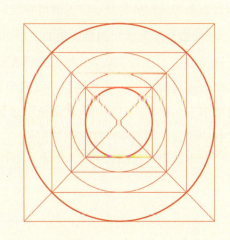

图 5-52 凌家滩玉版平面分析图之九。王军绘。（底图来源：安徽省文物考古研究所，《凌家滩——田野考古发掘报告之一》，2006 年）

图 5-53 凌家滩玉版平面分析图之十。王军绘。（底图来源：安徽省文物考古研究所，《凌家滩——田野考古发掘报告之一》，2006 年）

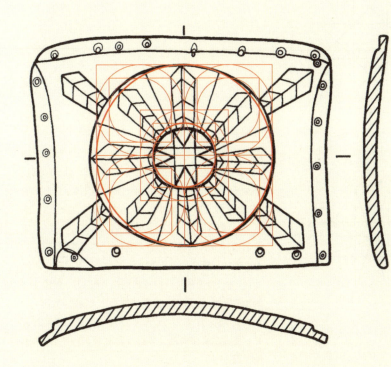 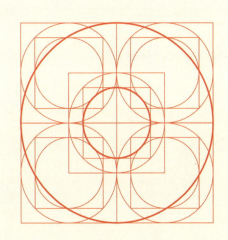

图 5-54 凌家滩玉版平面分析图之十一。王军绘。（底图来源：安徽省文物考古研究所，《凌家滩——田野考古发掘报告之一》，2006 年）

图 5-55 凌家滩玉版平面分析图之十二。王军绘。（底图来源：安徽省文物考古研究所，《凌家滩——田野考古发掘报告之一》，2006 年）

交,即可构成最基本的空间测量几何运算图形。(图5-56)在这样的图形之中,通过相似直角三角形的勾股运算,即可完成对水平距离与高差的测量。

《周髀算经》所记测量天地的"用矩之道"——"偃矩以望高,覆矩以测深,卧矩以知远",[64]《九章算术》所记立四表望远、因木望山、测井深等,[65]都是通过这样的图形运算完成的。凌家滩约一百六十万平方米聚落群的规划建设,需要运用这样的技术;约略同一时期的良渚都邑和水利设施(详见后文)、牛河梁祭祀群等大规模工程的建设,也离不开这样的知识。

前文所记玉版的最大长度与玉版宽度形成的3:4比例,以及中心遗址祭坛平面

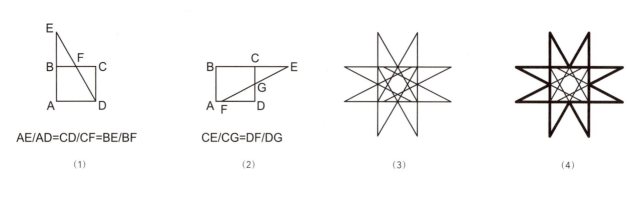

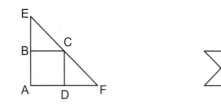

图5-56 空间测量几何运算图形与方心八角图案生成方式。通过图(1)、图(2)、图(5)、图(7)可测得构成勾股关系的两点之间的长度,包括通过图(1)测AE之远或AD之深、通过图(2)测CE之远、通过图(5)测AE之高、通过图(7)测AE之远或CF之深等。新石器时代的八角图案(图2-13,图5-28,图5-40,图5-57,图5-70,图5-71)皆可通过这几种运算图形交错绘成。图(1)至图(4)为凌家滩玉版方心八角图案构图分析,其方心广深比为7:6,内含两种几何运算图形;图(5)和图(6)的构图方式,见良渚文化陶制宽把杯(马桥M204:3)八角图案(图5-71);图(7)和图(8)的构图方式,见良渚文化陶制贯耳壶(澄湖J127:1)八角图案(图5-70)。王军绘

呈现的 3∶4 比例，蕴含 "勾三股四弦五" 的数理关系，也是凌家滩先人掌握此种运算方法的见证。方心八角图案则对这样的运算方法加以艺术的表现，其位于玉版隆起的中央位置，与 "天中" 对应，即有王者居中，测定并统御八方之义，这与玉版的放射形矢标所表示的 "王者覆四方" 的意义一致，体现了通天统地。

通过相似直角三角形的勾股运算来测定远近高下，是空间测量必须应用的数学知识。《周髀算经》记大禹治水，"望山川之形，定高下之势"，"已定其勾股。" 这是四千年前的古史传说，而这样的运算方法在更为古老的时代已被先人掌握。

方心八角图案堪称《晋书》所记 "制图六体"[67] 计里画方之法的雏形，这类图案在中国新石器时代器物中屡见（图 2-13），上可溯及距今七千八百至六千六百年的湖南高庙遗址的早期遗存。（图 5-57）牛河梁红山文化祭地方丘，以方的积累表示大地，已合于计里画方之道。冯时指出，方丘呈现由内向外的三个正方形，其原始长度都是九的整数倍，显示了古人对勾股定理加以证明的 "弦图" 的基本图形，也就是九九标准方图。[68] 这表明，勾股运算彼时已定义了人文制度。（图 5-58，图 5-59）

综上所述，玉版以平面比例、图案和钻孔之数，直观呈现了上古时期观象授时、空间测量、宇宙模式、阴阳哲学、创世观念等最为核心的知识与思想体系。此 "元龟" 所衔之 "符"，显然是那个时代技术成就与数术思想的集大成者，堪称一部玉制"经书"。

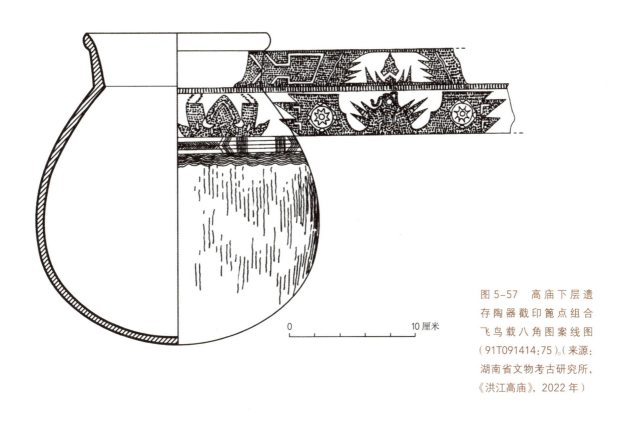

图 5-57　高庙下层遗存陶器戳印篦点组合飞鸟载八角图案线图（91T091414:75）。（来源：湖南省文物考古研究所，《洪江高庙》，2022 年）

第五章　明堂探源

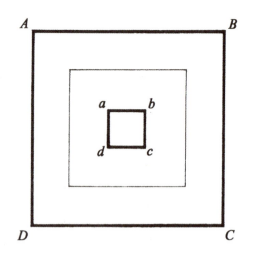
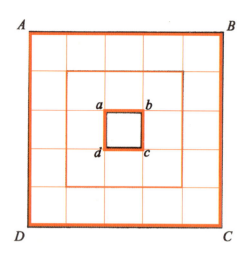

图5-58 冯时绘红山文化方丘复原图。（来源：冯时，《中国古代的天文与人文》修订版，2006年）（左）

图5-59 红山文化方丘以内方为模数示意图。王军据冯时论述增绘。（右）

（五）紫禁城的设计"蓝本"

明清北京紫禁城的建筑制度，与凌家滩玉龟、玉版包含的文化信息若合符契：

1. 紫禁城总平面与玉版同为9∶7比例；（图1-56）

2. 紫禁城的空间设计大量运用$\sqrt{2}$与7∶6比例；[69]（图1-44，图2-37至图2-40）

3. 紫禁城神武门、东华门、西华门的稍间与廊间的斗栱攒当数组合（稍间五个攒当、廊间两个攒当），与玉版下沿四孔分二组与两侧五孔的组合一致，呈现（5+2）∶5=7∶5的数列，是对"方五斜七"$\sqrt{2}$比例的表示；（图2-34）

4. 紫禁城护城河西北岸为缺角，是对"天倾西北"的表示，[70] 与玉版四维矢标中的短标，或存在同一意义；（图1-37）

5. 紫禁城太和殿前御道铺十七块石板，以九八之数（9+8=17）表现九八七十二，并与太和殿七十二根柱，对应宫城四隅七十二脊角楼，这与玉版上沿第八、九钻孔连读为八九七十二和指向四维的矢标一样，表达了"土王四季""王者覆四方"的观念；

6. 紫禁城太和殿庭院北端石墁方地东西两幅呈现的十九与七用石之数（详见本书第一章第三节），外朝与内廷之间的乾清门广场，御道铺十九块石板，与玉版钻孔的十九数列一样，是对"天地终数"的表现，蕴含"十九岁七闰"之义；

7. 紫禁城建筑中屡见的三五数列，如五门三朝，[71] 午门门道的"明三暗五"[72]，太和殿至中和殿御道的十五块石板（三五一十五），诸主次建筑脊兽的3∶5数列，与玉版钻孔的三五数列一样，都是对一节气十五天的表示；（图5-60）

8. 紫禁城与玉版的平面设计，皆以九五网格布局；（图1-13）

9. 玉版以中央小圆为准，连续施画方圆构图，也是紫禁城外朝区域的规划方法；[73]（图3-87）

10. 紫禁城钦安殿为盝顶，呈覆斗状，这与玉龟背甲穿斗状四孔、玉版平面为梯

图 5-60 故宫御花园摛藻堂、凝香亭脊兽三五成列。王军摄于 2023 年 1 月

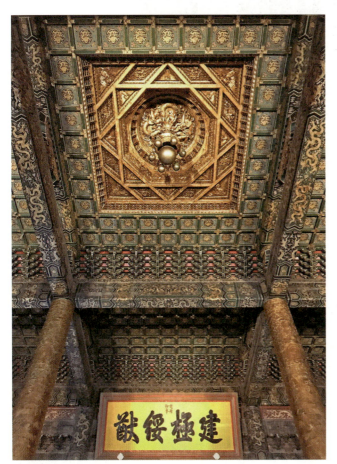

图 5-61 故宫太和殿斗八藻井。王军摄于 2019 年 8 月

形斗状一样,都是对北斗授时、北斗崇拜的体现;（图 3-60）

11. 紫禁城外朝区域大量分布的二十四气望柱头,与玉版二十四位圆周规划一样,表示了斗建二十四气的授时方位;（图 3-71,图 3-72）

12. 紫禁城四个大门（午门、神武门、东华门、西华门）顶部造型外方内圆、方圆相含,与玉版以多种方式表达的天圆地方理念,意义一致;（图 3-85）

13. 紫禁城太和殿、交泰殿、养心殿、斋宫、钦安殿、皇极殿、养性殿等建筑的斗八藻井,乾清宫、皇极殿前御道斗八石雕,与玉版方心八角图案一脉相承,同样体现了王者御八方、通天统地。（图 5-61 至图 5-63,图 3-78）宋《营造法式》刊载的"殿堂内地面心斗八""斗二十四""里槽外转角平棊""五彩平棊""碾玉平棊"图案,皆在由两个正方形旋交组成的斗八图案中,内含玉版式八角图形,显示了清晰的传承线索。（图 5-64）

综上所述,凌家滩玉龟、玉版堪称紫禁城的

第五章 明堂探源　　319

图 5-62 故宫养心殿斗八藻井。王军摄于 2024 年 1 月

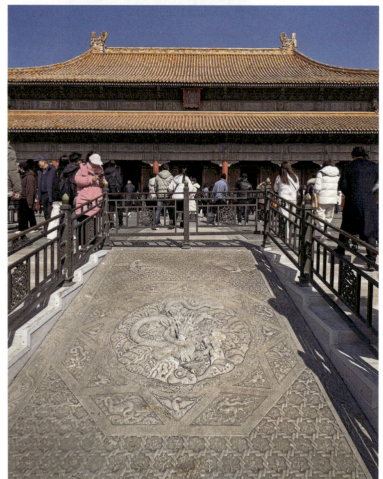

图 5-63 故宫乾清宫前御道斗八石雕。王军摄于 2024 年 3 月

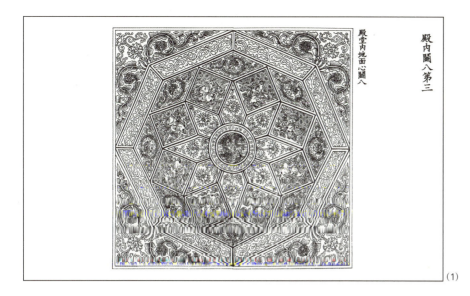

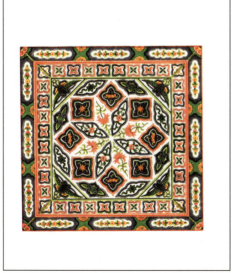

图 5-64 宋人李诫《营造法式》刊载之斗八图案。(1) 殿堂内地面心斗八；(2) 斗二十四；(3) 里槽外转角平棊；(4) 五彩平棊；(5) 碾玉平棊。（来源：李诫，《营造法式》，2006 年）

设计"蓝本",其所承载的知识与思想体系,历五千年风雨,传承有序,在紫禁城的空间营造中得以凝固。这套玉龟、玉版今藏故宫博物院,诚为五千年文明的绝唱!

四、良渚"神王之国"

(一)五千年文明的考古学地标

2019年,联合国教科文组织将浙江杭州良渚古城遗址纳入《世界遗产名录》,中华五千年文明举世公认。

此前,宿白、谢辰生、黄景略、张忠培在《关于良渚遗址申报世界文化遗产、标示中华五千年文明的建议》中,对良渚遗址所具有的突出普遍价值,做了以下说明:

> 考古工作者上世纪80年代以来的发掘研究,已能证实:早在距今五六千年之际,在中华大地上,国家形态已经出现。当时的国家(政权)的形态是神权与王权并重的神王之国,后来的演变,是王权日益高于神权,至夏商周时期,就形成了凌驾于神权之上的王朝王国政权形态;东周巨变,至秦发展为皇朝帝国,随之"百代皆行秦政制"。[74]中华文明五千年传承有序,不再是一个问题了。
>
> 支撑中华文明肇始于五千年之前这一判断的最重要的考古学证据,一是良渚文化的城址,二是红山文化的牛河梁遗址。从目前的情况看,由于发现了规模浩大的古城系统,良渚遗址更为典型,如果同时将这两处遗址申报世界文化遗产难以被有关方面接受的话,可将良渚遗址先行申报,使之列入世界文化遗产名录。
>
> 良渚遗址位于杭州市余杭区瓶窑镇,发现于1936年。上世纪80年代以来,这里先后发现了高等级墓地、祭坛、大型宫殿基址、古城遗址等。良渚古城发现于2007年,古城占地约100平方公里,城内已发现不同类别遗址100多处,是目前已知当时世界最大的城市和遗址群。整个宫殿区堆筑土方量211万立方米,高10多米,接近埃及大金字塔的石方量(约250万立方米)。据不完全统计,整个古城及外围水利系统的土石方总量近一千万立方米,假设参与建设的人数为1万人,每三人一天完成一方,每年工作日算足365天,需要持续不断工作7年。如此浩大的工程不是原始社会阶段那种血缘组织做得了的,只有出现了凌驾于社会之上的政权才能完成。

良渚古城从以下两个方面证明当时已产生了国家形态：

一是从古城格局上看，古城核心区包括莫角山宫殿区（0.3平方公里）、内城（3平方公里）和外郭城，总面积8平方公里。莫角山宫殿区位于古城正中心，是目前已发现的中国最早的"紫禁城"。郭城之外的北部和西北部还发现了由11条水坝构筑成的多重的完善的防洪堤坝系统，这是目前所知世界上最早的完备的水利设施。故良渚古城是由宫殿区、内城、郭城、外围水利系统组成的四重结构的都邑（约100平方公里）。这都邑于宫殿区之外，内城内外、郭城内外，还分布着不同等级、近百处邑落。良渚都邑这一结构，形象地标示着类似于古代文献所描述的周王朝时期的"国""野"之分。

二是从墓地的情况来看，在良渚都邑内，考古发现了反山、瑶山、汇观山等王陵级别的墓地，还有文家山、后杨村、江家山等贵族墓地，也在下家山、庙前等处见到了平民墓地，这些墓地和墓地中的诸墓葬，形象地说明当时社会已被分裂为无权者与有权者、贫困者和富有者，以及掌控何种权势与拥有多少财富的高度分化的社会阶层。

考古学家研究发现，良渚人创造了统一的神灵形象，并围绕对神的崇拜，设计出了以琮、钺为中心，用以表征森严等级制度的玉礼器系统。在这一玉礼器系统中，形塑出既掌王权又控神权的这一政权的最高统治者。这是我国迄今考古发现的具有政教合一特征的国家（政权）形态，被名之为"神王之国"。

良渚古城是目前已发现的中国以及东亚地区乃至世界上，距今五千年同时拥有城墙和水利系统的规模最大、保存最好、考古认识最清楚的都邑遗址，标志着良渚文明已进入成熟文明和早期国家阶段。

所以，我们有把握地认为，良渚遗址是中华五千年文明当之无愧的见证。[75]

考古工作者2010—2012年在良渚古城莫角山宫殿区东坡一灰坑（H11）中，发现大量炭化稻谷，经分析，约有两万六千斤稻谷填埋；2017年，在池中寺遗址再次发现炭化稻谷堆积，经测算，稻谷量逾三十九万斤。[76]（图2-3）

刘斌对良渚瑶山、汇观山两处人工营建的祭坛做多年观察与研究，发现日出的方向与祭坛的四角所指方位具有惊人的一致性，推测其乃测定太阳年的场所。[77]（图5-65）

前文已述，良渚反山12号"良渚国王"之墓，出土的三叉形器上的玉长管（M12:82）刻有二十四节，是对二十四节气的表示（图5-17，图5-18）；良渚文化玉琮还有十五节之数，与一节气十五天相合。（图5-19）

同墓出土的玉柱形器（M12:87）刻有十二神徽，神兽搭配，有奇有偶，阴阳交

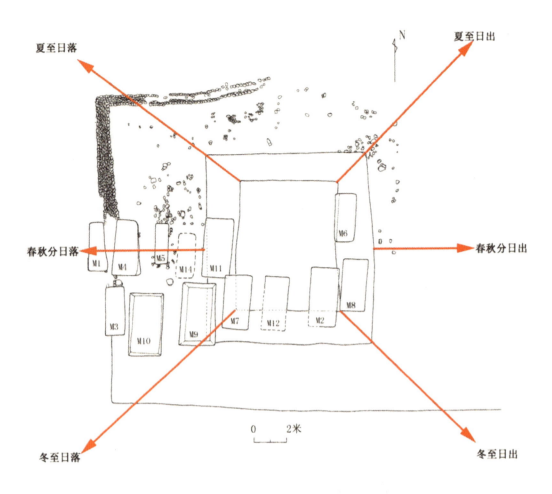

图 5-65 良渚瑶山祭坛观象示意图。（来源：浙江省文物考古研究所、北京大学考古文博学院、北京大学中国考古学研究中心、良渚博物院、杭州市余杭博物馆，《权力与信仰——良渚遗址群考古特展》，2015 年）

图 5-66 良渚反山 12 号墓出土的神人兽面纹玉柱形器（M12：87）。王军 2019 年 10 月摄于"良渚与古代中国"展

错，恰合十二律、十二月（图5-66，图5-67）；良渚瑶山11号墓，被认为"良渚王后"之墓，其出土的玉璜圆牌组佩（M11：53—62）共有十二个圆牌（图5-68）；[78]良渚文化遗址还出土了十二节玉琮（图5-69），皆合十二个朔望月。

以上情况，与凌家滩玉版呈现的信息一致，表明很可能在那个时代，先人就已经将十二月与二十四节气相配，创立了阴阳合历。

其中，"良渚国王"配二十四节玉长琮表示阳历，"良渚王后"配十二个圆牌表示阴历，已显示王属阳、后属阴、阴阳合和的理念。

良渚遗址受益面积一百平方公里的水利系统，筑有高坝、低坝和长堤，由十一条水坝筑成，[79]是极其伟大的工程成就。（图2-4，图2-5）考古工作者评价道：

> 中国水利史一般从距今4000多年的共工、鲧及大禹治水的传说开始讲起，但那个阶段的水利设施系统遗迹现在无从知晓。现知最早的大型水利工程遗迹晚到春秋和战国时期。而良渚遗址的塘山和岗公岭等水利设施年代能到距今5000年前后，是年代更早的大型水利设施。从区域格局来说，这个水利系统和

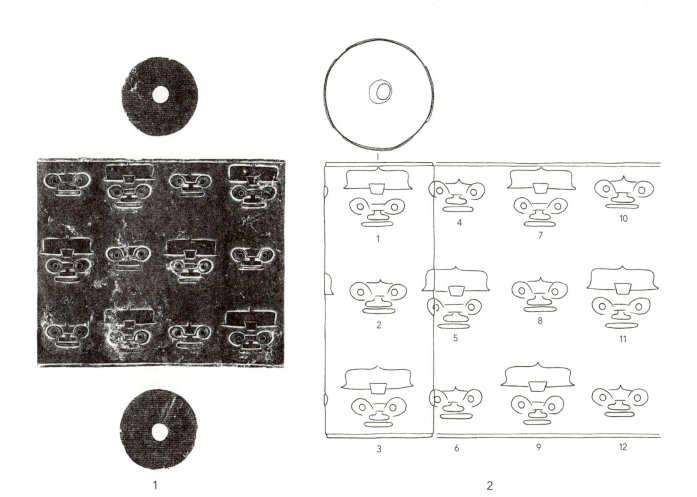

图5-67 良渚反山12号墓出土的神人兽面纹玉柱形器（M12:87）。1.拓本；2.纹饰。（来源：浙江省文物考古研究所，《良渚遗址群考古报告之二：反山》，2005年）

第五章 明堂探源

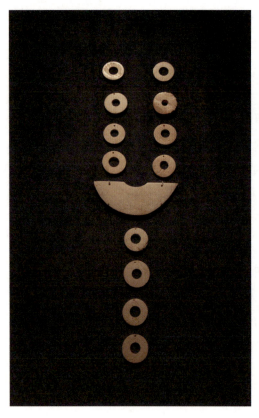

图 5-68　良渚瑶山 11 号墓出土的玉璜圆牌组佩（M11: 53-62）共有 12 个圆牌。王军 2019 年 10 月摄于"良渚与古代中国"展（左）

图 5-69　良渚文化十二节玉琮（江苏武进寺墩出土）。王军 2019 年 10 月摄于"良渚与古代中国"展（右）

良渚古城这一我国最早的都邑紧密结合，除了水利科学的意义，还在工程营造、人居环境、交通运输等方面具有重大意义，在我国乃至世界城市建设史和规划史上具有极高价值。

在同时期的其他古文明中，古埃及是较早建筑水坝的地区，其筑坝的目的是减少尼罗河的周期性泛滥造成的损失，防洪为其最重要作用，部分水坝又有灌溉、航运之用。公元前 5 世纪历史学家希罗多德在《历史》一书中记载，公元前 2900 年的早期王朝初期，首次在政治上统一埃及的美尼斯，为保卫其新建的都城孟菲斯，而在尼罗河上修筑了堤坝，从而使都城免受洪水侵袭，但该水坝遗迹尚未发现。公元前 2650 年的古王国初期，在开罗东南约 30 千米的杰赖维干河（Wadi Al-Gawari）上修建了异教徒坝（Sadd-el-Kafara "Dam of the infidels"），作用是将东部冬季的山洪拦蓄成一座永久性水库，坝体两侧护坡以 0.3×0.45×0.8 米的石灰岩块堆砌而成，宽约 24 米，迎水面护坡约 30°，坝蕊则填充渣土和卵石，厚约 36 米，该坝长 113、坝高 14 米（一说坝长 108 米、坝高 12 米），库容量 50 万平方米，建设工期长达 8—10 年，其体量约与良渚古城水坝系统中的岗公岭水坝相当。公元前 2300 年前后，埃及人在开罗以南 90 千米的法尤姆盆地建造了一座坝长超过 8 千米、坝高 7 米的美利斯水坝，并通过优素福河将尼罗河水引入农田灌溉。两河流域等地区很早就开始挖掘用作灌溉的水渠，但筑坝历史是相对晚近很多。印度河流域的哈拉帕文明时代稍晚，约为公元前 2600—前 1900 年，也已开始用土坯砖或烧砖修筑岗堤、砖台等遗迹，如哈拉帕和摩亨佐达罗两座城址便是部分建在以泥砖或烧砖垒砌而成的人工砖台上，从而使城址位于洪水线以上。由此可知，世界文明时代各文明古国，为了防洪、航运、灌溉等方面的需要，大多已开始修长堤坝或水库，其中尤以良渚古城的水坝系统修筑时间早、工程规模大、结构系统完善，在全世界处于领先的地位。从建筑材料来看，古埃及的水坝以石块为主要建材，哈拉帕文明中以土坯砖或烧砖砌筑河堤，而良渚人则发明了草包泥作为一种主要而独特的建筑材料。[80]

建造如此雄伟的水利设施，没有相应的测量技术与数学知识，是无法完成的。前文所记凌家滩玉版的方心八角图案所呈现的空间测量方法，显然已被良渚先人掌握，良渚文化出土器物上就刻有类似的八角图案（图 5-70，图 5-71），良渚"琮王"神徽的 3∶4 平面比例（详见后文，图 5-78），就蕴含了"勾三股四弦五"的数理关系。

可见，良渚先人已经熟练掌握了测量时间与空间的方法，这是良渚王国的生产力取得巨大成就的知识基础。

图 5-70　良渚文化陶制贯耳壶（澄湖 J127∶1）腹部刻有八角图案。（来源：张炳火，《良渚文化刻画符号》，2015 年）（左）

图 5-71　良渚文化陶制宽把杯（马桥 M204∶3）把手外侧刻有八角图案。（来源：张炳火，《良渚文化刻画符号》，2015 年）（右）

(二)"琮王"与"钺王"

良渚反山墓地位于莫角山宫殿区的西北方,于约一万平方米的高地之上,挖土堆筑而成,高约六米,面积约三千平方米,随葬玉器数量之多、类型之丰富、雕琢之精美,为良渚遗址之最。其中,12号墓出土的玉琮(M12:98),形体硕大,纹饰精美,有"琮王"之誉。(图5-72)

"琮王"位于墓主人左肩上方,重约6500克,通高8.9厘米,上射径17.1—17.6厘米,下射径16.5—17.5厘米,立面呈上阔下窄的斗状,孔外径5厘米,孔内径3.8厘米。

考古报告显示,玉琮四面直槽之内,上下各琢刻一神人兽面纹图像,共八个,每个图像的细部基本一致,单个图像高约三厘米,宽约四厘米,用浅浮雕和细线刻两种技法雕琢而成。(图5-73,图2-8)

图像主体为一神人,其脸面呈倒梯形,亦为斗状,重圈圆眼,两侧有小三角形眼角,宽鼻以上以弧线勾出鼻翼,宽嘴内由一条长横线、七条短竖线刻出上下两排十六颗牙齿。

神人头上所戴,内层为帽,线刻卷云纹八组,外层为宝盖头结构,高耸宽大,刻二十二组边缘双线和由中间单线环组而成的放射状"羽翎"(光芒线)。脸面与冠帽均为微凸的浅浮雕。

神人上肢以阴纹线刻而成,作弯曲状,抬臂弯肘,手作五指平伸。上肢密布由卷云纹、弧线、横竖直线组成的繁缛纹饰,关节部位均刻出外伸尖角(如同小尖喙)。

神人胸腹部以浅浮雕琢出兽面,用两个椭圆形凸面象征眼睑,重圈眼,以连接眼睑的桥形凸面象征眼梁,宽鼻勾出鼻梁和鼻翼,宽嘴刻出双唇、尖齿和两对獠牙,上獠牙在外缘伸出下唇,下獠牙在内缘伸出上唇。兽面的眼睑、眼梁、鼻上刻有由

图5-72 良渚反山12号墓出土的玉琮(M12:98)。王军2019年10月摄于"良渚与古代中国"展(左)

图5-73 良渚反山12号墓出土的玉琮(M12:98)上刻画的神徽。(来源:浙江省文物考古研究所,《良渚遗址群考古报告之二:反山》,2005年)(右)

卷云纹、长短弧线、横竖线组成的纹饰。

玉琮分为两节，在呈角尺形的长方形凸面上，以转角为中轴线向两侧展开，每两节琢刻一组简化的、象征性的神人兽面纹图案，四角相同，左右对称。

上节顶端有两条平行凸起的横棱，每条横棱上约为六条细弦纹，横棱之间刻纤细的连续卷云纹（含小尖喙），这是神人所戴宝盖头冠的变体。

神人简化成两个圆圈和一条凸横档组成的人面纹。圆圈为重圈，两边有小尖角，表示眼睛。凸横档上填刻卷云纹、弧线、短直线，表示鼻子。下部分由两个椭圆形凸面、一个桥形凸面和一条凸横档组成兽面纹，椭圆形凸面表示眼睑，中有重圈表示眼睛，桥形凸面表示眼梁，凸横档表示鼻子。

这些凸面和凸横档上均填刻由卷云纹、弧线、短直线组成的纹饰。在兽面纹的两侧各雕刻一鸟纹，鸟的头、翼、身均变形夸张，刻满卷云纹、弧线等。

与直槽内的神人兽面纹比较，这种人与兽的组合图保持了基本的格局，以转角为中轴线向两侧展开的简化戴冠人面与兽面的组合纹，是良渚文化玉琮纹饰的基本特征。

这一神人兽面纹鸟纹图案，全器上下共八组，与直槽内的神人兽面纹相呼应。[81]

同墓还出土一枚体形硕大、雕琢精美的玉钺（M12:100、105），被誉为"钺王"。其上也刻有神人兽面纹图案。(图5-74至图5-76)

"琮王"与"钺王"同出一墓，意义重大。琮的平面方圆相含，是天地贯通的神权象征；钺是甲骨文、金文"王"字所象之形(图5-77)，[82]是统御天下的王权象征。神人兽面纹同时出现在"琮王"和"钺王"之上，显然是良渚王国的神徽，显示了君权神授、神权与王权合一的政治制度。

冯时在《中国天文考古学》一书中，对良渚神人兽面纹做了研究，指出神人的羽冠是对天盖的表示，其凸起的尖部状若璇玑，是对北极的表示，神人斗状面部表示了北斗斗魁，所乘之兽是象征北斗的猪，二者组成至上神天帝太一的形象。[83]

这一论述阐明了神徽的图像内容，以及良渚王国的信仰状况。

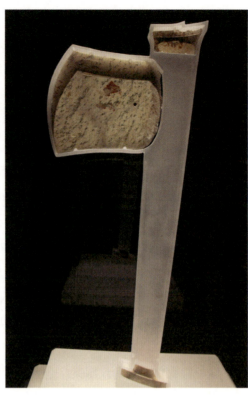

图 5-74 良渚反山 12 号墓出土的玉钺（M12：100、105）组件。（来源：浙江省文物考古研究所）（左）

图 5-75 良渚反山 12 号墓出土的玉钺（M12：100、105）组件。王军 2019 年 10 月摄于"良渚与古代中国"展（右）

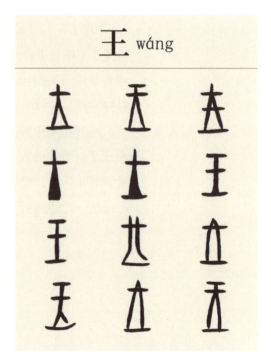

图 5-76 良渚反山 12 号墓出土的玉钺（M12：100-1）拓片。（来源：浙江省文物考古研究所，《良渚遗址群考古报告之二：反山》，2005 年）

图 5-77 甲骨文的"王"字。（来源：王本兴，《甲骨文字典》修订版，2014 年）

（三）神徽构图分析

1. 总平面可被3∶4与9∶7矩网覆盖

考古报告显示，"琮王"神徽图案高约三厘米，宽约四厘米，高宽比为3∶4。作图分析显示，图案的主体部分又可被9∶7矩网覆盖。（图5-78，图5-79）

以这两种比例控制总平面，也是凌家滩玉版的设计方法，包含了"勾三股四弦五"、以三四一十二纪一十二历月和"道生一"的文化意义，表明神徽与玉版存在继承关系，皆是对明堂制度的经典呈现。

图5-78 良渚反山12号墓出土的玉琮（M12∶98）神徽分析图之一。王军绘。（底图来源：浙江省文物考古研究所，《良渚遗址群考古报告之二：反山》，2005年）（左）

图5-79 良渚反山12号墓出土的玉琮（M12∶98）神徽分析图之二。王军绘。（底图来源：浙江省文物考古研究所，《良渚遗址群考古报告之二：反山》，2005年）（右）

2. 核心图案位于7∶5矩网之内

神徽总平面9∶7矩网内缩一圈，即7∶5矩网，正可覆盖神徽图案的核心部分。

其中，神人头顶羽冠带饰上皮、神兽唇下皮、羽冠两侧尖角外皮，与7∶5矩网边线相贴；神人羽冠两尖端、神人鼻孔下皮、神兽大眼下皮，分别位于9∶7矩网上方或下方7∶5的$\sqrt{2}$分界线上。（图5-80，图5-81）

在9∶7的基础上表现7∶5，在大地湾F405房址和凌家滩玉版上已经看到，皆与"道生一，一生二""易有太极，是生两仪"的意义相合。

与凌家滩玉版相比，"琮王"神徽将9∶7矩网内缩一圈完成这项设计，方法更为简练。

3. 二十二组"羽翎"或有特定的文化意义

从构图上看，神人羽冠上的二十二组"羽翎"可分为左、中、右三个部分，左部与右部各含五组"羽翎"，中部含十二组"羽翎"，形成5+12+5数列，5与12是

图 5-80　良渚反山 12 号墓出土的玉琮（M12：98）神徽分析图之三。王军绘（底图来源：浙江省文物考古研究所，《良渚遗址群考古报告之二：反山》，2005 年）（左）

图 5-81　良渚反山 12 号墓出土的玉琮（M12：98）神徽分析图之四。王军绘（底图来源：浙江省文物考古研究所，《良渚遗址群考古报告之二：反山》，2005 年）（右）

其中的关键数字。

本书第一章引《汉书·律历志》记中国古代数术以"五"表示天中，神人羽冠顶部璇玑造型取义北极，即天中，与数字"五"意义相合；神人斗状面孔取义北斗授时，又与数字"十二"所表达的岁实之义相合。

可见，神徽的设计比例与用数，蕴含观象授时、宇宙观、时空观等关键信息，将知识、思想与艺术完美融合，显示了良渚文明达到的高度。

五、古历探微

本章讨论的新石器时代遗址和出土文物之中，包含二十四节气信息的，计有西安半坡陶盆的二绳、四钩、四维图案，凌家滩玉龟、玉版的斗建二十四节气组合，良渚反山 12 号墓的二十四节玉长管，大地湾 F411 房址的 6×4=24 开间数列；包含十二个朔望月信息的，计有良渚反山 12 号墓玉柱形器的十二神徽、瑶山 11 号墓的十二个玉璜圆牌组佩、良渚文化十二节玉琮、凌家滩玉版和祭坛的 3∶4 平面比例等。

凌家滩玉版又以中央八角图案中心的 7∶6 "方心"矩形为模块，以 10∶9 数列积为玉版椭圆形大圆的广深。7∶6 矩形内含十二个 8∶7 矩形（十二为一年十二个朔望月之数，是阴历；8+7=15，十五为一节气十五天之数，是阳历）和十五个"方七斜十" $\sqrt{2}$ 矩形（边长比为 10∶7，近似 $\sqrt{2}$。十五为一节气十五天之数，$\sqrt{2}$ 有天地之和、阴阳合和的意义），有阴阳合历之义；10∶9 数列则以 10+9=19 表示了《汉书·律历志》所记"天地终数"，有十九岁七闰之义。这提示我们思考，这样的闰法是否在凌家滩时代已经存在？

十九岁七闰，见载于《汉书·律历志》所记《三统历》："《易》曰：'天一，地二，天三，地四，天五，地六，天七，地八，天九，地十。天数五，地数五，五位相得而各有合。天数二十有五，地数三十，凡天地之数五十有五，此所以成变化而行鬼神也。'并终数为十九，《易》穷则变，故为闰法"[84]，"闰法十九，因为章岁。合天地终数，得闰法"[85]，"三岁一闰，六岁二闰，九岁三闰，十一岁四闰，十四岁五闰，十七岁六闰，十九岁七闰"[86]。

关于《三统历》，《律历志》记云："刘向总六历，列是非，作《五纪论》。向子歆究其微眇，作《三统历》及《谱》以说《春秋》，推法密要，故述焉。"[87]

刘向总结了六历的疏密，其子刘歆作《三统历》依据于此。所谓六历，即《律历志》所记"《黄帝》《颛顼》《夏》《殷》《周》及《鲁历》"[88]，也就是《艺文志》所记"《黄帝五家历》三十三卷。《颛顼历》二十一卷。《颛顼五星历》十四卷。……《夏殷周鲁历》十四卷"[89]，皆为古历。

《律历志》又记："汉兴，方纲纪大基，庶事草创，袭秦正朔。以北平侯张苍言，用《颛顼历》，比于六历，疏阔中最为微近。"[90]这是说，汉初采用了六历中历算最为精密的《颛顼历》，这是汉代历法的基础。《三统历》源出于此，其所记"十九岁七闰"的闰法也源出于此。[91]

《律历志》记云：

> 历数之起上矣。传述颛顼命南正重司天，火正黎司地，其后三苗乱德，二官咸废，而闰余乖次，孟陬殄灭，摄提失方。尧复育重、黎之后，使纂其业，故《书》曰："乃命羲、和，钦若昊天，历象日月星辰，敬授民时"，"岁三百有六旬有六日，以闰月定四时成岁，允厘百官，众功皆美"。其后以授舜曰："咨尔舜，天之历数在尔躬"，"舜亦以命禹"。至周武王访箕子，箕子言大法九章，而五纪明历法。故自殷、周，皆创业改制，咸正历纪，服色从之，顺其时气，以应天道。[92]

又《史记·历书》：

> 太史公曰：神农以前尚矣。盖黄帝考定星历，建立五行，起消息，正闰余，于是有天地神祇物类之官，是谓五官。各司其序，不相乱也。民是以能有信，神是以能有明德。民神异业，敬而不渎，故神降之嘉生，民以物享，灾祸不生，所求不匮。
>
> 少皞氏之衰也，九黎乱德，民神杂扰，不可放物，祸菑荐至，莫尽其气。

颛顼受之，乃命南正重司天以属神，命火正黎司地以属民，使复旧常，无相侵渎。

其后三苗服九黎之德，故二官咸废所职，而闰余乖次，孟陬殄灭，摄提无纪，历数失序。尧复遂重黎之后，不忘旧者，使复典之，而立羲和之官。明时正度，则阴阳调，风雨节，茂气至，民无夭疫。年耆禅舜，申戒文祖，云"天之历数在尔躬"。舜亦以命禹。由是观之，王者所重也。[93]

又《尚书·吕刑》记颛顼：

乃命重、黎，绝地天通，罔有降格，群后之逮在下，明明棐常，鳏寡无盖。[94]

即记上古之世，黄帝已考定星历，设闰法。少暭氏时，九黎乱德，闰法失据。颛顼任命重、黎二人为天地二官，负责天地测量，修订历法，使复旧常，人民生养得时。后来，三苗重蹈九黎之乱，废除天地二官，导致历数失序。尧恢复颛顼之制，任命重、黎的后人——羲、和为天地二官，再度修订历法，"以闰月定四时成岁"，人民得以生养。这个"天之历数"，由尧传禹，箕子传武王，授"洪范九畴"，惠及众生。

所记之事，皆古史传说，却理义通达，新石器时代的考古发现与之相合。先秦两汉文献所记之事，信而可考，于此又添一证。

值得注意的是，在良渚文化的玉琮中，已有十九节之数，表明在那个时代，先人对"天地终数"已经有了认识，这正是《颛顼历》所设定的十九岁七闰的"章岁"周期。（图5-82）

事实上，不能从事天文观测，不能测定和管理太阳年的周期，栽培种植是无法进行的。先人一旦测定太阳年的周期，必然会认识到这个周期之内包含十二个朔望月，二者又不能尽合，而观察月相又便于记时，这就有了置闰以协调二者的需要。

《山海经》记录了关于十日与十二月的神话传说："羲和者，帝俊之妻，生十日"[95]，"帝俊妻常羲，生月十有二"[96]，即记帝俊（上帝）与羲和生十日，又与

图5-82 中国国家博物馆藏良渚文化十九节玉琮。王军摄于2023年2月

334　天下文明

常羲生十二月。这是先人关于太阳年与太阴年的古老记忆。

对于这样的记忆，我们不能因为它们是神话故事或古史传说而予以轻视，我们需要做极为谨慎的研究。中国古代的文化与文明直贯史前与历史纪年时代，我们更要珍惜先人留下的早期记忆。

六、结　语

考古学资料表明，先秦两汉文献记载的明堂，导源于新石器时代，明堂制度强大的生命力根植于其所承载的与生产力发展密切相关的最具基础性的知识与思想体系。

明堂以数记事的构造方式极为古老，所运用的9∶7比例具有丰富的表现力，能够以多种方式呈现不同层次的思想文化内容。

这一比例的矩形以九和七这两个五行方位数，表现了"道生一""易有太极"的周行过程，其内部又包含十五个同整数比矩形，表示一节气十五天（详见本书第一章）；将此种矩形画成9∶7矩网，内缩一圈，即7∶5矩网，又可表现天圆地方、天地之和；再内缩一圈，即5∶3矩网，又可表现三五一十五为一个节气，与四时对应。这样，"道生一，一生二，二生三，三生万物"的宇宙生成模式，皆可在其中表现（本书第二章已经指出，"二生三"之"三"即阴阳和三气，表示了四时。三五一十五为一个节气，是对四时的规划，则有四时之义）。（图5-83）

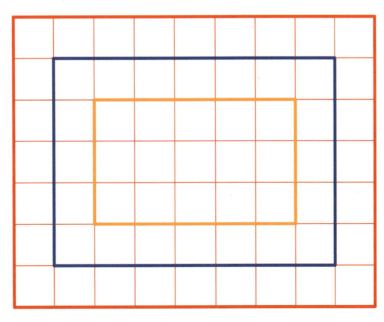

图5-83　9/7格网内含7/5、5/3格网示意图，这三种经典设计比例的生成方式，可将"道生一，一生二，二生三，三生万物"的宇宙生成思想融于一图。王军绘

这些知识与思想源于农业生产实践，与观象授时、天地测量、阴阳哲学宇宙观、时空观密切相关，是中国文化不可动摇的根本，这在距今五千年的大地湾"原始殿堂"、凌家滩"元龟衔符"、良渚王国神徽的设计中，皆有经典呈现。

新石器时代的考古发现，包含了极为丰富的二十四节气与十二个朔望月的信息，凌家滩玉版的图案设计蕴含十九岁七闰、计里画方、勾股运算等内容，与古史传说、神话故事相合，值得高度重视并做深入研究。

夏鼐在《中国文明的起源》一书中指出，全世界最古老的、独立发展的文明，是六大文明，即两河流域、埃及、印度、中国、墨西哥和秘鲁。以前，有学者认为小屯殷墟文化，即从安阳小屯殷墟所发掘出来的遗址、遗物，便是代表中国最早的文明。如果是这样，那就未免像传说中的老子，生下来便有了白胡子。[97]

今天，考古学资料已经让我们看到，一万年前，中华先人开始从事栽培种植，自兹以降，此种文化与文明赓续不绝，虽历经惊涛骇浪，始终坚如磐石，传承有序，此乃人类文明仅见的现象。

在新石器时代中国所在地区，先人已经创造大规模农业剩余、兴建大规模都邑和水利设施，推动生产力向前发展的知识与思想已形成体系，并通过明堂制度的创立，熔于一炉，五千年栉风沐雨，在明清北京紫禁城凝固为不朽的文化遗产。

在这个意义上，溯源明堂制度，就是溯源中华文明。这让我们真实地触摸到塑造紫禁城壮伟奇观的浩大文脉。

注　释

1　[唐]李吉甫撰，贺次君点校：《元和郡县图志》，131、1048页。

2　详见拙作《尧风舜雨：元大都规划思想与古代中国》图版卷《中国古代建筑与器物造型9∶7明堂比例分析图》。

3　[汉]戴德著：《大戴礼记》卷八《明堂第六十七》，《增订汉魏丛书·汉魏遗书钞》第1册，497—498页。

4　[清]孙家鼐等撰：《钦定书经图说》卷二，8页。

5　[汉]郑玄注，[唐]孔颖达疏：《礼记正义》卷十四至卷十七《月令》，《十三经注疏》，2934、2948、2951、2955、2964、2968、2971、2972、2974、2986、2990、2993、2996页。

6　[汉]郑玄注，[唐]贾公彦疏：《周礼注疏》卷二十六《大史》，《十三经注疏》，1764页。

7　[汉]郑玄注，[唐]贾公彦疏：《周礼注疏》卷二十六《大史》，《十三经注疏》，1765页。

8　[汉]郑玄注，[唐]孔颖达疏：《礼记正义》卷二十九《玉藻》，《十三经注疏》，3191页。

9　[汉]郑玄注，[唐]孔颖达疏：《礼记正义》卷二十九《玉藻》，《十三经注疏》，3192页。

10　[汉]郑玄注，[唐]贾公彦疏：《周礼注疏》卷二十六《大史》，《十三经注疏》，1765页。

11　[汉]郑玄注，[唐]贾公彦疏：《周礼注疏》卷四十一《匠人》，《十三经注疏》，2007页。

12 [汉]郑玄注,[唐]贾公彦疏:《周礼注疏》卷四十一《匠人》,《十三经注疏》,2007页。

13 [汉]刘安撰,[汉]高诱注:《淮南子》卷九《主术训》,《二十二子》,1241页。

14 [魏]王弼、[晋]韩康伯注,[唐]孔颖达疏:《周易正义》卷八《系辞下》,《十三经注疏》,179—180页。

15 甘肃省文物考古研究所:《秦安大地湾——新石器时代遗址发掘报告》,695页。

16 严文明:序,甘肃省文物考古研究所:《秦安大地湾——新石器时代遗址发掘报告》,1页。

17 甘肃省文物考古研究所:《秦安大地湾——新石器时代遗址发掘报告》,704页。

18 甘肃省文物考古研究所:《秦安大地湾——新石器时代遗址发掘报告》,413页。

19 甘肃省文物考古研究所:《秦安大地湾——新石器时代遗址发掘报告》,415页。

20 张忠培:《中国古代文明形成的考古学研究》,《中国考古学:走向与推进文明的历程》,238页。

21 甘肃省文物考古研究所:《秦安大地湾——新石器时代遗址发掘报告》,413、415—416页。

22 甘肃省文物考古研究所:《秦安大地湾——新石器时代遗址发掘报告》,427页。

23 甘肃省文物考古研究所:《秦安大地湾——新石器时代遗址发掘报告》,415页。

24 [唐]孔颖达疏:《尚书正义》卷三《舜典》(析自《尧典》),《十三经注疏》,276页。

25 [汉]司马迁:《史记》卷二十五《律书第三》,1239页。

26 [汉]郑玄注,[唐]孔颖达疏:《礼记正义》卷三十一《明堂位第十四》,《十三经注疏》,3224页。

27 赵建龙:《秦安大地湾遗址的发掘对历史研究的贡献》,《丝绸之路》1997年第4期,22页。

28 甘肃省文物考古研究所:《秦安大地湾——新石器时代遗址发掘报告》,413页。

29 王贵祥、冯时、王南对此已有深入研究,本书第一章已有介绍。

30 甘肃省文物考古研究所:《秦安大地湾——新石器时代遗址发掘报告》,434页。

31 钱伯泉:《凌家滩新石器时代遗址出土的玉制式盘》,《凌家滩文化研究》,84—88页。

32 浙江省文物考古研究所:《良渚遗址群考古报告之二·反山》上卷,30—31页。

33 拙作《尧风舜雨:元大都规划思想与古代中国》对此已有讨论。

34 冯时:《文明以止——上古的天文、思想与制度》,558页。

35 [汉]赵爽注,[北周]甄鸾重述:《周髀算经》卷下,28页。

36 [汉]赵爽注,[北周]甄鸾重述:《周髀算经》卷上,2页。

37 安徽省文物考古研究所:《凌家滩——田野考古发掘报告之一》,274页。

38 安徽省文物考古研究所:《凌家滩——田野考古发掘报告之一》,276页。

39 安徽省文物考古研究所:《凌家滩——田野考古发掘报告之一》,271页。

40 [魏]王弼、[晋]韩康伯注,[唐]孔颖达疏:《周易正义》卷九《说卦》,《十三经注疏》,197页。

41 [周]左丘明传,[晋]杜预注,[唐]孔颖达疏:《春秋左传正义》卷二十七《成公十三年》,《十三经注疏》,4149页。

42 安徽省文物考古研究所:《凌家滩——田野考古发掘报告之一》,279页。

43 严文明:《序》,《凌家滩——田野考古发掘报告之一》,v页。

44 饶宗颐:《未有文字以前表示"方位"与"数理关系"的玉版》,《凌家滩文化研究》,18—21页。

45 安徽省文物考古研究所:《凌家滩——田野考古发掘报告之一》,46—49页。

46 俞伟超:《含山凌家滩玉器反映的信仰状况》,《凌家滩文化研究》,14—17页。

47 李学勤:《论含山凌家滩玉龟、玉版》,《凌家滩文化研究》,32—37页。

48 陈久金、张敬国:《凌家滩出土玉版图形试考》,《凌家滩文化研究》,75—78页。

49 饶宗颐：《未有文字以前表示"方位"与"数理关系"的玉版》，《凌家滩文化研究》，18—21页。

50 钱伯泉：《凌家滩新石器时代遗址出土的玉制式盘》，《凌家滩文化研究》，84—88页。

51 王育成：《含山玉龟及玉片八角形来源考》，《凌家滩文化研究》，89—94页。

52 冯时：《中国天文考古学》（第3版），484—536页。

53 [汉]刘熙：《释名》，3—4页。

54 [汉]郑玄注，[唐]孔颖达疏：《礼记正义》卷十四《月令第六》，《十三经注疏》，2932页。

55 [汉]郑玄注：《周易乾凿度》卷下，3页。

56 [汉]司马迁：《史记》卷二十七《天官书第五》，1291页。

57 [汉]郑玄注：《周易乾凿度》卷下，3页。

58 [汉]董仲舒撰：《春秋繁露》卷七《官制象天》，《二十二子》，785页。

59 [汉]赵爽注，[北周]甄鸾重述：《周髀算经》卷上，2页。

60 [唐]孔颖达疏：《尚书正义》卷六《禹贡》，《十三经注疏》，311页。

61 [汉]班固撰，[唐]颜师古注：《汉书》卷二十一上《律历志第一上》，986页。

62 [汉]班固撰，[唐]颜师古注：《汉书》卷二十一下《律历志第一下》，991页。

63 [三国吴]韦昭注：《国语·周语下第三》，《宋本国语》第1册，88页。

64 [汉]赵爽注，[北周]甄鸾重述：《周髀算经》卷下，28页。

65 郭书春：《九章算术译注》，412—414页。

66 [汉]赵爽注，[北周]甄鸾重述：《周髀算经》卷上，2页。

67 《晋书·裴秀传》记裴秀作《禹贡地域图》十八篇，序中有云："制图之体有六焉。一曰分率，所以辨广轮之度也。二曰准望，所以正彼此之体也。三曰道里，所以定所由之数也。四曰高下，五曰方邪，六曰迂直，此三者各因地而制宜，所以校夷险之异也。有图象而无分率，则无以审远近之差；有分率而无准望，虽得之于一隅，必失之于他方；有准望而无道里，则施于山海绝隔之地，不能以相通；有道里而无高下、方邪、迂直之校，则径路之数必与远近之实相违，失准望之正矣，故以此六者参而考之。然远近之实定于分率，彼此之实定于道里，度数之实定于高下、方邪、迂直之算。故虽有峻山钜海之隔，绝域殊方之迥，登降诡曲之因，皆可得举而定者。准望之法既正，则曲直远近无所隐其形也。"所记分率、准望、道里、高下、方邪、迂直，即"制图六体"，对应了计里画方（分率、道里）、立表参望（准望）、勾股运算（高下、方邪、迂直之算）的测量与绘图方法。[唐]房玄龄等撰：《晋书》卷三十五《列传第五·裴秀》，1040页。

68 冯时：《中国古代的天文与人文》（修订版），292—336页。

69 王南：《象天法地，规矩方圆——中国古代都城、宫殿规划布局之构图比例探析》，《建筑史》2017年第2期，77—125页。

70 拙作《尧风舜雨：元大都规划思想与古代中国》乙篇第二章《乾坤交泰格局》对此有讨论，详见拙作186页。

71 天子五门三朝之制，见载于《周礼》郑玄《注》。《周礼·天官冢宰》："阍人，掌守王宫之中门之禁。"郑玄《注》："中门于外内为中，若今宫阙门。郑司农云：'王有五门，外曰皋门，二曰雉门，三曰库门，四曰应门，五曰路门。路门一曰毕门。'玄谓雉门，三门也。《春秋传》曰'雉门灾及两观。'"（《十三经注疏》，1477页）《周礼·秋官司寇》："朝士，掌建邦外朝之法。"郑玄《注》："然则外朝在库门之外，皋门之内欤？今司徒府有天子以下大会殿，亦古之外朝哉？周天子诸侯皆有三朝，外朝一，内朝二。内朝之在路门内者，或谓之燕朝。"（《十三经注疏》，1895页）《周礼·天官冢宰》："王视治朝，则赞听治。"郑玄《注》："治朝在路门外，群臣治事之朝。王视之，则助王平断。"（《十三经注疏》，1400页）《周礼·夏官·太仆》："王视燕朝，则正位，掌摈相。"郑玄《注》："燕朝，朝于路寝之庭。王图宗人之嘉事，则燕朝。"（《十三经注疏》，1840页）据郑玄解释，五门即皋门、库门、雉门、应门、路门，其中，雉门居中，出双观。三朝即外朝、治朝、燕朝。外朝在皋门内、库门外，治朝在路门外，燕朝在路门内。明紫禁城午门出双观，当是雉门。由是推之，则天安门为皋门，端门为库门，太和门为应门，乾清门为路门。于倬云认为："周天子有三朝：一是外朝，位于王城正门外的广场，所以又称'大廷'，周朝公布法令、献俘等活动多在外朝举行，相当于故宫午门外广场。二是治朝，其位置在宫城内的前端，是朝臣日常治事的场所，相当于紫禁城太和门的部位（明代的常朝即在太和门，明朝称奉天门）。三是燕朝，其位置在后寝的路门，相当于紫禁城的乾清门（清代御门听政即在乾清门）。"（《中国宫

72 午门正面开三门，侧面之东西双观北端开左右掖门，是为"明三暗五"。

73 王南：《象天法地，规矩方圆——中国古代都城、宫殿规划布局之构图比例探析》，《建筑史》2017年第2期，77—125页。

74 毛泽东《读〈封建论〉呈郭老》有谓："劝君少骂秦始皇，焚坑事业要商量，祖龙虽死秦犹在，孔学名高实秕糠。百代都行秦政法，'十批'不是好文章。熟读唐人〈封建论〉，莫从子厚返文王。"引自吴正裕主编：《毛泽东诗词全编鉴赏》（增订本），598页。编者注："这首诗根据作者审定的铅印件刊印。最早发表在中央文献出版社一九九八年一月版《建国以来毛泽东文稿》第十三册。"

75 宿白、谢辰生、黄景略、张忠培：《关于良渚遗址申报世界文化遗产、标示中华五千年文明的建议》，2016年6月，未刊稿。

76 浙江省文物考古研究所编著：《良渚王国》，152页；李力行、柯静：《稻作文明：五千年前的"稻花香"》，杭州网，2019年7月7日。

77 刘斌指出，冬至日，日出方向正好与两座祭坛的东南角所指方位一致，约为北偏东135度，而日落方向正好与祭坛的西南角所指方位一致，约为225度。夏至日，日出的方向正好与两座祭坛的东北角所指方位一致，约为北偏东45度，而日落方向正好与祭坛西北角所指方位一致，约为305度。春分、秋分日的太阳恰好从祭坛的正东方升起，约为北偏东90度，祭坛的正西方落下，约为270度。参见浙江省文物考古研究所、北京大学考古文博学院、北京大学中国考古学研究中心、良渚博物院、杭州市余杭博物馆编著：《权力与信仰——良渚遗址群考古特展》，63—64页。

78 浙江省文物考古研究所编著：《良渚遗址群考古报告之一：瑶山》，154—159页。

79 王宁远：《良渚古城及外围水利系统的遗址调查与发掘》，《遗产保护研究》2016年第5期，102—110页。

80 浙江省文物考古研究所、北京大学考古文博学院、北京大学中国考古学研究中心、良渚博物院、杭州市余杭博物馆编著：《权力与信仰——良渚遗址群考古特展》，61—62页。

81 浙江省文物考古研究所：《良渚遗址群考古报告之二：反山》（上），3、13、43、59页。

82 林沄：《说"王"》，《考古》1965年第6期，311—312页。

83 冯时：《中国天文考古学》（第3版），95—96、114—115、122—129页。

84 [汉]班固撰，[唐]颜师古注：《汉书》卷二十一上《律历志第一上》，983页。

85 [汉]班固撰，[唐]颜师古注：《汉书》卷二十一下《律历志第一下》，991页。

86 [汉]班固撰，[唐]颜师古注：《汉书》卷二十一下《律历志第一下》，1003页。按：《三统历》所记"六岁二闰"，与《周易》筮法之"五岁再闰"，皆协调了阴历与阳历的周期，却不能使阴历与阳历的周期完全相合，只有"十九岁七闰"才能完成这一任务。

87 [汉]班固撰，[唐]颜师古注：《汉书》卷二十一上《律历志第一上》，979页。

88 [汉]班固撰，[唐]颜师古注：《汉书》卷二十一上《律历志第一上》，973页。

89 [汉]班固撰，[唐]颜师古注：《汉书》卷三十《艺文志第十》，1765—1766页。

90 [汉]班固撰，[唐]颜师古注：《汉书》卷二十一上《律历志第一上》，974页。

91 关于十九岁七闰，竺可桢指出："找出阳历年的日数和阴历月的日数两者之间最小公倍数，这就是我国古代颛顼历的十九岁七闰的办法。"参见竺可桢：《谈阳历和阴历的合理化》，《人民日报》1963年10月30日第6版。

92 [汉]班固撰，[唐]颜师古注：《汉书》卷二十一上《律历志第一上》，973页。

93 [汉]司马迁：《史记》卷二十六《历书第四》，1256—1258页。

94 [唐]孔颖达疏：《尚书正义》卷十九《吕刑》，《十三经注疏》，527页。

95 [晋]郭璞传，[清]毕沅校：《山海经》卷十五《大荒南经》，《二十二子》，1382页。

96 [晋]郭璞传，[清]毕沅校：《山海经》卷十六《大荒西经》，《二十二子》，1383页。

97 夏鼐：《中国文明的起源》，79页。

参考文献

古代文献

［周］列御寇撰，［晋］张湛注，［唐］殷敬顺释文：《列子》，［清］浙江书局辑刊：《二十二子》，上海：上海古籍出版社，1986年。

［周］荀况撰，［唐］杨倞注：《荀子》，［清］浙江书局辑刊：《二十二子》，上海：上海古籍出版社，1986年。

［周］左丘明传，［晋］杜预注，［唐］孔颖达疏：《春秋左传正义》，［清］阮元校刻：《十三经注疏》，北京：中华书局，2009年。

［秦］吕不韦撰，［汉］高诱注：《吕氏春秋》，［清］浙江书局辑刊：《二十二子》，上海：上海古籍出版社，1986年。

［汉］班固撰，［唐］颜师古注：《汉书》，北京：中华书局，1962年。

［汉］戴德著：《大戴礼记》，［清］王谟辑：《增订汉魏丛书·汉魏遗书钞》，第1册，重庆：西南师范大学出版社，北京：东方出版社，2011年。

［汉］董仲舒撰：《春秋繁露》，［清］浙江书局辑刊：《二十二子》，上海：上海古籍出版社，1986年。

［汉］公羊传，［汉］何休解诂，［唐］徐彦疏：《春秋公羊传注疏》，［清］阮元校刻：《十三经注疏》，北京：中华书局，2009年。

［汉］刘安撰，［汉］高诱注：《淮南子》，［清］浙江书局辑刊：《二十二子》，上海：上海古籍出版社，1986年。

［汉］刘熙：《释名》，北京：中华书局，2016年。

［汉］毛亨传，［汉］郑玄笺，［唐］孔颖达疏：《毛诗正义》，［清］阮元校刻：《十三经注疏》，北京：中华书局，2009年。

［汉］司马迁：《史记》，北京：中华书局，1959年。

［汉］王充：《宋本论衡》，北京：国家图书馆出版社，2017年。

［汉］魏伯阳著：《参同契》，［清］王谟辑：《增订汉魏丛书·汉魏遗书钞》第5册，重庆：西南师范大学出版社，北京：东方出版社，2011年。

［汉］许慎撰，［宋］徐铉校定：《说文解字》，北京：中华书局，2013年。

［汉］许慎等著：《汉小学四种》，成都：巴蜀书社，2001年。

［汉］扬雄撰，［宋］司马光集注，刘韶军点校：《太玄集注》，北京：中华书局，1998年。

［汉］郑玄注：《周易乾凿度》，郑学汇函本。

［汉］郑玄注，［唐］贾公彦疏：《周礼注疏》，［清］阮元校刻：《十三经注疏》，北京：中华书局，2009年。

［汉］郑玄注，［唐］贾公彦疏：《仪礼注疏》，［清］阮元校刻：《十三经注疏》，北京：中华书局，2009年。

［汉］郑玄注，［唐］孔颖达疏：《礼记正义》，［清］阮元校刻：《十三经注疏》，北京：中华书局，2009年。

［汉］赵岐注，［宋］孙奭疏：《孟子注疏》，［清］阮元校刻：《十三经注疏》，北京：中华书局，2009年。

［汉］赵爽注，［北周］甄鸾重述：《周髀算经》，《宋刻算经六种》，北京：文物出版社，1981年。

［汉］赵晔著，苗麓点校：《吴越春秋》，南京：江苏古籍出版社，1986年。

旧题［三国］管辂撰，一苇校点：《管氏地理指蒙》，济南：齐鲁书店，2015年。

［三国吴］韦昭注：《宋本国语》，北京：国家图书馆出版社，

2017年。

[三国魏]张揖:《广雅》,上海:商务印书馆,1936年。

[魏]何晏注,[宋]邢昺疏:《论语注疏》,[清]阮元校刻:《十三经注疏》,北京:中华书局,2009年。

[魏]王弼注:《老子道德经》,[清]浙江书局辑刊:《二十二子》,上海:上海古籍出版社,1986年。

[魏]王弼、[晋]韩康伯注,[唐]孔颖达疏:《周易正义》,[清]阮元校刻:《十三经注疏》,北京:中华书局,2009年。

[魏]王肃注:《孔子家语》,《影印文渊阁四库全书》第65册,台北:台湾商务印书馆,1986年。

[晋]陈寿撰,陈乃乾校点:《三国志》,北京:中华书局,1959年。

[晋]范宁集解,[唐]杨士勋疏:《春秋穀梁传注疏》,[清]阮元校刻:《十三经注疏》,北京:中华书局,2009年。

[晋]郭璞注,[宋]邢昺疏:《尔雅注疏》,[清]阮元校刻:《十三经注疏》,北京:中华书局,2009年。

[晋]郭璞传,[清]毕沅校:《山海经》,[清]浙江书局辑刊:《二十二子》,上海:上海古籍出版社,1986年。

[晋]郭璞:《葬书》,《四库术数类丛书》第6册,上海:上海古籍出版社,1991年。

[晋]孔晁注:《元本汲冢周书》,北京:国家图书馆出版社,2017年。

[北齐]魏收:《魏书》,北京:中华书局,1974年。

[北周]庾季才原撰,[宋]王安礼等重修:《灵台秘苑》,《影印文渊阁四库全书》第807册,台北:台湾商务印书馆,1986年。

[梁]萧子显:《南齐书》,北京:中华书局,1972年。

[南朝宋]范晔撰,[唐]李贤等注:《后汉书》,北京:中华书局,1965年。

[隋]萧吉撰:《五行大义》,知不足斋本,清嘉庆十八年(1813年)。

[隋]杨上善撰注:《黄帝内经太素》,北京:人民卫生出版社,2022年。

[唐]房玄龄注:《管子》,[清]浙江书局辑刊:《二十二子》,上海:上海古籍出版社,1986年。

[唐]房玄龄等撰:《晋书》,北京:中华书局,1974年。

[唐]李鼎祚撰,王丰先点校:《周易集解》,北京:中华书局,2016年。

[唐]李吉甫撰,贺次君点校:《元和郡县图志》,北京:中华书局,1983年。

[唐]李隆基注,[宋]邢昺疏:《孝经注疏》,[清]阮元校刻:《十三经注疏》,北京:中华书局,2009年。

[唐]孔颖达疏:《尚书正义》,[清]阮元校刻:《十三经注疏》,北京:中华书局,2009年。

[唐]欧阳询撰,汪绍楹校:《艺文类聚》,上海:上海古籍出版社,1999年。

[唐]魏征、令狐德棻撰:《隋书》,北京:中华书局,1973年。

[后晋]刘昫等撰:《旧唐书》,北京:中华书局,1975年。

旧题[南唐]何溥撰,《灵城精义》,《四库术数类丛书》(六),上海古籍出版社,1991年。

[宋]陈元靓撰:《事林广记》,北京:中华书局,1999年。

[宋]丁易东:《周易象义》,《影印文渊阁四库全书》第21册,台北:台湾商务印书馆,1986年。

[宋]杜道坚撰:《文子缵义》,[清]浙江书局辑刊:《二十二子》,上海:上海古籍出版社,1986年。

[宋]范成大:《揽辔录》,北京:中华书局,1985年。

[宋]辜托长老:《入地眼全书》,北京:华龄出版社,2011年。

[宋]何薳撰,张明华点校:《春渚纪闻》,北京:中华书局,1983年。

[宋]胡方平著,谷继明点校:《易学启蒙通释》,北京:中华书局,2019年。

[宋]李昉等撰:《太平御览》,北京:中华书局,1960年。

[宋]李诫:《营造法式》,北京:中国建筑工业出版社,2006年。

[宋]陆佃解:《鹖冠子》,上海:商务印书馆,1937年。

［宋］邵雍：《邵子易数》，北京：九洲出版社，2013年。

［宋］沈括：《元刊梦溪笔谈》，北京：文物出版社，1975年。

［宋］郑樵撰：《通志》，杭州：浙江古籍出版社，2000年。

［宋］祝穆：《古今事文类聚前集》，《影印文渊阁四库全书》第925册，台北：台湾商务印书馆，1986年。

［宋］朱熹撰，廖明春点校：《周易本义》，北京：中华书局，2009年。

《宋本历代地理指掌图》，上海：上海古籍出版社，1989年。

［元］孛兰肹等撰，赵万里校辑：《元一统志》，北京：中华书局，1966年。

［元］刘秉忠述，［明］刘基解，［明］赖从谦发挥：《新刻石函平砂玉尺经》，海口：海南出版社，2003年。

［元］陶宗仪：《南村辍耕录》，北京：中华书局，1959年。

［元］脱脱等撰：《金史》，北京：中华书局，1975年。

［元］脱脱等撰：《宋史》，北京：中华书局，1977年。

《明世宗实录》，"中央研究院"历史语言研究所校印，1962年。

［明］李东阳撰，申时行修：《大明会典》，台北：新文丰出版公司，1976年。

［明］李贤等撰，《大明一统志》，西安：三秦出版社，1990年。

［明］刘若愚著，吕毖编：《明宫史》，北京：北京出版社，2018年。

［明］刘侗：《帝京景物略》，北京：北京古籍出版社，1983年。

［明］沈榜编著：《宛署杂记》，北京：北京古籍出版社，1983年。

［明］宋濂：《元史》，北京：中华书局，1976年。

［明］宋应星：《天工开物》，台北：台湾商务印书馆，2011年。

［明］孙瑴编：《古微书》，《影印文渊阁四库全书》第194册，台北：台湾商务印书馆，1986年。

［明］王圻、王思义编集，《三才图会》，上海：上海古籍出版社，1988年。

［清］张廷玉等撰：《明史》，北京：中华书局，1974年。

［清］陈立撰，吴则虞点校：《白虎通疏证》，北京：中华书局，1994年。

［清］鄂尔泰、张廷玉等编纂：《国朝宫史》，北京：北京古籍出版社，1987年。

［清］顾炎武著，［清］黄汝成集释：《日知录集释（外七种）》，上海：上海古籍出版社，1985年。

［清］黄宗羲撰，郑万耕点校：《易学象数论（外二种）》，北京：中华书局，2010年。

［清］李斗：《扬州画舫录》，扬州：江苏广陵古籍刻印社，1984年。

［清］苏舆撰，钟哲点校：《春秋繁露义证》：北京：中华书局，1992年。

［清］孙廷铨著，李新庆校注：《颜山杂记校注》，济南：齐鲁书社，2012年。

［清］孙承泽著，王剑英点校：《春明梦余录》，北京：北京古籍出版社，1992年。

［清］孙承泽纂：《天府广记》，北京：北京古籍出版社，1984年。

［清］孙家鼐等撰：《钦定书经图说》，天津：天津古籍出版社，1997年。

孙星衍撰：《尚书今古文注疏》，北京：中华书局，1986年。

［清］孙诒让：《周礼正义》，北京：中华书局，1987年。

［清］于敏中等编纂：《日下旧闻考》，北京：北京古籍出版社，1983年。

［清］查慎行：《人海记》，北京：北京古籍出版社，1989年。

［清］张廷玉等撰：《明史》，北京：中华书局，1974年。

［清］赵玉材原著，金志文译注：《绘图地理五诀》，北京：世界知识出版社，2010年。

［清］赵在翰辑，钟肇鹏、萧文郁点校：《七纬》，北京：中华书局，2012年。

赵尔巽等撰：《清史稿》，北京：中华书局，1976年。

赵德馨主编：《张之洞全集》，武汉：武汉出版社，2008年。

《日讲书经解义》，《影印文渊阁四库全书》第65册，台北：台湾商务印书馆，1986年。

《钦定协纪辨方书》,《影印文渊阁四库全书》第 811 册, 台北：台湾商务印书馆, 1986 年。

中国第一历史档案馆、故宫博物院编：《清乾隆内府绘制京城全图》, 北京：紫禁城出版社, 2009 年。

中国第一历史档案馆、香港中文大学文物馆合编：《清宫内务府造办处档案总汇 18·乾隆十六年至乾隆十七年壬, 1751—1752》, 北京：人民出版社, 2005 年。

中华书局编辑部编：《历代天文律历等志汇编》, 北京：中华书局, 1976 年。

（法）沙海昂注, 冯承钧译：《马可波罗行纪》, 上海：上海古籍出版社, 2014 年。

（日）安居香山、中村璋八辑：《纬书集成》, 石家庄：河北人民出版社, 1994 年。

（日）中村璋八：《五行大义校注》, 东京：汲古书院, 1984 年。

Vitruvius: The *Ten Books on Architecture*. New York: Dover Publications, Inc. 1960.

考古报告

安徽省文物考古研究所：《凌家滩——田野考古发掘报告之一》, 北京：文物出版社, 2006 年。

安徽省文物工作队、阜阳地区博物馆、阜阳县文化局：《阜阳双古堆西汉汝阴侯墓发掘简报》,《文物》1978 第 8 期。

北京大学考古系、湖北省文物考古研究所、湖北省荆州地区博物馆石家河考古队：《石家河遗址群调查报告》, 四川大学博物馆、中国古代铜鼓研究学会编：《南方民族考古》第 5 辑, 成都：四川科学技术出版社, 1993 年。

北京市文物研究所编：《北京龙泉务窑发掘报告》, 北京：文物出版社, 2002 年。

朝阳市文化局、辽宁省文物考古研究所编：《牛河梁遗址》, 北京：学苑出版社, 2004 年。

甘肃省文物考古研究所：《秦安大地湾——新石器时代遗址发掘报告》, 北京：文物出版社, 2006 年。

故宫博物院考古研究所：《故宫长信门明代建筑遗址 2016—2017 年发掘简报》,《故宫博物院院刊》2021 年第 6 期。

河北省文物研究所：《宣化辽墓：1974—1993 年考古发掘报告》, 北京：文物出版社, 2001 年。

河南省文物考古研究所编著：《舞阳贾湖》, 北京：科学出版社, 1999 年。

湖北省荆州博物馆、湖北省文物考古研究所、北京大学考古学系石家河考古队：《肖家屋脊》, 北京：文物出版社, 1999 年。

湖北省荆州博物馆、北京大学考古学系、湖北省文物考古研究所石家河考古队：《邓家湾》, 北京：文物出版社, 2003 年。

湖北省荆州博物馆、北京大学考古学系、湖北省文物考古研究所石家河考古队：《谭家岭》, 北京：文物出版社, 2011 年。

湖南省文物考古研究所编著：《洪江高庙》, 北京：科学出版社, 2022 年。

湖南省文物考古研究所编著：《彭头山与八十垱》, 北京：科学出版社, 2006 年。

辽宁省文物考古研究所编著：《牛河梁——红山文化遗址发掘报告（1983—2003 年度）》, 北京：文物出版社, 2012 年。

南京博物院：《江苏邳县四户镇大墩子遗址探掘报告》,《考古学报》1964 年第 2 期。

陕西省考古研究院、榆林市文物考古勘探工作队、神木县石峁遗址管理处：《陕西神木县石峁城址皇城台地点》,《考古》2017 年第 7 期。

西安半坡博物馆、陕西省考古研究所、临潼县博物馆：《姜寨——新石器时代遗址发掘报告》, 北京：文物出版社, 1988 年。

浙江省文物考古研究所：《河姆渡——新石器时代遗址考古

发掘报告》，北京：文物出版社，2003年。

浙江省文物考古研究所编著：《良渚遗址群考古报告之一：瑶山》，北京：文物出版社，2003年。

浙江省文物考古研究所编著：《良渚遗址群考古报告之二：反山》，北京：文物出版社，2005年。

郑州市博物馆：《郑州大河村仰韶文化的房基遗址》，《考古》1973年第6期。

郑州市文物考古研究所编著：《郑州大河村》，北京：科学出版社，2001年。

中国科学院考古研究所、陕西省西安半坡博物馆：《西安半坡》，北京：文物出版社，1963年。

中国社会科学院考古研究所编著：《汉长安城未央宫：1980～1989年考古发掘报告》，北京：中国大百科全书出版社，1996年。

中国社会科学院考古研究所二里头队：《河南偃师市二里头遗址中心区的考古新发现》，《考古》2005年第7期。

中国社会科学院考古研究所西安唐城工作队：《陕西西安唐长安城圜丘遗址的发掘》，《考古》2000年第7期。

中国社会科学院考古研究所二里头工作队：《河南偃师市二里头遗址宫城及宫殿外围道路的勘察与发掘》，《考古》2004年第11期。

近人著作（民国以降）

柴泽俊编著：《山西琉璃》，北京：文物出版社，2012年。

柴泽俊编著：《山西寺观壁画》，北京：文物出版社，1997年。

陈宗蕃编著：《燕都丛考》，北京：北京古籍出版社，1991年。

陈遵妫：《中国天文学史》，上海：上海人民出版社，2006年。

董光器：《北京规划战略思考》，北京：中国建筑工业出版社，1998年。

段进、揭明浩：《世界文化遗产宏村古村落空间解析》，南京：东南大学出版社，2009年。

冯时：《文明以止——上古的天文、思想与制度》，北京：中国社会科学出版社，2018年。

冯时：《中国古代的天文与人文》（修订版），北京：中国社会科学出版社，2006年。

冯时：《中国古代物质文化史·天文历法》，北京：开明出版社，2013年。

冯时：《中国天文考古学》（第3版），北京：中国社会科学出版社，2017年。

冯友兰：《三松堂全集》，郑州：河南人民出版社，2001年。

冯友兰：《中国哲学史新编》，北京：人民出版社，1962年。

费正清著，张理京译：《美国与中国》（第4版），北京：世界知识出版社，1999年。

傅熹年：《傅熹年建筑史论文集》，北京：文物出版社，1998年。

傅熹年：《中国古代城市规划、建筑群布局及建筑设计方法研究》，北京：中国建筑工业出版社，2001年。

高亨：《周易杂论》，济南：齐鲁书社，1962年。

故宫博物院编：《禁城营缮纪》，北京：紫禁城出版社，1992年。

故宫博物院、中国文化遗产研究院编：《北京城中轴线古建筑实测图集》，北京：故宫出版社，2017年。

顾颉刚编著：《古史辨》第5册，上海：上海古籍出版社，1982年。

国家计量总局、中国历史博物馆、故宫博物院主编：《中国古代度量衡图集》，北京：文物出版社，1984年。

郭书春：《九章算术译注》，上海：上海古籍出版社，2009年。

侯仁之：《侯仁之文集》，北京：北京大学出版社，1998年。

侯仁之主编：《北京历史地图集》，北京：北京出版社，1988年。

胡适：《胡适选集》：天津：天津人民出版社，1991年。

贾兰坡：《山顶洞人》，上海：龙门联合书局，1951年。

劳思光：《新编中国哲学史》，北京：生活·读书·新知三联书店，2019年。

蒋乐平：《跨湖桥文化研究》，北京：科学出版社，2014年。

李镜池：《周易通义》，北京：中华书局，1981年。

李全庆、刘建业编著：《中国古建筑琉璃技术》，北京：中国建筑工业出版社，1987年。

李水城：《中国盐业考古》，成都：西南交通大学出版社，2019年。

李学勤：《走出疑古时代》（修订本），沈阳：辽宁大学出版社，1997年。

林钊：《泉州开元寺石塔》，《文物参考资料》1958年第1期。

梁思成：《梁思成全集》，北京：中国建筑工业出版社，2001年。

梁思成：《清式营造则例》，中国营造学社印行，1934年。

梁思成编订：《营造算例》，中国营造学社印行，1934年。

梁思成：《中国雕塑史讲义》，北京：生活·读书·新知三联书店，2023年。

梁思成：《中国建筑史》（油印本），中华人民共和国高等教育部教材编审处，1955年。

梁思成主编，刘致平编纂：《建筑设计参考图集》第6集，台南：泰成印刷厂，1969年。

刘敦桢主编：《中国古代建筑史》，北京：中国建筑工业出版社，1980年。

南越王宫博物馆编：《南越国宫署遗址：岭南两千年中心地》，广州：广东人民出版社，2010年。

钱穆：《中国思想史》，北京：九洲出版社，2012年。

清华大学出土文献研究与保护中心编，李学勤主编：《清华大学藏战国竹简（壹）》，上海：中西书局，2010年。

清华大学出土文献研究与保护中心编，李学勤主编：《清华大学藏战国竹简（肆）》，上海：中西书局，2013年。

单士元：《故宫札记》，北京：紫禁城出版社，1990年。

山西省古建筑保护研究所编：《中国古建筑学术讲座文集》，北京：中国展望出版社，1986年。

苏秉琦：《中国文明起源新探》，北京：生活·读书·新知三联书店，2019年。

孙大章：《承德普宁寺——清代佛教建筑之杰作》，北京：中国建筑工业出版社，2008年。

孙大章主编：《中国古代建筑史》第5卷《清代建筑》第2版，北京：中国建筑工业出版社，2009年。

唐晓峰：《从混沌到秩序——中国上古地理思想史述论》，北京：中华书局，2010年。

王光尧：《明代宫廷陶瓷史》，北京：紫禁城出版社，2010年。

王贵祥：《当代中国建筑史家十·王贵祥建筑史论选集》，沈阳：辽宁美术出版社，2013年。

王国维：《王国维遗书》，上海：上海书店出版社，1983年。

王军：《建极绥猷：北京历史文化价值与名城保护》，上海：同济大学出版社，2019年。

王军：《尧风舜雨：元大都规划思想与古代中国》，北京：生活·读书·新知三联书店，2022年。

王南：《规矩方圆，天地之和——中国古代都城、建筑群与单体建筑之构图比例研究》，北京：中国城市出版社、中国建筑工业出版社，2018年。

王南、孙广懿、叶晶、赵大海、司薇、王斐：《安徽古建筑地图》，北京：清华大学出版社，2015年。

王其明：《北京四合院》，北京：中国书店，1999年。

王瑞珠编著：《世界建筑史·西亚古代卷》，北京：中国建筑工业出版社，2005年。

吴正裕主编：《毛泽东诗词全编鉴赏》（增订本），北京：人民文学出版社，2017年。

夏鼐：《中国文明的起源》，北京：文物出版社，1985年。

杨虎、刘国祥、邓聪：《玉器起源探索——兴隆洼文化玉器研究及图录》，香港：香港中文大学中国考古艺术研究中心，2007年。

杨茵、旅舜主编：《寻找老北京城》，北京：中国民族摄影艺术出版社，2005年。

一丁、雨露、洪涌：《中国古代风水与建筑选址》，石家庄：河北科学技术出版社，1996年。

于倬云：《中国宫殿建筑论文集》，北京：紫禁城出版社，

2002年。

银川西夏陵区管理处编:《西夏陵》,银川:宁夏人民出版社,2013年。

张炳火主编,良渚博物馆编著:《良渚文化刻画符号》,上海:上海人民出版社,2015年。

张培瑜、陈美东、薄树人、胡铁珠:《中国古代历法》,北京:中国科学技术出版社,2013年。

张忠培:《中国考古学:走向与推进文明的历程》,北京:紫禁城出版社,2004年。

章乃炜等编:《清宫述闻》,北京:紫禁城出版社,2009年。

赵其昌主编:《明实录北京史料》,北京:北京古籍出版社,1995年。

浙江省文物考古研究所编著:《良渚王国》,北京:文物出版社,2019年。

浙江省文物考古研究所、北京大学考古文博学院、北京大学中国考古学研究中心、良渚博物院、杭州市余杭博物馆编著:《权力与信仰——良渚遗址群考古特展》,北京:文物出版社,2015年。

郑文光:《中国天文学源流》,北京:科学出版社,1979年。

宗白华:《宗白华全集》,合肥:安徽教育出版社,2008年。

竺可桢:《竺可桢文集》,北京:科学出版社,1979年。

朱伯崑:《易学哲学史》(修订本),台北:蓝灯文化事业股份有限公司,1991年。

朱文鑫:《史记天官书恒星图考》,上海:商务印书馆,1934年。

中国科学院上海硅酸盐研究所编:《中国古陶瓷研究》,北京:科学出版社,1987年。

中国社会科学院考古研究所编著:《中国古代天文文物图集》,北京:文物出版社,1980年。

中国天文学史整理研究小组:《中国天文学史》,北京:科学出版社,1981年。

中华人民共和国科学技术部、国家文物局编:《早期中国——中华文明起源》,北京:文物出版社,2009年。

(澳)赫达·莫里逊著,董建中译:《洋镜头里的老北京》,北京:北京出版社,2001年。

(法)巴黎大学北京汉学研究所,《汉代画像全集·二编》,上海:上海商务印书馆,1951年。

(法)列维-布留尔著,丁由译:《原始思维》,北京:商务印书馆,2014年。

(日)塚本靖、伊东忠太、关野贞合编:《支那建筑》(上卷),东京:建筑学会,1928年。

(英)李约瑟:《中国科学技术史》第四卷《天学》,北京:科学出版社,1975年。

(英)米歇尔·霍斯金主编,江晓原、关增建、钮卫星译:《剑桥插图天文学史》,济南:山东画报出版社,2003年。

(英)史蒂芬·霍金著,许明贤、吴忠超译:《时间简史》,长沙:湖南科学技术出版社,2008年。

D. J. M. Tate: *The Chinese Empire.* HongKong: John Nicholson Ltd. 1988.

Eileen Hsiang-Ling Hsu: *Monks in Glaze: Patronage, Kiln Origin, and Iconography of the Yixian Luohans.* Boston: Brill, 2016.

György Doczi: *The Power of Limits.* Boulder: Shambhala Publications, Inc, 1981.

L. C. Arlington and William Lewisohn: *In Search of Old Peking.* Hong Kong: Oxford University Press, 1987.

Osvald Siren: *The Walls and Gates of Peking.* London: *John Lane*, The Bodley Head Limited. 1924.

Sir Banister Fletcher, Knt: *A history of architecture on the comparative method.* London: B. T. Batsford LTD., 1950.

Stephen Hawking: *A Brief History of Time.* New York: Bantam Books. 2005.

The Cambridge History of Ancient China—From the Origins of Civilization to 221 B. C. Edited by Michael Loewe and Edward L. Shaughnessy. New York: Cambridge University Press. 1999.

学术文章

陈久金、张敬国：《凌家滩出土玉版图形试考》，安徽省文物考古研究所编：《凌家滩文化研究》，北京：文物出版社，2006年。

崔剑锋译：《俄罗斯圣彼得堡国家遗产博物馆藏中国易县出土三彩罗汉像的科学分析——兼谈北京龙泉务窑和琉璃渠窑制胎原料选择方面的共同点（摘要）》，《陶瓷考古通讯》2015年第2期。

冯时：《〈保训〉故事与地中之变迁》，《考古学报》2015年第2期。

冯时：《河南濮阳西水坡45号墓的天文学研究》，《文物》1990年第3期。

冯时：《失落的规矩》，《读书》2019年第12期。

冯时：《陶寺圭表及相关问题研究》，《考古学集刊》第19卷，北京：科学出版社，2013年。

冯时：《中国早期星象图研究》，《自然科学史研究》1990年第9卷第2期，第112页。

冯时：《〈周易〉乾坤卦爻辞研究》，《中国文化》2010年第32期。

顾颉刚：《五德终始说下的政治和历史》，顾颉刚编著：《古史辨》第5册，上海：上海古籍出版社，1982年。

顾颉刚：《周易卦爻辞中的故事》，《燕京学报》1929年第5期。

黄红：《中亚古国罽宾》，《贵州教育学院学报（社会科学）》2009年第25卷第8期。

金景芳：《说〈易〉》，《史学月刊》1985年第1期。

李力行、柯静：《稻作文明：五千年前的"稻花香"》，杭州网，2019年7月7日。

李学勤：《论含山凌家滩玉龟、玉版》，安徽省文物考古研究所编：《凌家滩文化研究》，北京：文物出版社，2006年。

李学勤：《谈安阳小屯以外出土的有字甲骨》，《文物参考资料》1956年第11期。

林沄：《说"王"》，《考古》1965年第6期。

梁启超：《阴阳五行说之来历》，《古史辨》第5册，顾颉刚编著：《古史辨》第5册，上海：上海古籍出版社，1982年。

刘敦桢：《琉璃窑轶闻》，《中国营造学社汇刊》1932年第3卷第3期。

刘节：《〈洪范〉疏证》，顾颉刚编著：《古史辨》第5册，上海：上海古籍出版社，1982年。

钱伯泉：《凌家滩新石器时代遗址出土的玉制式盘》，安徽省文物考古研究所编：《凌家滩文化研究》，北京：文物出版社，2006年。

饶宗颐：《未有文字以前表示"方位"与"数理关系"的玉版》，安徽省文物考古研究所编：《凌家滩文化研究》，北京：文物出版社，2006年。

任式楠、吴耀利：《中国新石器时代考古学五十年》，《考古》1999年第9期。

宿白、谢辰生、黄景略、张忠培：《关于良渚遗址申报世界文化遗产、标示中华五千年文明的建议》，2016年6月，未刊稿。

唐在复译：《法人德密那维尔 P. Demiéville 评宋李明仲营造法式》，《中国营造学社汇刊》1931年第2卷第2册。

佟伟华：《磁山遗址的原始农业遗存及其相关的问题》，《农业考古》1984年第1期。

汪宁生：《从原始记事到文字发明》，《考古学报》1981年第1期。

王贵祥：《$\sqrt{2}$与唐宋建筑柱檐关系》，《建筑历史与理论》第3、4合辑，南京：江苏人民出版社，1984年。

王贵祥：《福州华林寺大殿研究》，《建筑史论文集》1989年第9辑。

王贵祥：《唐宋单檐木构建筑比例探析》，《营造》第一辑（第一届中国建筑史学国际研讨会论文选辑），北京：北京出版社、文津出版社，1998年。

王南：《象天法地，规矩方圆——中国古代都城、宫殿规划布局之构图比例探析》，《建筑史》2017年第2期。

王宁远：《良渚古城及外围水利系统的遗址调查与发掘》，《遗产保护研究》2016年第5期。

王其亨、张凤梧，《康熙〈皇城宫殿衙署图〉解读（上）》，《建筑史学刊》2020年第1卷第1期。

王孖：《八角星纹与史前织机》，《中国文化》1990年第1期。

王育成：《含山玉龟及玉片八角形来源考》，安徽省文物考古研究所编：《凌家滩文化研究》，北京：文物出版社，2006年。

王子林：《设坛礼斗，氤氲绕屏——斗勺屏风与澄瑞亭斗坛》，《紫禁城》2018年第12期。

翁牛特旗文化馆：《内蒙古翁牛特旗三星他拉村发现玉龙》，《文物》1984年第6期。

吴隽、王海圣、李家治、鲁晓柯、吴军明：《南越王宫遗址出土罕见巨型釉砖的科技研究》，《中国科学》E辑《技术科学》2007年第37卷第9期。

席宗泽：《苏州石刻天文图》，《文物参考资料》1958年第7期。

萧良琼：《卜辞中的"立中"与商代的圭表测景》，《科技史文集》第10辑，上海：上海科学技术出版社，1983年。

徐华烽：《隆宗门西遗址发现元明清故宫"三叠层"》，《紫禁城》2017年第5期。

严文明：《中国稻作农业的起源》，《农业考古》1982年第1期。

杨伯达：《西周玻璃的初步研究》，《故宫博物院院刊》1980年第2期。

俞伟超：《含山凌家滩玉器反映的信仰状况》，安徽省文物考古研究所编：《凌家滩文化研究》，北京：文物出版社，2006年。

叶慈（Dr. W. Perceval Yetts）著，瞿祖豫译：《琉璃釉之化学分析》，《中国营造学社汇刊》1932年第3卷第4期。

于倬云：《紫禁城始建经略与明代建筑考》，《故宫博物院院刊》1990年第3期。

岳升阳、马悦婷：《元大都海子东岸遗迹与大都城中轴线》，《北京社会科学》2014年第4期。

赵建龙：《秦安大地湾遗址的发掘对历史研究的贡献》，《丝绸之路》1997年第4期。

赵志军：《从兴隆沟遗址浮选结果谈中国北方旱作农业起源问题》，南京师范大学文博系编：《东亚古物》A卷，北京：文物出版社，2004年。

赵志军：《中国稻作农业源于一万年前》，《中国社会科学报》2011年5月10日第5版。

赵志军：《中国农业起源概述》，《遗产与保护研究》2019年1月第4卷。

赵志军：《北京东胡林遗址植物遗存浮选结果及分析》，《考古》2020年第7期。

竺可桢：《谈阳历和阴历的合理化》，《人民日报》1963年10月30日第6版。

朱乃诚：《中国农作物栽培的起源和原始农业的兴起》，《农业考古》2001年第3期。

张政烺：《试释周初青铜器铭文中的易卦》，《考古学报》1980年第4期。

张福康：《中国传统高温釉的起源》，中国科学院上海硅酸盐研究所编：《中国古陶瓷研究》，北京：科学出版社，1987年。

张福康、程朱海、张志刚：《中国古琉璃的研究》，中国科学院上海硅酸盐研究所编：《中国古陶瓷研究》，北京：科学出版社，1987年。

《古瓦研究会缘起及约言》，《中国营造学社汇刊》1931年第2卷第2册。

《1965年1月22日文物博物馆研究所发给北京自然博物馆的"文物保护科学技术工作汇报会"科研成果材料》，未刊稿。

《琉璃瓦料之研究》，《中国营造学社汇刊》1931年第2卷第1册。

《中国建筑规矩方圆之道——〈规矩方圆，天地之和——中国古代都城、建筑群与单体建筑之构图比例研究〉学术研讨会综述》，《建筑学报》2019年第7期。

《"二十四节气"列入联合国教科文组织人类非物质文化遗

产代表作名录》，新华网，2016 年 11 月 30 日。

Kang Baoqiang: *Results of X-Ray diffraction analysis of three glazed ceramic sherds from Shangzidong, Yixian*. Eileen Hsiang-Ling Hsu. *Monks in Glaze: Patronage, Kiln Origin, and Iconography of the Yixian Luohans*. Boston: Brill, 2016.

Nigel Wood, Chris Doherty, Maria Menshikova, Clarence Eng, Richard Smithies: *A luohan from Yixian in the Hermitage Museum: Some Parallels in Material Usage with the Luoquanwu and Liuliqu Kilns near Beijing*, Bulletin of Chinese Ceramic Art and Archaeology (陶瓷考古通讯), No.6, December 2015.